国家社科基金项目"西部贫困地区少数民族农民工返乡创业培植研究"（16CMZ033）阶段性研究成果

农民创业培植与防止返贫机制构建

NONGMIN CHUANGYE PEIZHI YU FANGZHI
FANPIN JIZHI GOUJIAN

赵 迪 著

中国农业出版社
北 京

图书在版编目（CIP）数据

农民创业培植与防止返贫机制构建 / 赵迪著. —北京：中国农业出版社，2021.8

ISBN 978-7-109-28743-3

Ⅰ.①农…　Ⅱ.①赵…　Ⅲ.①农民－创业－研究－中国②农村－扶贫－研究－中国　Ⅳ.①F323.6②F323.8

中国版本图书馆 CIP 数据核字（2021）第 174087 号

中国农业出版社出版

地址：北京市朝阳区麦子店街 18 号楼

邮编：100125

责任编辑：闫保荣　　文字编辑：何　玮

版式设计：王　晨　　责任校对：吴丽婷

印刷：北京中兴印刷有限公司

版次：2021 年 8 月第 1 版

印次：2021 年 8 月北京第 1 次印刷

发行：新华书店北京发行所

开本：700mm×1000mm　1/16

印张：15.5

字数：250 千字

定价：58.00 元

贫困伴随人类社会发展始终，是全球普遍长期存在的社会问题。据不完全统计，全世界生活在贫困线以下的人口超过 10 亿，有 8 亿人口处在极端贫困中。改革开放初期，我国有一半人口处于贫困线以下，属于世界贫困人口大国。改革开放以来，扶贫工作始终是我国制度的强项，其优越性受到国际瞩目。短短数十年将近 7 亿人口脱离绝对贫困，可谓是国际反贫史上的"中国奇迹"。几十年的扶贫攻坚，探索出很多"中国扶贫模式"，比如开发式扶贫和社会保障相结合；专项扶贫与行业扶贫、社会扶贫相结合；外部支持与自力更生相结合等。党的十八大以来，以习近平同志为核心的党中央高度重视脱贫攻坚工作，举全党全社会之力，深入推进脱贫攻坚。经过 8 年持续奋斗，现行标准下农村贫困人口全部脱贫，全国 832 个贫困县全部脱贫摘帽，消除了绝对贫困和区域性整体贫困，近 1 亿贫困人口实现脱贫，新时代脱贫攻坚目标任务如期完成，这是中华民族发展史、社会主义发展史、人类社会发展史上的伟大壮举。习近平总书记指出，"各地区各部门要总结脱贫攻坚经验"，"脱贫攻坚不仅要做得好，而且要讲得好"。认真总结好脱贫攻坚中的宝贵经验，弘扬脱贫攻坚中孕育的伟大精神，对于完成党的十九届五中全会提出的"巩固拓展脱贫攻坚成果同乡村振兴有效衔接"重要任务，具有重大现实意义。

"十三五"期间脱贫攻坚的目标是消除绝对贫困，但是消除绝对贫困之后，并不意味着贫困问题彻底消失，相对贫困还将伴随着我国社会主义初级阶段长期存在。党的十九届五中全会要求巩固拓展脱贫攻坚成果，将其作为"十四五"时期一项重要的工作目标，同时强调在"后扶贫时代"，要健全防止返贫监测和帮扶机制，不断巩固拓展脱贫攻坚成果。下一步，还要进一步完善制度设计，构建防止返贫监测和帮扶机制，继续落实现有脱贫攻坚各项帮扶措施和政策。可以说扶贫工作永远在路上。

通过长期扶贫摸索，我们发现在众多减贫策略中，扶持农民创业是实现长期、可持续脱贫的有效途径。国务院总理李克强曾强调，要进一步实施乡村振兴战略，推动更多人才、技术、资本等资源向农村汇聚，以大众创业、万众创新开辟就业新渠道、培育"三农"发展新动能。支持农民创业，不仅巩固拓展了脱贫攻坚成果，更符合农民的长远利益和乡村振兴的发展目标。从本质上讲，减贫与防止返贫工作需要解决的是人和资金的问题。积极引导农民就地创业、吸引农民工返乡创业，促进乡村振兴由外部支持向内生发展转化，才能真正为乡村社会经济发展提供持久动力，从根本上实现"农民脱贫不返贫、农村发展可持续"。

梳理已有脱贫攻坚成果，各地已经依托创业培植开展了很多富有成效的减贫尝试。河北省实施了以帮助贫困户建设稳定增收脱贫项目为主要内容的"扶贫开发细胞工程"，形成了周转项目、扶贫资金、科技培训、生产销售和社会帮扶为一体的创业示范项目运作模式；贵州省推出了"千村创业万人就业工程"，通过找准创业项目和提高创业技能支持"造血式"创业，带动上万农村劳动力就地就业创业；重庆市投入专项资金，在全市贫困村启动实施"科技创业扶贫示范工程"，支持贫困村农民工返乡创业，创办农村微型企业，并实行科技特派员入户指导、开展创业培训等配套服务；广东启动创业扶贫工程，为有创业意愿的农民提供创业扶持资金、组织创业培训、搭建创业平台、开展创业引导等，依托多种形式帮助农村贫困群体创业；广西推出了集扶贫、城镇化、工业化为一体的"农民进城创业园"项目，将创业园中的农民工全部纳入城镇居民户籍管理范畴。纵观各类创业减贫实践，各地政府基本都出台了农民创业的相关政策，加大了对农民创业的资金支持，完善了对乡村边缘弱势群体的瞄准机制，注重提升农民创业进程中自我脱贫致富能力。政府主导的创业培植工作虽然取得了一定实效，但是理论界仍需针对几个关键问题进行深入研究，比如政府主导型创业培植模式的公平性问题、创业风险与农民返贫之间的关系、农民异质性特征与政府培植模式的选择、农民创业与国家乡村振兴政策的有效衔接、参与式创业培植策略的再设计等，这些主题亟需学界给予深入关注和研究。

　　虽然当前已经取得了脱贫攻坚的决定性胜利，但是部分已脱贫人口自我发展能力还显不足、发展基础相对薄弱，一旦扶贫政策断档，这些人很可能返贫。此外，一些不符合现行扶贫标准的边缘人口也存在致贫风险。因此，"后扶贫时代"的减贫重点应集中在建立并全面实施防止返贫监测和帮扶机制，采取有效措施切实防止返贫致贫现象发生。防止返贫监测和帮扶机制由两部分组成，一部分是负责监测，通过农户申报、乡村干部走访排查、相关行业部门筛查预警等途径，由县级扶贫部门确定监测对象，实行动态管理；另一部分是持续帮扶，尤其是对有劳动能力的监测对象采取开发式帮扶措施，包括产业帮扶、就业帮扶、创业帮扶等。其中创业帮扶的增收效果更明显，辐射带动性更强，更有利于实现农民可持续增收，进而促进乡村产业的发展。为了让边缘弱势群体依托产业振兴实现自身可持续发展，需要针对有创业意愿的农户开展创业培植，提升农民自我发展的综合能力。

　　本研究将乡村减贫与农民创业相结合，从乡村人力资源优化和发展资源整合角度出发，探讨防止返贫机制的构建问题，并深入探究精准帮扶策略的内在机制，在乡村振兴大背景下具有特殊研究意义。本研究介绍了我国创业扶贫探索过程中的先进经验，指出返贫与社会风险存在互为影响的关系；分析了创业型经济与区域性减贫之间的关系，并对现阶段区域性创业培植绩效进行系统的评估；深入研究农民创业与乡村振兴政策有效衔接的共生机制，构建农民创业与农村人口自我发展能力提升体系，探讨优化农民创业环境的主要方式和渠道。本研究最后针对后扶贫时代国家实行创业培植策略提出对策建议，以供有关部门决策参考。

　　最后需要强调的是，在乡村振兴背景下开展农民创业培植，首先需要解决的是人和资金的问题，需要政府为创业农民提供贴身式、保姆式、个性化的创业培植服务，解决他们在创业活动中遇到的融资、信息、市场等方面的障碍，通过行政、经济、法律等手段引导农民自主创业、自主脱贫。但是仅有外部资源供给和内部创业意愿还是远远不够的，农民创业还需与乡村振兴实现制度性、社会性对接，还需进一步强调乡村人力资源开发的参与性、可持续性、自愿性、公平性，不让外部的发展干预打破原有的乡村社会秩序，不造成社区内部新的贫富差距、两极分化；强调农民创业的抗风险、资源要素科学整合和内生发展，不让农民因创业返贫致贫，不让产业发展项目成为"短命"的"走过场"，不让扶持创业成为政府追求政绩的手段、大户集聚资源的渠道。从社会学角度认识农村发展与农民创业的关系，就是要摆正个体生存与社区发展、政府外部扶持与社区内源发展之间的关系，通过机制优化、制度完善、策略创新，让以创业为依托的防止返贫措施真正在经济落后地区发挥作用。

第一章　理论视野中的减贫与创业

《"十三五"脱贫攻坚规划》明确指出要"提高贫困人口创新创业能力"，"支持贫困户自主创业，促进就地就近就业"。《中共中央国务院关于打赢脱贫攻坚战三年行动的指导意见》进一步指出，要"推进贫困县农民工创业园建设，加大创业担保贷款、创业服务力度，推动创业带动就业"，"加强贫困村创业致富带头人培育培养，提升创业项目带贫减贫效果"。创业作为减贫的一种重要手段，具有发掘贫困人群内生动力、强化脱贫效果等优势，逐渐受到政府和学界的广泛关注。和其他扶贫手段不同，创业扶贫更强调贫困人群自身主观能动性的调动，更依赖于市场机制的支持，具有更强的生计可持续性。我国目前的扶贫实践，已经探索出多种创业扶贫模式，既有政府主导的外生式扶贫项目，也有创业主体辐射带动的内生式减贫活动，这些都从实践层面显示出创业扶贫模式本身的优越性。相较于丰富的实践探索，创业扶贫的理论研究相对滞后，学界对新现象、新问题的理论认识不清，导致政策设计始终跟不上现实变化。为此，本章将由理论入手，深入探讨创业与扶贫之间的关系，厘清创业减贫的内在逻辑，为进一步完善策略提供理论支撑。

一、贫困的界定、治理与测度

贫困既是一个现实状态，也是一个理论概念。理解贫困既需要实践探索，也需要研究分析。从绝对贫困到相对贫困，从对贫困要素的研究到减贫能力的审视，学界对贫困的认知已经发生了很大的变化。随着贫困研究的不断深入，学者发现简单依靠外源干预是无法实现可持续脱贫，必须激发贫困者的主观能动性，提升个体脱贫能力，引导扶贫项目由输血式扶贫逐渐过渡到造血式扶贫，最终赋予贫困者应有的发展权力。

（一）贫困的理论内涵

贫困问题自古有之，但是对贫困进行系统研究则是从近代才开始。早期学者从生物学角度审视贫困问题，认为贫困是指家庭收入不足以获得维持体能所需要的最低数量的生活必需品。早期研究者认为的贫困主要是指绝对贫困，即因生活必需品缺乏而导致生存受到威胁；收入难以满足家庭的基本消费；因生产资料无法维持简单再生产而陷入"贫困循环"。绝对贫困是一种狭义上的概念，被形容为"物质上的匮乏"，是一种缺乏绝对必需品的状态。英国学者朗特里于 19 世纪末针对英国贫困进行了开创性的研究，他在《贫困：城镇生活研究》一书中首次提出绝对贫困的概念，指出所谓的贫困是因为所拥有的收入不足以维持其生理功能的最低需要，这些需要包括食品、衣服、房屋等。朗特里还首次提出了贫困线概念，力图对贫困状态进行量化处理，为之后的贫困计量研究奠定了基础。帕斯内（1942）指出，绝对贫困可以分为传统贫困和非传统贫困，前者强调生活资料的缺乏，认为贫困的主要原因是经济条件的制约，也是普遍认为的贫困状态；后者强调除了基本物质保障之外，贫困还应该包括权利获得、就业机会、教育获取等内容，是一种综合贫困状态，由物质贫困和社会贫困两部分组成。20 世纪 60 年代开始，一些学者通过国际扶贫实践，开始重新审视贫困问题，并在绝对贫困基础上提出了相对贫困概念。相对贫困就是指在特定社会生产方式和生活方式下，依靠个人或家庭劳动所得虽然可以维持最基本的生存保障，但仍无法满足其他最基本的生活需求。鲁斯曼（1966）最早提出了相对剥夺（Relative Deprivation）概念，将其解释为家庭虽然在收入上能够满足基本生活需要，但是仍不足以达到社会平均生活水准，仅可以维持低于平均生活水平的状态。Fuchs Victor（1967）最早完整提出了相对贫困概念，并对美国贫困人口进行了科学的预估，重新确定了贫困人口的计算公式和贫困线标准，这些方法被后来学者沿用至今。随着相对贫困得到大多数学者的认同，贫困已经脱离了狭隘的物质范畴，而成为一种社会现象。贫困不只是收入不足，它实质上是发展机会和选择权利的被排斥，使人们丧失了享受体面生活、自由、自觉和他人尊重的可能。在研究相对贫困基础上，一些学者又相继提出了主观贫困和客观贫困两种贫困测量角度。以 Ravallion（1998）为代表的学者从以收入定义贫困转为以能力定义贫困，认为要从个体发展的历史维度看待贫困，贫困群体即便现在处于贫困状态，如果社会环境持续改善也会让他们逐渐脱离贫困，给予他们更好的发展机会，因此这种贫困是暂时的。贫困需要客观标准进行计算，如果仅从贫困者或扶贫者角度进行判断，很有可能会对贫困得出不同的结论。伯纳德（1978）、Lina Song（1980）等学者认为，客观贫困仍无法科学衡量贫困状态，需要引入主观判断标准。他们提出了主观贫困概念，认为在特定的社会环境中，贫困应该是个体和社会所接受的最低生活标准构成的主观判断。主观贫困的提出模糊了贫困的判定标准，第一次将贫困个体的认知作为重要的贫困判定指标，摒弃了对贫困机械、简单的测量，为之后将幸福指数引入贫困评估体系奠定了理论基础。1990 年，《世界发展报告》第一次扩充了贫困定义，在传统的收入、资本、生活资料等指标基础上加入了能力水平、脆弱性、自我认知、安全感等指标，丰富了人们对贫困内涵的理解。2006 年，英国学者钱伯斯提出了"贫困劣势网"分析框架，以可视化的方式构建了贫困的内在结构，这个结构框架包含了教育、信息、社会关系、政治诉求、安全、法律地位、物质、身体状况等内容，这些因素直接导致了群体性贫困和个体自我发展能力不足。钱伯斯指出，贫困是一个多因素共同发生作用的结果，不能简单从一个角度或几个角度去认识它，必须综合各种指标进行评估，建立完善的评估指标体系。从传统的因物质稀缺导致的绝对贫困，到如今多因素影响的贫困状态，学界对贫困本身的界定已经从物质基础到社会环境，再延伸到个体认知，贫困的内涵和外延都发生了很大变化。

（二）能力贫困与治理转型

传统的扶贫方式主要依靠外部力量的干预和支持，随着人们对扶贫认识越来越深入，内源式发展开始成为减贫的重要路径。从外源式扶贫到内源式扶贫的思路转换过程中，人们认识到了个体能力对于脱贫的重要性。贫困人群完全依靠外部扶持是难以实现可持续减贫目标，必须通过个体能力提升来摆脱目前的生产生活窘境。1998 年诺贝尔经济学奖获得者阿玛蒂亚·森首次提出了能力贫困理论，这种理论是对主观贫困内涵的再完善。阿玛蒂亚·森把贫困视为权利集合的函数，认为一切贫困都是由两种原因导致的，即直接权利失败和经济权利失败，并据此提出了收入贫困和可行能力贫困两个重要概念，认为可行能力贫困是造成贫困的真正原因[①]。他指出，对社会形态和社会正义进行分析时，必须重点强调贫困人群的可行能力，这种能力是指个体追求自我预期生活的主观能动性和客观可行性。贫困人口之所以贫困，并非是由贫困人口自身初始状况决定，也不能简单归结为收入水平不高，而是因为他们获取发展机会的能力被剥夺。社会不公和权利分配不平衡导致贫困者没有能力获得发展资源，而不是这些人先天必然贫困。人力资本不足、社会保障体系滞后、社会歧视、发展资源稀缺、生态环境恶化等都是造成贫困者能力丧失的关键因素，如果不提升贫困者自我发展的能力，任何减贫措施从长远看都难以取得成功。阿玛蒂亚·森据此提出了"可行能力"概念，即一个人有可能实现的各种功能性活动的组合。可行能力就是个体摆脱贫困状态所具有的能力的集合，比如生产能力、社交能力、计算能力、决策能力、销售能力、自尊自爱等，这些能力可以提升贫困者的生计水平，集聚发展资源，赋予其最大限度的活动自由。可行能力一般包含禀赋、商品、功能、能力四个要素，它们直接决定着可行能力水平的高低。禀赋是指人们所拥有发展资源的集合，这些资源可以包括生产资料、生活资料、土地房产等有形资本，也包括认知能力、社会关系、教育学历、健康状况等无形资本。禀赋是个体发展的基础条件，可以作为发展资本进行利用和交换，禀赋水平越高，个体可行能力越强。商品是指个体具有的商业特性，也指从事经济行为的各类要素，比如自我生产的产品、货币资本积累、市场化水平、销售渠道、经济保险额度、负债能力等。任何个体如果实现自我发展，就必须成为市场经济活动的一部分，这就需要具备一定数量和水平的商品要素。商品要素可以提供服务，带来收入，一旦受制于特定的社会条件，其特性和价值便无法正常发挥，最终影响个体能力水平。功能是指个体利用自身所有资源在

---

① 阿玛蒂亚·森. 贫困与饥荒——论权利与剥夺 [M]. 王宇，王文玉，译. 北京：商务印书馆，2001：52.

特定社会环境下所能够发挥的效用或者达到的成就。商品自身功能的发挥受到多种因素的共同作用，如果不具备这些因素，商品功能无法正常发挥，个体发展也就不可能实现，可见功能是个体发展发生质变的基础。在具备禀赋、商品和功能的基础上，个体还必须具有自我发展的能力，能力是资源禀赋、市场环境、功能发挥最直接作用的对象，如果没有前三个要素，个体能力也就无从谈起，能力也将"不可行"。四个要素之间是层层递进的关系，缺少任何一个要素的发展都是不可持续的。开展扶贫项目时，项目人员需要对四个要素进行系统分析，寻找提升要素水平的路径，通过要素科学组合实现发展资源的优化配置。阿玛蒂亚·森的能力贫困理论向我们展示了能力对于减贫的重要性，也进一步强调了造血式扶贫的重要性。

阿玛蒂亚·森的能力贫困理论为我们提供了一个从新角度认识贫困的窗口，使我们重新思考传统扶贫策略的优势与劣势。传统扶贫策略强调增加收入和发展经济，以为货币积累可以有效减少贫困。但是能力贫困理论告诉我们，贫困不是收入的低下，其本质是人基本能力的缺失和被剥夺，人的贫困不是物质的贫困，而是能力的贫困。人们对于贫困的评估不应以单纯的经济标准作为依据，而是要考虑能力水平及其相关要素。现实中，受个体异质性、环境多样性、社会差异性、资源分配不平均等因素影响，人们的健康状况、教育水平、居住环境、社会关系、权利义务等都会产生差异，最终导致贫富差距和贫困。可见，贫困具有多维性特征，与此相对应的任何减贫策略都应该是多种渠道、方法、目标的集合，仅通过提高收入这一单一路径实现减贫基本是不可能的。在提升贫困者能力的过程中，阿玛蒂亚·森发现，如果不赋予贫困者完整的权利，任何扶贫策略都是失效的，权利是一切可行能力的基本保障。他认为能力离不开权利，没有权利就难以培养能力，而众多权利的核心是由个人自由支配的，并受这个社会法律制约的所有资源中可以获取的权利，包含政治权利、经济权利、文化权利、家庭权利等。因此，如何对贫困者赋权已经成为扶贫的关键内容，也直接决定着减贫效果和扶贫产出。"针对贫困者权益表达过程中主要存在的各种问题，只有通过对贫困人群赋权，建立畅通的贫困群体利益表达机制和参与机制才能解决。"① 近几

---

① 萨比娜·阿尔基尔. 贫困的缺失维度 [M]. 北京：科学出版社，2010：36.

年，参与式扶贫开始如雨后春笋般出现，在各类扶贫项目中得到普及，参与式理念、参与式方法、参与式工具逐渐被广泛应用。参与式扶贫的优势在于通过赋权，提高了贫困人群自由决策和参与发展的能力，获得充分表达自己意愿的权利，并且成为主宰自我发展的主体。提高能力是实现自由的决定性手段，权利平等是保证自由和能力发挥的根本条件，赋权应该成为扶贫的核心理念。

除了权利，阿玛蒂亚·森还提出了可行能力自由发展观，强调自由对于减贫的重要性。传统扶贫项目是以政府或扶贫机构为核心，扶贫策略的实施是采取自上而下的方式进行，贫困者只是作为扶贫干预的对象，他们没有决策权而只能被动接受外部援助。而阿玛蒂亚·森指出，发展的主要目的是为了实现人的自由，发展要消除各种限制个体自由的阻碍因素，让人们有能力过上自己想过的生活。阿玛蒂亚·森摒弃了狭隘的自由观和发展观，认为"自由"和"发展"应该是有机统一、互相联系的，两者相互渗透、相互补充、相互提升、不可分割。自由既是发展的首要目的，又是发展的主要手段；发展的实质是自由的扩展，归根结底是为了自由的实现。贫困可以被理解为自由的剥夺和发展权利的丧失，而自由的价值优先于发展，因此在阐述自由与发展关系的同时，阿玛蒂亚·森又提出了"实质自由"的概念。实质自由观强调了个体作为经济、社会和政治活动的参与者的主体地位，他们在发展过程中不能单纯追求形式上的自由，而应该通过努力获得实质自由。形式自由可以短时间获得发展的权利，但是这种权利无法长久持续下去，只有获得实质的自由，个体才能真正参与到扶贫干预活动中，实现自由决策和自由发展。阿玛蒂亚·森指出，对于弱势群体来说，除了收入公平、效用公平等反映结果公平的评估指标以外，还应该扩大指标的范围，要体现出实质自由的内容以及对个体发展的潜在影响。

阿玛蒂亚·森的能力贫困理论从可行能力和实质自由角度分析了造成贫困的原因以及减贫的切入点，指出只有可行能力与实质自由得到保障、尊重和实现，才有可能真正改善贫困人群的生产生活状态，营造公平合理的社会环境，建立人力资本投资的长效机制。阿玛蒂亚·森的很多观点都在强调创业能力和创业活动对于扶贫减贫的重要作用，指出贫困者获得创业能力的同时可以获得自我发展的权利，扶贫开发过程中应通过赋权实现可持续性脱贫。

（三）贫困的测度

随着对贫困认识的不断深入，单纯进行定性分析已经无法满足扶贫实践的需要，很多学者开始将目光转向测度研究领域，力求对贫困进行公理化测量，深入分析致贫因素，了解不同因素之间的相关性。传统上提到贫困问题，学者倾向于从收入角度进行界定，对贫困线的测量也主要参考生理需求是否得到满足。随着人们对贫困认识从物质向社会延伸，很多学者开始提出相对贫困的概念，认为贫困现象是社会贫困的一种表现形式，指出贫困的本质是一种脆弱性、无发言权、社会排斥等社会层面的"相对剥夺感"①。相对贫困的提出不仅转变了人们对贫困内涵的认知，也改变了测量贫困的方式和方法。由于贫困的多维视角包括收入、能力、资本、权利和自我认同等方面，因此相对贫困的测度就更加复杂和多变，需要考虑的因素也更加全面。从贫困到相对贫困的认知以及测度的研究发展而言，人们已经普遍认为相对贫困作为经济社会的客观现象是将长期存在的，"相对贫困的测度应该是多维度的，其测度的基本形式以收入或者消费形式进行体现也是客观和必要的。"②

贫困测度最主要的内容是贫困线测量，目前测量贫困线主要应用的方法包括以下四种。一是调查法。调查法是采用问卷方式调查民众对贫困线的预期标准，进而通过特定方法推导出具体贫困线。Theo Goedhart（1977）很早就通过调查收入水平与收支平衡的关系来计算和确定荷兰的贫困线；Hare（1990）则使用盖洛普民意调查法，通过引入非现金收益等经济指标对美国贫困标准进行了调整。二是实证法。实证法就是学者采用既有的评估方法，通过改变调查对象和调查范围来验证已有方法的科学有效性。英国著名贫困研究专家伯纳德（1980）应用 Goedhart 于 1977 年提出的贫困线测量方法，对欧共体国家的贫困线进行了重新测量，在方法应用、矩阵设计、指标选择、结果验证等方面提出了新的思考。三是比较法。比较法就是通过对

---

① 郭熙宝. 论贫困概念的内涵 [J]. 山东社会科学，2005（12）：49.
② 张传洲. 相对贫困的内涵、测度及其治理对策 [J]. 西北民族大学学报，2020（2）：114.

比各类贫困线的优劣来选择最适合本地特点的贫困标准。伯纳德（1982）就曾经对比了食物贫困线和莱顿贫困线与实际贫困情况的契合性，并用收入的效用函数替代了个人收入，以求满足相对贫困的测量要求。英国学者罗伯特（1991）对比了莱顿贫困线、社会政策贫困线和主观贫困线在现实中的应用效果，指出莱顿贫困线比其他两种贫困线更加科学全面。四是收入弹性法。收入弹性是指在价格和其他因素不变的条件下，由于消费者的收入变化所引起的需求数量发生变化的程度。20 世纪 70 年代，很多学者从绝对收入和相对收入出发研究贫困问题，指出应该把两者综合考虑来确定贫困线。Klasen（1974）指出，在贫困线收入弹性为 0 - 1 的假设前提下，平均收入的增加会导致贫困线的提高。无论是从个人收入水平还是从社会整体收入水平出发，学者们对贫困线的测量都力求考虑数值与要素之间的相关性，从全局角度研究个体的行为特征和生存状态。为了在确定贫困线的基础上衡量贫困状态，一些学者又创立了各种贫困指数，比如 H 指数、贫富差距和森指数等。H 指数是根据贫困线测算出贫困人口数，然后把贫困人口数除以总人口数，最后得出 H 指数值，这是一种描述贫困状态的有效数值。贫富差距是依据贫困线获得贫困人口数，并将贫困人口的收入相加求和，分析其在国民收入中的占比。森指数是在满足单调性公理和转移公理基础上构建贫困测度指数，用来表示当前的收入差距和社会不公程度。对贫困进行度量既要有确定贫困线的标准，也要有描述贫困状态的指标函数，因此对贫困的测量是一个系统的计算评估体系，即多维测度方法体系。目前国际上比较普遍应用的多维贫困测度是由 Alkire 和 Foster 于 2011 年提出的 A-F 方法，该方法采用静态和动态相结合的方法来综合研究多维贫困，通过构造剥夺矩阵来判断个体在多维度临界值约束下是否处于福利被剥夺的状态。A-F 方法实质上是构建了一套多维的指标体系，并赋予各类指标不同的权重，这个指标体系可以包括教育维度、健康维度、生活水准维度、心理或主观福利、收入等内容。在权重分配上，2011 年联合国人类发展报告中使用了等权重方法，即各维度的权重相等，各维度内的子指标权重也相等。

在应用多维贫困评估方面，我国学者也开展了一系列贫困测度研究。吴睿（2008）从我国农村贫困的实际出发，利用福利经济学的相关理论，通过引入"动态贫困差异率"，构建起一套测度我国农村贫困状况的动态指标体系。张全红（2015）利用 Alkire 和 Foster（2011）提出的多维贫困测度方法，通过 1991—2011 年我国健康与营养调查数据，选择了 5 个维度共 12 个指标分析了我国多维贫困的广度、深度（贫困缺口）和强度（不平等），并进行了城乡分解和对比。研究发现我国多维贫困的下降主要发生在考察期的后 10 年，尽管城市和农村的多维贫困都明显下降，但城乡不平衡仍然存在；相对于贫困广度而言，我国贫困缺口和贫困人口内部不平等情况的改善程度更大。谢家智（2017）通过深入研究构建了一个新型多维贫困指标体系，利用我国家庭追踪调查数据，引入人工神经网络方法，测度并分解了农村家庭多维贫困的广度、深度和强度水平。研究表明随着贫困维度的增加，多维贫困的广度、深度和强度指数下降，农村家庭不易发生多维极端贫困；农村家庭多维贫困指数呈西高东低态势，表明农村家庭多维贫困具有典型的区域分布特征。张志国（2016）应用模糊集理论，测算了我国农村贫困线、贫困发生率和多维贫困指数，指出我国贫困线呈逐年上升趋势，贫困发生率呈波动趋势，货币维度贫困指数高于非货币维度贫困指数。李丽（2017）根据 A-F 方法，利用在山东省费县进行的农村居民家庭生计与发展调查得到的小型微观数据，对农村居民家庭的多维贫困进行测度并分解，指出家庭多维贫困分解结果与单维贫困测度结果相互印证，这与家庭自身特征及家庭成员特征有直接关系；经济的发展极大改善了居民家庭的资产状况，而生活水准仍有待于提高；教育、收入仍是贫困的重要成因，卫生设施、饮用水以及慢性疾病的贫困问题仍不能忽视。卢盛峰（2016）运用收入流动矩阵等技术分析了我国贫困代际传递在时间上的动态趋势和地理上的空间分布，实证测度了贫困的代际传递程度，计算得出我国贫困在代际间传承严重，但是传递概率在时间上有减弱趋势；空间分布上贫困代际传递分布相对集中，并突出表现在中西部经济落后地区。唐宝珍（2018）利用综合模糊和相对方法对我国农民工的多维贫困状况进行了测度，研究指出我国官方的贫困线偏低，大大低估了外来务工住户的贫困率。利用家庭人均收入中位数的 60% 作为贫困线，模糊集测度得到的外来务工住户的贫困率高达到 13.957%，表明收入维度的贫困依然严重。李丽忍（2019）运用三阶段可行广义最小二乘法进行了我国农村多维贫困脆弱性测度，发现多维贫困脆弱性更多依附于多维贫困的变化而变化，家庭户主年龄越大，家庭多维贫困脆弱性越高；受教育年限越高，家庭多维贫困脆弱性越低；家庭多维贫困脆弱性随家庭人数的增加呈现出先减小后增大的规律。

二、创业与减贫的关系

创业就是个体对自我资源进行优化整合，从而创造更大经济或社会价值的过程。创业本身是一种劳动方式，需要创业者具备一定的素质能力，同时还需要有一定的运气加持。有序引导下的创业活动可以实现减贫，在提升个体收入的基础上激发自我发展的潜能。由于创业本身需要在市场环境下运行，是一种风险活动，创业不仅不能保证减贫，有时还可能致贫。学界对创业及创业与市场活动的关系进行了深入研究，力求厘清创业的本质属性，进而引导其为减贫发挥正向作用。

（一）创业的内涵

什么是创业？不同领域的学者由于出发点不同，对创业的界定也存在差异。1775 年法国经济学家 Richard Cantillon 首次提出了创业一词，并将创业活动与经济风险结合在一起进行研究，指出创业是一种承担风险的经济活动。Cartner（1985）指出，创业是一种组织行为，是新组织的创建过程，这一过程的主要目标是获取更高的效益。Grousbeck（1989）则表示，创业不仅是一种组织行为，也是个体行为，是市场主体获取发展机会的过程，也是发展资源优化配置的运作机制。Timmons（1999）则从个体视角出发，认为创业是思考、推力和行动的方法，是一种冒险活动，不能单纯将创业看作组织体系内发生的事情，创业的内涵应该延伸到市场行为和领导逻辑的框架内。Shane（2006）结合前人的观点，将创业界定为一个发展过程，指出机会是创业的核心要素，是创业主体在动态环境中的组织形式，是创业主体挖掘并利用发展资源创造价值的活动过程。

创业要素是指创业活动所必须具有的实质或本质的组成部分，一般包括人、物、社会和组织四类。创业者是创业活动的主体，也是创业研究的核心。Richard Cantillon（1775）将创业者界定为不确定条件下开拓新事业的主体，他们具有异于常人的市场敏感性。维尔纳克（1999）则认为任何人都具备成功创业的潜质，创业者不存在特殊性，创业活动是受机遇、运气、市场、社会环境等因素的影响，一个能力超群的人如果无法获得发展机会仍然不能转化为创业者。Schumpeter（1972）深入研究了创业者与经济增长之间的关系，认为创业者通过创新可以打破旧有的市场均衡，创造新的经济增长点。创业者对生产要素的优化配置是经济增长的内生动力，创业者就是那些具有创新理念并付诸行动的个体。奥地利经济学派的专家认为，创业者是那些发现与评估市场机会、组合资源、提供管理与生产并可以承担最终风险的群体，他们应该具有丰富的人力资本和知识储备，有能力在提升自我生计水平的基础上推动社会经济的发展。光有"人"的因素仍无法开始创业，还需要具备"物"的要素。Norbum（1972）从生计资本角度认为，创业需要具备一定的发展资本，主要包括货币资本、社会资本和知识资本，其中货币资本是最核心的物质基础，没有一定程度的货币积累，仅依靠借贷是无法应对很高的市场风险。马内（1983）指出，创业需要具备一定的启动资金和设施条件，资金可以通过各种渠道筹措，而硬件设施则需要政府提供，较大规模的创业活动需要政府给予配套的物质保障，基础条件越好的地区，创业意愿和成功率也就越高，因此政府的角色对于一个地区的创业活动而言至关重要。如何为创业者提供更好的物质保证？德国创业学者布鲁诺（1989）指出，仅依靠个体有限的创业资本是无法推动产业的扩大再生产，而政府的物质供给有时是低效的，因此必须对市场上的创业资本进行整合和再分配，这就需要多元市场主体的参与并发挥创业支持功能。创业主体利用物质资本开展创业活动，都是在特定的社会环境下进行的，所谓创业的社会要素其实主要指的就是创业环境。Hening（1994）将创业环境界定为对创业和创业行为发挥正向作用的外部条件，包含创业文化、创业服务、政策环境、制度条件、经济发展水平等内容。Gnywai（1996）将创业环境描述为创业者进行创业活动和实现创业理想过程中面对的各种因素的总合。Hammers（1998）提出了环境依存理论，认为创业活动都是依存于市场经济环境而存在，经济发展水平直接决定着创业"生存"和"死亡"率，社会发展过程中出现的新型经济增长点将为创业活动提供巨大的空间。美国创业学者斯拉克于1997年出版了《创业文化》一书，指出创业的社会基础应该是创业文化的营造和输入。他认为创业文化是一个系统的社会文化工具，具有深刻的社会、经济和文化意义，与社会经济直接挂钩，具有可认知性，体现着知、情、意相统一的创新精神。他指出，创业文化根植于商业生态系统，立足于整个社会，这种文化应当由创业精神、创新意识、流动偏好组成。传统对创业的认知主要聚焦于创业个体的经济活动，随着社会组织化水平不断提升，创业开始成为一种组织化经济活动，组织逐渐成为创业开展的关键要素。Laffont（1979）就提出了"组织化的创业资本"概念，认为"非组织化的创业资本"是指单个的个人或非专业性机构直接从事的创业投资；"组织化的创业资本"指两个以上的多数投资者通过集合投资形成的新的财产主体，再通过新的财产主体间接从事创业投资，形成风险共担、收益共享的组织状态。他认为创业活动的组织化就是由创业资本组织化决定的，单打独斗的创业活动势必会被组织化的创业活动所淘汰，创业组织化发展成为大势所趋。Shane（2001）对创业企业进行了组织构架设计，并提出了职能型、事业型和矩阵型三种组织结构，指出任何现代创业主体都应以组织化的形式开展创业活动，企业、合作社、协会等将成为最主要的创业主体。Venkataraman（2002）从发展干预的角度将创业的组织划分为主体的组织化和外部条件的组织化，认为创业项目本身就是一个组织化的过程，那些分散的、原子化的、与其他主体关联性较低的创业活动难以实现可持续运营。虽然学界对创业内涵开展了比较深入的研究，但是始终没有建立一个完整的创业理论框架，对于创业的认识也都是从经济学、管理学、社会心理学和社会文化学角度出发，缺乏多学科之间的深度交流。随着创业理论研究的不断深入，人们对于新经济背景下新的创业现象也将会有更深层次的认识，创业永远是经济发展过程中的热门研究主题。

（二）创业理论模型

学者在研究创业过程中发现，创业本身是一种复杂的经济活动，需要依托理论标准模型进行研究。1985 年，学者 Gartner 提出了以自己名字命名的创业模型，构建出了一个动态的企业多维度创业理论模型（图1-1）。他认为创业本身是一个组织化的过程，目的是追求高效有序的组织结构。Gartner 创业模型主要是由个体、组织、环境、创业过程四个要素组成，每个要素又可以包含多个维度，各要素之间相互影响形成紧密的网络结构。

Gartner 认为个体是创业的主体，应具有丰富的经验、一定的抗风险能力和较强的创业主观意愿；组织是经营的主要形态，通常以企业的形式存在，是个体的有机结合，目的是为了集聚资源实现规模效应；创业环境是既有的经营环境或市场环境，此外还有社会环境、文化环境和政策环境；创业过程是指创业活动的实施，包含瞄准产业、挖掘商机、整合资源、构建机构、营销商品、开展服务等内容。Gartner 创业模型的主要特点是将创业活动进行简化并分为四个模块，强调了创业过程的重要性和复杂性，为后续的创业过程理论研究奠定了基础。

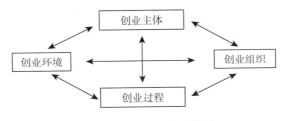

图 1-1　Gartner 创业模型

1996 年，Sahlman 在基于 Gartner 创业模型基础上对创业理论框架进行了进一步完善，从影响企业发展的主要因素出发重新设计了创业模型（图 1-2）。和 Gartner 创业模型相类似，Sahlman 创业模型也是由人、机会、外部环境和交易四部分组成，其中人主要是指资源人，即掌握发展资源的创业主体；机会是潜在的发展资源，创业主体利用这种资源可以获得物质

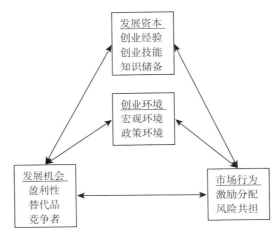

图 1-2　Sahlman 创业模型

上的奖励机会；外部环境是指直接控制范围之外所有要素的集合，这些集合具有不可控性，会对机会产生重要影响；交易是资源人之间建立的买卖合同关系，具有内隐性与外显性，是创业的最后行为。Sahlman 创业模型重点强调了外部环境的重要性，认为创业的高风险主要是由外部环境的不确定性导致的，政府如果想鼓励大众创业，核心是要维持稳定的市场环境，强化市场信息的分享，为市场交易提供完善的社会化服务。

1999 年，Timmons 在他的著作《新企业的创建》中提出了新的创业管理模型，即由商机、资源和团队组成的三元管理模型（图 1 - 3）。他指出，创业本身就是商机、资源和团队三要素相互协调的过程，三者之间通过创业实践实现动态平衡。Timmons 认为创业行为是围绕机会进行的，机会是发展的前提，任何创业个体要想实现发展就必须不断寻找商机；资源是一种必要的发展资本，"创业个体或组织在制定发展计划时需要进行精准的设计，谨慎考虑用资，尽可能调动一切可以利用的资源并加以控制以获得最大经济效益。"[1] Timmons 认为研究创业活动不应以创业个体为单位，而应该以团队、群体和组织为研究对象，创业不应该是个体的行为，而应是一种组织行为。三元管理模型强调要素之间的动态性，认为创业的特点包括时间不确定性、机会模糊性、资本稀缺性和环境不稳定性等，这些特点导致了要素之间的不均衡，从而衍生出了创业风险。一些学者认为，三元管理模型是一种目标导向的研究模型，强调创业目标的重要性，简化了不同要素之间的关系，虽然便于研究，但是缺乏对实现均衡的动态过程进行深入的分析。

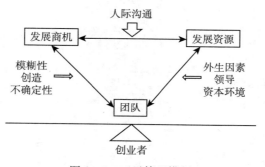

图 1 - 3　三元管理模型

---

① Timmons J A. New Venture [M]. Singapore：Mc-Graw-Hill，2007：79.

2006 年，两名美国创业研究人员 Ma 和 Tan 创立了四维创业模型，构建出了由创业主张、创业先行者、创业实践和创业绩效组成的模型框架（图 1-4）。创业主张是指创业者对于创业活动的主观认知，包括创业目标、创业策略、创业路径、创业计划等内容；创业先行者指那些具有执行力和领导能力的人，他们通常是进步者、能人、社会精英或者意见领袖，通常只占很小的比例；创业实践是指具体的创业行为，包括创业者整合创业资源的过程、开展具体的经营活动、经营的扩大再生产、组织化建设等；创业绩效是指创业活动最终实现的个体价值和社会价值，通常这种绩效都是要实现利益最大化。四维创业模型是由直接效应、调和效应和交互效应三种独立的联系

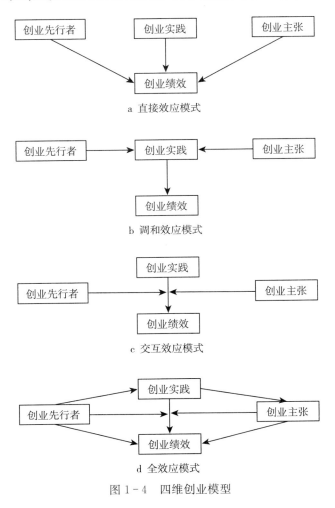

图 1-4 四维创业模型

模型组成，这些联系模型展示了创业活动中各要素之间的动态关系。直接效应是各要素之间的直接关系，创业主张、创业先行者、创业实践和创业绩效之间是单向度的线性关联，前者的活动直接作用于后者；调和效应意味着创业活动并非直接作用于创业绩效，而是通过复杂的中间变量即实践活动对创业绩效产生影响，这说明创业绩效与其他元素之前没有直接必然的联系；交互效应是指所有要素之间都是相互关联、彼此影响的，要素之间是相辅相成的关系，离开任何一个要素都无法实现创业活动的目标。三种联系模式对应着不同创业模式中要素之间的关联程度，但是在创业实践中，我们看到最多的是更为复杂的全效应模式，即三种关联模型的集合。创业不同阶段，要素之间的关系都在发生变化，基本遵循从简单到复杂的过程。四维创业模型向我们揭示了创业活动的本质属性，即要素之间的互动关联过程，在这一过程中，创业资源得到了优化集聚和配置。四维创业模型是目前学界普遍认可的研究模型，这一模型的优势在于展示了要素之间多样性关联，强调了创业绩效的重要性，分析了不同要素组合与创业绩效的关系，为今后分类分层开展创业研究奠定了基础。

（三）创业与减贫

早在 20 世纪末，以 Cavallo（1992）等为代表的学者就已经从创业生态系统角度出发分析了创业与减贫之间的关系，指出创业活动可以实现可持续生计保障，应该作为国际扶贫项目选择的干预策略之一。知名美国创业学家科伦比尔（1998）认为，国际扶贫项目引导贫困人口创业可以发挥政策效应、思想效应、工作效应、措施效应、技术效应、管理效应、资金效应和帮扶效应，在实践中被证明是最有效的扶贫方式。佘远美（2005）提出了在扶贫过程中创立"创业促进会"的设想，指出这种促进会是"参与式扶贫开发模式的延伸和发展，是实现参与式扶贫开发模式本土化的改进、补充和完善，是参与式扶贫开发模式充分发挥作用的有效运作机制和载体，是统筹生产要素参与扶贫开发的有效途径和手段"[①]。石山（2005）认为，我国贫困地区之所以难以脱贫，主要是因为发展动力不够，创业能力不强，没有形成

---

① 佘远美. 创办扶贫"创业促进会"的设想 [J]. 老区建设，2005（4）：6.

创业精神。他认为扶贫开发本质上就是创业，是一种创业人才培养和扶持过程，因此开展扶贫研究必须要对创业主体和创业活动本身进行深入细致的分析。张文娟（2011）针对农村科技特派员进行了研究，总结了"科特派"创业式扶贫模式，认为科技特派员是扶贫工作中不可或缺的外部支持力量，能够对农民通过创业增收起到很好的助推作用。叶先宝等（2012）经过调研发现，以政府为主导的外生性扶贫范式、理念、思路已经无法适应扶贫新阶段的内在要求，既有的扶贫思路、框架及重点亟待调整。他们认为公益创业扶贫理念的兴起有助于人们跳出被传统扶贫思维禁锢的预设，引起人们对贫困群体内生性脱贫能力的重视，但是还需对创业扶贫的理论体系构建、公利与私利界定、公益创业扶贫专业性、政府与企业之间的关系等主题进行更深入的研究。他通过实证分析，力图构建出战略性理论框架、公利与私利界定三维体系、三位一体教育模式、四位一体推进模式等。中国扶贫中心的黄承伟、覃志敏（2013）深入分析了重庆市涪陵区农民创业园产业化扶贫案例，阐述了该案例在统筹城乡发展中的组织构建、运作模式和管理流程，提出了以农民创业园区为平台、以扶贫责任书为纽带的贫困农民自我发展扶贫机制。莫光辉（2014）针对广西天等县开展实证研究，从农民创业与国家扶贫开发模式创新、国家扶贫开发政策执行中的农民创业环境优化、农民创业与农村贫困人口自我发展能力提升体系建构等方面探索建构农民创业与国家扶贫开发政策有效衔接的双向良性互动创业扶贫模式。刘海涛（2016）针对辽宁省朝阳县返乡农民工的就业情况进行了调查，认为扶贫策略应该与创业培植活动结合在一起，决策者需要根据返乡农民工的特点构建创业扶贫的推进工作体系，加大创业扶贫的政策扶持力度，强化创业扶贫的各项服务措施。范守城、尹希果等（2016）对重庆市18个贫困区县特派员进驻贫困村开展科技创业扶贫的实践进行研究，总结了科技特派员扶贫、"一帮一"创业扶贫、"一对一"技术帮扶、"1+1"进村帮扶、集团式扶贫、片区式扶贫等主要创业扶贫模式，剖析了各种创业扶贫模式的运行机制和特点，对构建"自身造血式"创业扶贫长效机制构建提出了对策建议。张妮娅（2017）从创业导向、创业资本、创业绩效3个方面构建了我国创业扶贫的理论框架，为今后开展创业扶贫研究奠定了基础。王立娜（2017）基于人本理论视角，深入研究了农民工返乡创业与精准扶贫之间的良性互动关系，尝试探寻实现农民工返乡创业与精准扶贫融合发展的有效路径，构建相互融合的发展机制，并对依托返乡创业推动新型城镇化建设、以优化精准扶贫模式促进地区产业发展等提出了个人思考和建议。黄玲玲（2018）基于国内 30 个省人均 GDP、资本、劳动力知识流动、创业活动等面板数据，利用面板回归模型，对各地区创业对区域经济增长的实证评估进行研究，得出创业活动能够有力促进地区经济增长并带动贫困人口就业的结论，同时也指出创业风险带来的损失会造成农民短时间内返贫并很难实现再脱贫，需要提高警惕。王家琦等（2019）通过调查发现大量农村创业者都会在创业过程中遇到资金不足、融资困难等问题，阻碍了农民创业积极性，不利于创业主体的发展，进而提出了拓宽创业主体融资渠道的意见建议。目前，学界对创业与扶贫的研究主要集中在创业扶贫理念和创业扶贫实践两个角度，基本都是主张以政府引导为前提，通过科技、产业、旅游开发、金融贷款、技术支持等方式引领贫困地区农民创业减贫。针对创业与扶贫关系的研究相对匮乏，尤其是对各类模式的绩效评估有待深入分析。通过对创业扶贫研究的梳理，我们发现，创业扶贫已经在实践中作为减贫策略的重要抓手发挥了显著作用，促进了农民脱贫增收目标的实现，但是一些实践做法仍然无法脱离政府的宏观统筹，这些经验能否进行推广，能否真正实现可持续发展，都值得我们进一步观察和思考。

三、农村创业扶贫

我国是一个农业大国，农村人口和地域面积占比很大，因此，全面建成小康社会，农村人口脱贫是关键一环。我国农村贫困问题呈现出相对贫困突出、暂时性贫困比重大、返贫率高等特点，防止返贫任务依旧严峻。针对当前农村特点，政府应该转变思路、调整策略，将输血式帮扶转化为造血式帮扶，大力开展创业培植，激发落后地区产业发展潜能。

（一）农村扶贫与人的发展

谭崇台（2003）借用凯恩斯的"丰裕中的贫困"一说，根据国情将我国现有的贫困现象分为有效需求不足、相对贫困扩大和绝对贫困继续存在、失业问题尚难解决、环境污染和生态破坏四种类型。和城市贫困现象不同，我国农村贫困问题存在着以下几个特点：一是地域性，即我国农村贫困人口主要集中在自然条件恶劣、基础设施落后、产业结构单一以及教育水平落后的地区，这些地区通常是少数民族集聚区和西部地区；二是反复性，即因病返贫、因老返贫、因学返贫、因灾返贫、因婚返贫现象普遍存在；三是复合性，即很多贫困问题背后是深层次的精神、文化、环境和权利贫困；四是特殊性，即贫困人口中有相当比例是少数民族、残疾人、留守老人和妇女（邵延学，2018）。导致这些贫困现象的原因是多方面的。何仁伟、丁琳琳（2018）指出，我国农村贫困的形成机制非常复杂，可以从几个角度进行分析：从我国区域发展客观规律和贫困地域生成机制看，贫困现象主要受社会发展因素、地理环境资源的影响；从外部自然条件看，灾害、地貌、气候、生态等自然地理环境对农村贫困产生呈现路径多样性和作用复杂性的特点；从微观个体角度看，自主发展能力与自主发展意愿缺乏所引起的内生发展能力不足是导致微观个体贫困发生的主要原因。农村贫困现象和问题因地而异、因人而异，但总体而言是受内外因素综合作用，外部因素可以通过项目扶持和政策支持加以解决，内部因素则需要更加精准的扶贫干预策略。目前，我国贫困农民不仅缺少发展资源，还普遍存在着收入、健康、教育、就业、住房和社会交往等方面低下的问题，收入少、个人能力差、人力资本弱、社会排斥大等限制了个体发展，导致发展权利丧失或被剥夺（吴珂，2017）。童星、林闽纲（2016）指出，我国农村贫困的主要表现是一种相对贫困，虽然没有绝对贫困问题但仍低于社会公认的基本生活水平，个体能力弱或缺乏扩大再生产的能力。

1802 年，法国学者佩鲁在《新发展观》一书中论述了人发展的重要性，从两方面阐述了人发展的内涵，指出各种形式的人力资源都会得到有效的使用，其素质也会得到不断的提高。马克思也指出，人的全面发展是"作为目的本身的人类能力的发展"。扶贫要从"人"抓起，要通过外部干预扶持，增加贫困家庭人力资本投资，开展积极就业政策，大力发展社区服务，促进社会融合以及赋权，提高贫困家庭的发展能力，帮助其彻底摆脱贫困，减少返贫的可能性，实现真正的自我发展（王英杰，2017）。"政府的开发扶贫基本采取的非权利转移的方式，但如果不能解决贫困人口的能力贫困问题，仅仅采取单向扶贫济困，其扶贫效果只是暂时的，返贫可能性极大，贫困人口自身也不会有可持续发展的能力。因此政府只有提高贫困人口的可行能力，反过来才能提升他们创造收入的能力。"[①] 张航（2018）基于全国实证调查数据，运用路径分析方法研究了农村贫困居民的脱贫能力和内生动力，指出教育水平、年龄、健康状况、家庭规模、社交对象、脱贫信心对实现可持续脱贫具有正向作用，因此必须进一步发挥教育培训的扶智扶志功能。牟成文（2018）认为，我国的贫困问题本质上是贫困人口的基本需求不能得到有效满足，贫困人口通过自身能力无法获得发展资源，只有发挥贫困人口的主体作用，提升造血能力，才是治贫脱困的关键所在。随着学界对贫困现象不断深入研究，逐渐发现贫困的本质不是条件贫困，而是能力贫困，条件贫困可以通过改善环境和增加扶持解决，而能力贫困必须从个体入手强化自身能力建设，这些都无法在短时间内快速实现。

（二）农村创业扶贫与实践探索

习近平总书记强调："创新是社会进步的灵魂，创业是推动经济社会发展、改善民生的重要途径。"党的十八大以来，精准扶贫持续发挥强大的脱贫减贫效能，脱贫攻坚取得了决定性胜利。党的十九大报告中提出要实施乡村振兴战略，"促进农村一二三产业融合发展，支持和鼓励农民就业创业，拓宽增收渠道"，"大规模开展职业技能培训，注重解决结构性就业矛盾，鼓励创业带动就业。提供全方位公共就业服务，促进高校毕业生等青年群体、农民工多渠道就业创业。"随着减贫干预策略开始注重激发贫困群体内生动力，创业扶贫开始成为精准扶贫的重要内容，并逐步和乡村振兴结合在一起。近些年，我国创业环境不断优化，创业型经济正逐步发展成为我国农村区域经济社会发展的重要推进力量，家庭农场、种养大户、农民合作社、农业企业和农产品加工流通企业等农村新型经营主体不断涌现，农民创业迎来了蓬勃发展的新生机，农民创业减贫致富效果明显（莫光辉，2019）。由于各地资源禀赋存在差异，创业扶贫模式多种多样，农村创业扶贫研究的视角也更加多元。周娜（2017）总结了我国农村绿色创业扶贫的模式，提出了

---

① 吴丽萍. 中国农民的可行能力贫困研究 [J]. 西安石油大学学报，2014（3）：45.

"绿色产业链创业""电商带动绿色创业""新业态带动绿色创业""特殊群体带动绿色创业"4种绿色创业扶贫模式，在此基础上提出了建立政府主导型的绿色创业扶贫体系、打造可持续的绿色创业平台、培养贫困农户绿色创业理念等相关对策建议。李文祥（2018）对社会工作方法创新进行研究，认为将社会工作方法融入具体的生产、经营和管理活动中，能够对贫困者进行有效的惯习矫正与能力训练，消除贫困文化对贫困者的挟持。李文祥还在研究中对创业扶贫模式从"单项增能型"到"双向协作型"的转变进行实地试验。阿布力孜·布力布力（2018）以南疆四地州的部分企业家和学员为调查对象，对创业培训与个人发展关系、创业能力与公共服务关系进行统计分析，指出这些自变量与因变量之间具有相互影响关系，为政府扶贫政策的制定和贫困人口的成功脱贫提供实证依据。温爱华（2018）基于河北省农村创业需求实际，探索提出基于大数据技术和"互联网＋"智慧职教平台下农村创新创业教育模式的构建思路和应用新型媒体助力文化下乡促进农村就业创业的实施策略。王家琦（2018）从农村创业融资角度出发，认为大量农村创业人员都会遇到资金不足、融资困难等问题，阻碍了农民创业的积极性和农村创新创业企业的进一步发展，提出要对农村创业融资渠道的优劣性进行比较，探索创业融资新模式。刘美华（2018）从农村教育扶贫的角度，提出要构建创业教育与精准扶贫的共同目标耦合机制、实现路径耦合机制和效果反馈耦合机制。李冰冰（2019）以湖北省黄冈市的国家级贫困县为研究对象，展开群体案例研究，总结出"救济型""移民型""孵化型""开发型"精准创业扶贫模式，以及相应的"输血""换血""活血"和"造血"机制。

目前，农民创业的主体主要集中在返乡创业农民工群体，他们因为长期在外务工，在资金、技术、信息、人力资本等方面具备一定的发展优势，可以依托当地产业结构、自然条件和扶持政策等资源开展创业活动。引导农民工返乡创业，有利于培育农村新产业、新业态，调优农业产业结构，促进农村一二三产业融合发展。郭鑫（2016）以农民工返乡创业中的地方政府责任为对象开展研究，运用市场失灵理论及新公共服务理论，对地方政府进行了责任定位，指出地方政府应该是创业环境的构建者、创业政策的执行者、公共资源的配置者及公共服务的提供者，应当通过优化环境、完善创业政策、加强基础设施建设及完善相关服务体系等为返乡农民工创业提供支撑。张呈辉等人（2017）对阜南县柴集镇返乡创业农民工创业情况开展了调查分析，并运用计量软件确定影响返乡农民工创业满意度的变量，调研结果显示是否获得贷款、是否经过培训、是否获得政策帮扶及受教育程度、家庭背景、技术经验、社交能力、抗风险能力对创业满意度的影响显著。彭小晶（2018）系统梳理了农民工返乡创业的构成要素及特点，分析了返乡创业活动中"务工地"与"返乡地"在创业要素及供求层面上的双向嵌入，提出应建立需求响应机制和精准供给机制以确保双向嵌入的有效性，促进农民工返乡创业过程中"创业地"与"务工地"的协同与合作。

在实践中，各地也逐渐摸索出创业扶贫创新模式，对今后的减贫开发工作具有很强的借鉴意义。广东连水依托本地油茶、养猪、桑蚕、农家乐"一村四品"项目，建立创业扶贫基金，搭建创业致富和土特产交易实体平台及农村电子商务服务站，推行合作社带动创业的发展模式，通过创业培训普及创业意识和技能，在少数民族地区形成了浓厚的创业氛围（李双，2018）。贵州沿河创新探索"3461"就业创业扶贫模式，在扶持创业农民方面做到精准识别、精准施策和精准服务，在创业服务过程中力求宣传信息送到位、岗位送到位、培训送到位、资金送到位，打造就业扶贫示范基地、"雁归工程"、乡村就业扶贫车间、农村新型合作社、农村电商平台、挖掘基层岗位6大平台，建立集完善配套政策、资金保障、高位推动、重督查促考核于一体的配套机制（黄照云，2019）。云南省从2015年就开始在农村普及电商创业扶贫模式，建立农村电商发展与贫困地区、贫困人口减贫增收的利益联结机制，以"贫困户＋合作社＋加工企业＋电商平台"的模式，实现贫困地区农产品生产规模化、加工标准化、网销品牌化、渠道多样化，引导贫困农民立足农村、对接城市，帮助贫困农户利用电商创业，提高增收致富能力。政府还组织电商企业借助村淘、聚划算等兴农扶贫平台宣传销售优质特色农产品，完善农村流通基础设施建设，实现贫困地区与物流协同发展（杨静，2018）。吉林白城通过实施产业、创业、就业"三业联动"，积极探索"转移就业＋贫困户"和"返乡创业＋贫困户"的带动模式，发挥创业担保贷款资金作用，加强域内外企业帮扶对接，完善贫困村三级公共创业服务体系，鼓励和引导企业通过创建扶贫车间吸纳贫困农民就地就近创业，出台《返乡农民工、大学生创新创业考核奖励实施办法》激励农民返乡创业（孙宏达，

2018)。湖南开慧积极打造"慧润模式",依托龙头企业辐射带动农民开展旅游创业活动,探索"政府扶持、企业牵头、农民参与"的共赢模式。企业无偿帮助农民翻修村舍经营农家乐,所有产生的收益村民分配60%,村集体分配10%,企业分配30%,既促进了村集体经济发展,又降低了农民创业门槛(张萌,2018)。电商创业扶贫、科技创业扶贫、旅游创业扶贫、文化创业扶贫等创业扶贫模式如雨后春笋般涌现,农村创业环境不断优化,创业型经济正逐步发展成为我国农村区域经济社会发展的重要推进力量。农民创业催生了农业农村的新产业、新业态、新模式,农民创业已经成为减贫脱贫的活力引擎和区域经济社会发展的重要依靠力量。

四、小结

贫困本身是一个多层次的问题,既有物质上的贫困,也有精神上的贫困;贫困本身既带来很多社会问题,也具有某种正向功能。我们认识贫困需要多角度、全方位,考虑文化、经济、社会、政治等诸多因素的影响。随着学界对贫困现象认识的不断深化,各种贫困理论开始涌现,贫困理论框架的形成也为之后的研究奠定了坚实基础。早期的贫困理论研究主要关注资本主义国家或工业化国家在发展经济过程中产生的贫富分化问题和城市化问题,认为贫困是资本主义经济发展必然导致的结果,并基于此提出了社会分层职能理论、3M理论、贫困功能论等学说。随着研究视域的不断扩展,贫困问题研究已经从城市拓展到农村,由发达国家拓展到发展中国家,理论界也形成了一般理论、贫困发展理论和特殊贫困理论三个层面,分别对一般贫困现象、发展中的动态贫困现象、特殊地区和时期的贫困现象进行研究。在全球一体化的今天,发展中国家的贫困问题已经上升为"国际贫困"层面,不仅成为发展中国家面临的社会问题,也对世界经济发展、社会管理、生态保护等方面产生深远的影响。贫困问题已经成为全球问题,需要我们采取更加有效的策略加以限制和消除。

创业就是市场主体对生计资本和发展资源进行优化配置的过程,目的是创造更多的经济和社会价值。创业活动本身是一种市场化的劳动方式,也是思考、推理、判断的过程,很多时候需要靠发展机会进行驱动,因此具有很高的风险性，对创业主体的综合能力要求很高。任何国家，提高就业质量一直都是提升保障水平和改善民生水平的重要着力点，而创业活动本身可以短时间促进经济增长、扩大就业容量，因此，各国政府都会对创业活动给予支持。早期的扶贫项目采取的是"输血"式扶贫，给予大量的资金、政策、物质扶持以帮助贫困者脱贫，随着人本理念的普及和参与式方法的推广，扶贫工作越来越需要考虑贫困个体的异质性特征和贫困社区的可持续发展，只有将"输血"式扶贫转化为"造血"式扶贫，才能实现可持续脱贫，减少返贫机率。在扶贫理念由以物为核心向以人为核心的转变过程中，创业扶贫已成为越来越多扶贫项目选择的模式，在提升经济收入、深挖社区潜能、培养个体能力等方面发挥了巨大作用。

和城市贫困不同，乡村贫困具有农民收入水平低、生计结构单一、收入货币化程度低、绝对贫困占比大、人力资本水平低、维持经济性投入少、发展资本储备不足等特点。在乡村开展创业减贫，难度更大，风险更高。鼓励农民创业，需要政府针对乡村经济和社会发展特点制定优惠政策，给予产业扶持，搭建创业平台，培植示范主体，让创业成为经济落后地区自我发展的新动能。针对乡村开展创业式减贫，不仅要研究社区发展特点、地区资源禀赋、农民劳作习惯，还要了解农民的真正发展需求，将外部的创业策略转化为农民的创业意愿，将创业扶持工作内化为社区贫困人群的集体行动，进而实现可持续脱贫目标。很多研究者都从实践层面对创业扶贫开展了实证研究，总结了很多创业扶贫模式，为今后创新扶持策略提供了参考和借鉴。

第二章　扶贫经验总结与创业型减贫模式

经过几十年的扶贫开发，乡村社会的贫困制约因素已经由过去的传统型致贫因素向乡村人口发展能力和发展机会等因素转变。实践表明，扶贫开发取得实效，关键在于提高了贫困人口的自我发展能力，让他们自己掌握脱贫致富的技能。随着我国近几年掀起"大众创业、万众创新"的新浪潮，创业型经济逐渐形成，并深刻影响了乡村社会经济的发展。"草根创业""返乡创业""农业创业"等现象不断在各地涌现，农民创业与减贫开发已经形成了一种双向互动模式，帮助边缘弱势人口依靠创业脱贫已经成为扶贫工作的重要内容。《国务院关于大力推进大众创业万众创新若干政策措施的意见》中明确指出，"大众创业、万众创新"是发展的动力之源，也是富民之道、公平之计、强国之策，对于推动经济结构调整、打造发展新引擎、增强发展新动力、走创新驱动发展道路具有重要意义，是稳增长、扩就业、激发亿万群众智慧和创造力，促进社会纵向流动和公平正义的重大举措。乡村振兴是党和国家在新时代的一项重要工作内容，目的就是要使农民走向共同富裕，乡村实现农业农村现代化。因此，提升农民收入、构建防止返贫机制离不开作为富民之道的大众创业、万众创新，创业型经济能够有效促进乡村发展策略的不断调整和完善。

一、我国贫困特征与扶贫模式

人类社会发展历程中，贫困始终如影随形，成为与人类社会发展相伴的经济、社会、文化现象。作为世界上最大的发展中国家，乡村贫困问题一直是我国社会经济发展中面临的一个严峻问题。我国的贫困现象有自己的特征，扶贫实践有自己的模式。回顾我国减贫之路，我们可以发现扶贫模式逐渐由"授人以鱼"式的帮扶式扶贫过渡到"授人以渔"式的自主发展，创业型减贫和防止返贫模式已经随着产业振兴逐渐得到广泛普及。

（一）区域性贫困特征

我国原有的贫困问题主要集中在农村，无论在空间分布，还是致贫因素，都有自己的特点和表现。我国原有的贫困特征可以总结为以下几个方面：

（1）空间分布相对集中。我国原有贫困地区呈现贫困户、贫困村、贫困县、贫困区等多级并存的组织结构和空间集聚分布格局，贫困地区主要以"胡焕庸线"为边界分布。原有农村贫困地区的主要分布特点包括：一是空间上具有较高的重合性，贫困地区主要分布在全国 592 个国家扶贫工作重点县集中连片分布的核心区内；二是贫困地区在很多省份呈空间分布的散离化状态；三是贫困地区有自东向西、由北向南逐步增多的趋势。我国原有贫困地区可以划分为生态脆弱集中连片贫困地区和生存条件待改善集中连片贫困地区两大类。前者主要包括秦巴山区、吕梁山区、三江源地区和琼中地区，按照国家主体功能区划分，这些地区属于重要生态保护区，扶贫开发过程中重点推进生态移民和就地扶贫；后者包括乌蒙山区、桂黔滇毗邻地区、六盘山及陇南地区、横断山区、武陵山区、太行山区、大小兴安岭南麓、赣南地区、南疆地区，这些地区大多是山区、丘陵区，平原区域有限，早期扶贫开发主要采取"点状开发、面上保护"的思路推进①。从地域类型看，贫困地区分布广泛且相对集中。原有贫困地区主要包括三种地域类型：一是东部平原山丘环境及革命根据地贫困区（东北与朝鲜、俄罗斯、蒙古接壤地区；冀鲁豫皖的黑龙港流域、鲁北冀东滨海地区、淮河中上游地区），主要集中在沂蒙山、大别山、井冈山、闽赣接壤山区等岛状分布的丘陵山区；二是中部山地高原环境脆弱贫困带（从东北延伸至西南、四川盆地和汉中盆地），基

---

① 贾若祥，侯晓丽. 我国主要贫困地区分布新格局及分布特点和类型 [J]. 党政干部参考，2011（8）：18.

本上是呈带状分布的山地高原区；三是西部沙漠、高寒山地环境恶劣贫困区（新疆、青海、西藏三省区的沙漠地区，以及帕米尔高原、青藏高原和云贵高原），这一区域贫困地区分布连片面积广。原有 14 个集中连片特困地区包括 680 个贫困县，其中 440 个为国家扶贫开发工作重点县。

（2）地域"孤岛效应"明显。所谓"孤岛效应"，是指某一区域较少或很少与外界进行经济、社会、文化、科技、信息、人员等方面的交流，在自给半自给、封闭半封闭状态下所形成的贫困落后的恶性循环。呈现"孤岛效应"的地区通常物流极少且不畅，收入过低和不稳定扼制了农村外部消费倾向，信息极端缺乏和失真使人民难以产生创业冲动。在扶贫领域，"孤岛效应"是用来分析贫困地区市场封闭或经济不协调程度对经济增长的影响。长期以来，贫困地区由政府主导的"灌水式""输血式"等传统扶贫模式大行其道，"等、靠、要"思想盛行，这与贫困地区经济处于市场闭锁状态，未能融入区域经济、全国乃至全球经济体系密不可分[1]。原有贫困地区远离城市、县域或道路沿线经济相对发达的地区，呈现向山地丘陵、生态脆弱区、高寒区、革命老区、边境地区等区域集中的态势，很难与外界进行物质、信息、人员交流，长期处于封闭、半封闭状态，如陕西秦岭山区、四川大凉山区、河北太行深山区等。这些区域的贫困县、贫困村、贫困户长期远离城市，缺少产业和技术带动，造成与外界的经济联系日益弱化、发展差距越来越大，贫困化程度不断加剧。

（3）区域化减贫制约因素多样。我国原有的集中连片贫困地区在发展过程中面临自然地理、生态环境、历史进程、民族文化、经济区位等多种因素的制约，贫困地区与生态脆弱区、限制或禁止开发区、少数民族集聚区、边境地区和革命老区呈现空间上的高度叠合，且主要分布在深石山区、高寒区、高原区和地方病高发区，人地矛盾突出，资源环境承载能力弱[2]。据调查，原有的集中连片贫困区的缓陡坡（坡度介于 15°至 25°）、陡坡（坡度大于 25°）面积占比分别为 20.8％和 17.1％，地理条件限制了诸多产业的发展

① 黄林秀，邹冬寒. 连片特困地区市场孤岛效应对经济增长的影响研究 [J]. 农业技术经济，2017（9）：25.

② 刘彦随，周扬，等. 中国农村贫困化地域分异特征及其精准扶贫策略 [J]. 中国科学院院刊，2016（3）：270.

（乌蒙山区、武陵山区、罗霄山区等受土地资源约束严重）；水资源短缺区域内贫困县占56%，贫困地区与水资源短缺重点区在地理空间分布上高度重合，这些区域发展模式以农业种植为主，耗水量较大，经济附加值偏低（六盘山区、燕太片区等北方贫困县受水资源约束严重）；民族地区、边境地区多为贫困易发生地区，全国14个集中连片贫困地区中有11个在民族集中地区，基础设施滞后、产业发展缓慢，外部支持有限。我国原有集中连片特困区的区域性贫困受到多元因素的影响，比如六盘山区地形破碎，水土流失严重，地质灾害频发，常年干旱缺水；秦巴山区隶属于生态保护区、革命老区和灾害频发区；武陵山区隶属于民族地区，生态脆弱，基础设施落后，地质灾害频发；乌蒙山区隶属于生态保护区、民族地区和革命老区，基础设施落后，流行病盛行；滇桂黔石漠化区地形复杂、土层贫瘠、生境脆弱、灾害频发；滇西边境山区隶属生态保护区和少数民族聚集区，生态灾害频发；大兴安岭南麓山区隶属于生态保护区，发展资源匮乏，产业转型困难；燕山-太行山区生态脆弱，基础设施滞后，自然灾害频发，水资源短缺；吕梁山区地形复杂，沟壑纵横，耕地面积很少，干旱与水土流失严重；大别山区产业基础薄弱，水土流失严重，基础设施落后；罗霄山区洪涝灾害频发，水土流失严重，生态保护压力很大；西藏区隶属于高寒地区，地形复杂，人迹罕至；四省藏区多为高山峡谷，基础条件落后，自然灾害频发；新疆南疆三地州气候干燥，生态脆弱，人力资源严重不足。原有贫困地区致贫因素各异，资源禀赋不同，由于产业基础薄弱、人力资本匮乏，很多地区出现了"一方水土难养一方人"的窘境。

（4）乡村贫困向城市转移。伴随着大量乡村贫困人口以农民工的身份向城市转移，我国人口流动格局出现了"乡城间贫困转移"现象，这也预示着跨越"中等收入陷阱"困扰将成为我国今后主要的社会治理问题之一。贫困乡城转移是伴随着城市化进程而产生的贫困人口向城市聚集现象，属于城市贫困与乡村贫困的中间地带。我国乡村贫困向城市转移的主要趋势包括：一是农村劳动力转移，就业规模不断扩大，形成了贫困城乡转移在常态化；二是随着乡村贫困转移，城市人口贫困发生率呈增长趋势，城市贫困群体规模扩大，形成了成片的穷人区、贫民窟；三是乡村贫困人口大规模转移的同时，由于生计资本稀缺，技能水平低下，贫困人口无法在城市实现大幅度的收入提升，反而使城市贫困问题加剧，影响城市社会稳定；四是贫困人口和弱势群体在城市的集中度增强，城市人口与农民工贫富差距更趋显性化。"贫困转移"产生的原因包括流动人口有限的社会资本、城市对外来贫困人口的制度性排斥、返乡路径的断绝、产业发展对于一般劳动力需求的减少以及城乡剩余劳动力就业冲突等。在大规模、长时间的贫困人口向城市流动中，一些社会、经济问题开始暴露，政府不加以引导干预会影响全面小康社会以及和谐社会的构建。

（二）贫困产生原因

贫困是一个综合而且复杂的问题，是一种物质生活贫乏的社会现象。贫困既是指收入缺乏导致生活水平低于社会最低标准，也是指由于缺乏手段、能力和机会而导致收入降低[①]。贫困不仅有直接的自身原因，也有间接的环境、制度、文化影响。乡村弱势人群收入偏低，生活生产所必需的服务、产品缺乏，维持最低生活水平的能力欠缺，还要面临疾病、意外和温饱问题。同时，自然资源匮乏、居住环境落后、制度不健全、交通不畅、基础设施不足和信息不对称等问题使乡村贫困问题更加复杂。

（1）环境因素。我国原有半数以上的乡村贫困人口生活在山区荒漠，这些地区土地贫瘠、耕地资源少、生产条件落后、自然灾害频发。因自然环境原因造成的乡村人口贫困被称为"自然条件禀赋性贫困"，这种贫困主要是由自然条件的影响和限制而产生的。在我国一些偏僻地区，可用自然资源不足，与外界联系渠道有限，当地农民主要依靠有限的自然资源从事农业生产，生产活动受外部环境影响程度较大。在这些自然条件较为恶劣的农村地区，生产和生活脆弱性较大，在这种自然条件下的人群很容易陷入贫困境地[②]。一些学者指出，自然条件禀赋性贫困形成的主要机制包括两方面，一是生存与生活的自然条件不利影响，资源难以满足基本生活需求；二是难以获得充足的社会支持。这两种机制共同发挥作用，使乡村贫困人群很难从居住环境中获得有效的发展资源支撑。除了自然资源不足引发的贫困，还有因

---

① 牛唯懿. 中国农村贫困原因及对策分析 [J]. 农技服务，2016 (3)：21.
② 陆益龙. 究竟怎样合情合理地看待农村贫困成因 [EB/OL]. 新华网，2016 - 2 - 14.

生态环境恶劣而导致的"生态环境相关贫困"。随着经济发展和过度开发，一些地区出现了荒漠化、盐碱化、水土流失、地下水下降等问题，直接影响到当地农民的生产生活。比如我国西部山区、生态脆弱区灾害频发，土地退化严重，已经成为农村持久性贫困和急需实施生态移民措施的区域。对于我国集中连片特困地区，环境性因素是乡村贫困的主要致贫因素。

（2）制度因素。如果说环境性因素是影响大规模群体贫困的主要原因，那么制度性因素则是导致农民贫困代际传递的关键性因素。由于我国城乡二元经济社会结构没有破除，乡村公共服务和公共物品仍然相对短缺，社会保障体制有待健全，这些都造成城乡差距的进一步拉大。引发乡村贫困的制度性因素主要包括以下几方面。一是户籍制度。我国严格的户籍管制体系是城乡二元经济社会结构的重要制度基础。一方面，户籍制度使农民无法享受与城市居民同等的公共福利，"剪刀差"使农民大量陷入绝对贫困；另一方面，户籍制度严格限制了农民的就业和创业空间，多数农民只能在其户口所在地从事农业生产，子承父业，世代相传，容易造成贫困代际传递。二是农地制度。土地对于农民而言是最重要的发展资本，也是其生计的重要依托。当前，原有集体所有、家庭承包经营的农地制度已无法满足农民收入增长的需要，农地产权不稳定性、有限经营规模、农地征用不规范等都造成农民对土地投资的动力不足。三是社会保障制度。我国社会保障制度是在二元经济体制模式下构建的，乡村地区随着集体经济的解体，社会救济面进一步变窄，乡村社会养老保险制度发挥作用有限，贫困农户中能享受养老保险金的比例降低，导致"因病致贫"成为乡村新生贫困人口的主要原因。四是市场制度。中华人民共和国成立后的一段时期里，我国在农产品流通上实行严格的管控，通过统购统销方式进行农产品流通，虽然这一政策在 20 世纪 90 年代开始有所松动，但仍有部分主要农产品的价格由国家掌握。这种流通中的政府干预容易造成供求关系紧张，不利于贫困农户根据市场需求配置资源和调整结构①。五是教育制度。教育和培训是贫困人口突破贫困代际传递的有效路径。由于教育资源分布不均，教学设施和手段滞后，受教育机会成本提升，多数贫困地区孩子的受教育权难以实现，辍学比重高于其他地区。现存的高考制度也在

---

① 韩春. 中国农村贫困代际传递问题根源探究 [J]. 经济研究导刊，2010（16）：47.

一定程度上承载了不合理的社会排斥功能，致使农村学生丧失了向上流动的教育资本，使他们的弱势长期处于恶性的代际循环之中，难以挣脱[①]。

（3）文化因素。美国经济学家奥斯卡·刘易斯在他的《五个家庭：墨西哥贫穷文化案例研究》一书中指出，贫困人口在长期的贫困生活中会形成一整套特定文化体系，这种文化体系往往导致穷人与其他社会成员的文化和生活方式相互隔离。一旦这种隔离导致贫困群体特有"亚文化"的形成，便会反过来对贫困群体及后代产生深远影响，形成贫困状态的自我维持和不断复制，最终引发贫困的恶性循环。我国原有贫困地区由于长期遭受各种外部因素的负面影响，导致贫困农户形成了一种思维惯性，具有强烈的宿命感。一些原有贫困地区的农民习惯于听天由命，养成了"等、靠、要"的依赖心理，甚至对外来先进文化和理念有着强烈的抵触。在很多老少边穷地区，农民习惯并接受了当前的贫困状态，贫困意识根深蒂固，世代承袭，个别地区甚至滋生了"贫困有理有利"的思想观念。从现实看，贫困意识具有代际传递的人文特征，文化对贫困的影响不可忽视，

（4）家庭因素。如果说环境、制度和文化因素属于造成贫困的外部原因，那么家庭则是导致贫困的内在原因。家庭收入水平、父母文化水平、家庭人口规模、家庭社会资本积累都直接决定着农户的贫困状态以及脱贫效率。家庭因素主要从四个方面影响着贫困水平。一是经济状况。家庭经济状况对子女的生活水平、受教育程度和经济收入影响是巨大的。调查显示，家庭经济条件较差，会造成家庭开支中农业投入和基本生活消费开支的比例提升，而对子女的教育投入和营养支出占比下降，导致子女成年后自身能力水平无法获得竞争优势。二是受教育程度。教育产生的收益不限于受教育者，其边际收益可以扩大到家庭甚至社会。教育水平与子女成年后的就业机会、向非农行业转移的能力、平均收入水平等成正比。受教育水平较低的农户思想保守、观念落后，无法适应社会发展的需要，会导致落后理念和习惯的代际传递，造成子女素质低下，难以走出贫困状态。三是家庭规模。家庭规模和结构会对贫困农户收入水平产生影响。研究显示，家庭规模越大，贫困发生率也就越高，当家庭规模超过6人后，贫困发生率会成倍增长。四是社会

---

① 韩春. 中国农村贫困代际传递问题根源探究［J］. 经济研究导刊，2010（16）：48.

网络资源。社会关系的紧密程度和社会资本的积累状况是家庭生计水平提升的基础。在原有贫困地区，家庭社会关系主要依靠天然的亲缘、族缘和地缘关系维系，但是这种关系是松散和薄弱的，农户在创业发展阶段很难从这种社会网络中获得有效支撑。

（5）个人因素。俗话说"成事在人""事在人为"，自身能力水平是个体能否脱贫致富的关键因素。个体因素对贫困的影响主要有四个方面。一是个人受教育程度。收入和教育之间具有很强的正相关关系，受教育水平较高的个体在收入上远远高于文盲或那些受教育水平低的劳动者。个体受教育程度越高，个人文化素质提升越快，在劳动力市场竞争中越处于优势地位。全国农村劳动力平均受教育年限仅为 6.82 年，比全国劳动力平均受教育年限低2.46 年，农民受教育水平显著偏低。二是劳动者的技能素质。个人生产技能越高，收入也就越多。由于贫困农民文化程度普遍偏低，素质水平有限，接受专业培训机会少，观念保守落后，自身劳动技能素质难以满足社会发展需求。调查曾显示，原有贫困地区农户接受技能培训的比重仅为 18.4%，远低于全国农村平均水平。三是心理素质。贫困农民由于长期经受贫困折磨，会产生自卑、抑郁、忧虑、沮丧、嫉妒、怨恨和苦恼等心理，对自己持有完全否定的态度，缺乏改变命运的动力，遇事往往采取逃避、退缩的方式。这种群体消极悲观态度的形成不仅会强化当地的贫困观念和氛围，还会导致农村社区的不稳定。

（三）扶贫政策演变

中华人民共和国成立后，我国政府的扶贫政策主要针对的是长期性扶贫。随着改革开放后贫困人口的大幅度下降，扶贫政策开始发生新的变化。改革开放以来，我国农村扶贫政策经历了救济式扶贫、开发式扶贫、大扶贫、精准扶贫等几个阶段，逐渐形成了具有中国特色的扶贫发展脉络。和国外相比，我国扶贫开发是由政府主导的、多元主体参与的，以反贫困、乡村建设、发展农业等多重目标为一体的系统工程，并依托扶贫体系形成了特殊的制度演进过程。

（1）体制改革阶段。1978—1985 年，我国扶贫工作正式进入体制改革推动减贫阶段。改革之初，在 8 亿农民中有 30.7%没有解决温饱问题，贫困成为影响乡村发展最重要的阻碍因素。导致贫困原因非常复杂，核心原因则是农业经营体制导致农民生产积极性下降，经营方式已经不适应生产力的发展要求，制度变革成为缓解贫困问题的唯一出路。为此，改革开放初期国家废除了人民公社，建立了以家庭联产承包经营为基础的双层经营体制，放开农产品价格和市场，乡镇企业得到快速发展，极大解放和发展了生产力，使乡村贫困问题有所缓解，同时，为解决乡村贫困问题奠定了基础①。面对庞大的贫困人口基数，政府的扶贫思路需要在传统的"输血式"民政救济体系基础上进行调整。十一届三中全会之后，我国扶贫策略和思路发生转变，政府开始重点关注"老、少、边、穷"地区贫困问题。1980年，财政部根据国务院《关于实行"划分收支、分级包干"财政管理体制的暂行规定》设立了"支援经济不发达地区发展资金"，主要用于"老、少、边、穷"地区基础设施建设、乡村文化发展、专业技术培训、地方病害防治等方面，以帮助这些地区加快经济发展。1982年，政府对甘肃定西、河西和宁夏西海固的集中连片地区实施为期十年的"三西"农业建设项目，并将"三西"专项建设列入国家计划。1984年，中共中央、国务院联合发布《关于帮助贫困地区尽快改变面貌的通知》，要求解决贫困地区问题要突出重点，应集中力量解决十几个连片贫困地区的问题。此外，通知还进一步强调对待这些贫困地区，要进一步放宽政策，实行比一般地区更灵活、更开放的政策，彻底纠正集中过多、统得过死的弊端，给贫困地区农牧民以更大的经营主动权。据统计，从1978年到1985年，没有解决温饱的贫困人口从2.5亿人减少到1.25亿人，占乡村人口的比例下降到14.8%，贫困人口平均每年减少1786万人。这一时期的扶贫制度主要通过经营方式创新和产权关系改革激发农民生产经营主动性和积极性，让贫困人口获得显著收益，有效缓解了乡村贫困问题。和其他阶段相比，这一阶段的扶贫制度主要特征包括：一是扶贫制度和政策目标主要聚焦于"老、少、边、穷"特困地区；二是主要采用直接转移资金的输血式、救济式扶贫；三是国家层面没有专门的扶贫制度，也没有专门的扶贫机构和专项资金；四是市场化和制度改革造成了区域间贫

---

① 申秋. 中国农村扶贫政策的历史演变和扶贫实践研究反思［J］. 江西财经大学学报，2017 (1)：92.

富差距的扩大。

（2）开发式扶贫阶段。1986—1993 年，乡村各项改革措施开始落地，乡村经济得到了快速发展，不同地区在社会、经济、文化等方面的差距逐渐拉大，区域发展不平衡问题凸显。政府针对地区发展不平衡、贫困地区发展严重滞后的现实问题，将原有的救济式扶贫逐渐过渡到注重培养贫困地区自我发展能力上来。1986 年，中央成立了国务院扶贫开发领导小组和办公室，指导全国农村扶贫工作，各地也成立了相应机构，我国扶贫开发逐渐由道义性、救济性扶贫向制度性、开发式扶贫转变；1986 年，全国人民代表大会六届四中全会将"老、少、边、穷"地区尽快摆脱经济文化落后状况作为一项重要内容列入国民经济"七五"发展计划，正式成立专门扶贫工作机构，安排专项资金，制定专门的优惠政策，并对传统的救济式扶贫进行彻底改革，确定了开发式扶贫方针。1987 年，国务院发布《关于加强贫困地区经济开发工作的通知》，提出要规范扶贫资金使用，发挥扶贫资金的效能；1989 年开始实施以工代赈，1991 年国务院发布《关于"八五"期间扶贫开发工作部署的报告》，继续实施以工代赈。经过扶贫努力，国家重点扶持贫困县农民人均纯收入从 1986 年的 206 元增加到 1993 年的 483.7 元，农村贫困人口由 1.25 亿人减少到 8 000 万人，平均每年减少 640 万人，年均递减6.2%，贫困人口占农村总人口的比重从 14.8% 下降到 8.7%。这一阶段，我国正式告别传统的救济式扶贫，开始在全国开展有计划、有组织的开发式扶贫，扶贫工作进入新的发展阶段。政府认识到"输血"养贫不如"造血"脱贫，确定了开发式扶贫方针，把经济扶贫与能力扶贫结合起来作为扶贫策略的核心。然而，同期乡村经济增长速度放慢，剩余贫困人口脱贫难度加大，贫困人口下降速度趋缓，返贫率增加，为新时期的扶贫工作提出更大挑战。由于政府对贫困原因的界定始终停留在"缺少经济增长所必需的物质生产资料"这一层面，造成我国扶贫工作很长一段时间都注重政策和资金支持，忽视精确识别和认识扶贫对象的重要性，或者由于识别成本太高导致扶贫资金不能完全落实到贫困人口，且在扶贫政策设计过程中忽略了不公平的社会制度与政治制度，导致扶贫效率始终无法大幅提升[1]。

---

① 朱婷. 多源流理论视角下我国农村扶贫政策变迁研究 [D]. 云南师范大学，2017.

（3）扶贫攻坚阶段。1994—2000 年，随着乡村改革的深入发展，国家扶贫开发力度逐年加大，乡村贫困人口持续减少。新时期、新阶段，乡村贫困特征发生新变化，贫困人口分布呈现地缘性特征：我国中西部地区贫困发生率较高，贫困人口主要集中在西南大石山区、西北黄土高原区、秦巴贫困山区以及青藏高寒区等几类地区，这些地区基础设施落后，自然条件恶劣，社会发展滞后。面对新阶段新特征，政府开始整合资源集中发力，力破扶贫瓶颈。1994 年国家出台《国家八七扶贫攻坚计划》，计划根据"四进七出"标准筛选出 592 个县作为国家重点扶持的贫困县，明确提出要集中人力、物力、财力，动员社会各界力量，力争到 2000 年底基本解决 8 000 万农村贫困人口的温饱问题。《国家八七扶贫攻坚计划》的出台，标志着第一个有明确目标、明确对象、明确措施和明确期限的扶贫开发行动纲领最终确立。1996 年，中共中央、国务院颁布《中共中央国务院关于尽快解决农村人口温饱问题的决定》，完善了扶贫战略，提出通过信贷资金扶持贫困地区产业发展的思路，从 1997 年开始在现有扶贫信贷资金基础上每年增加 30 亿元扶贫贷款，重点支持带动性较强的农业项目。小额信贷项目首先在河北易县、河南虞城、河南南召、陕西月凤取得成功，并在全国大面积推广。同年，民政部印发了《关于加快农村社会保障体系建设的意见》，设立农村最低生活保障制度，完善农村社会保障体系建设，并通过以点带面逐步实施。1997—1999 年，我国年均有 800 万贫困人口解决了温饱问题。到 2000 年底，国家"八七"扶贫攻坚目标基本实现。这一阶段，我国扶贫战略框架逐渐成型，明确了扶贫到户的基本原则，创新多元扶贫模式（包括以工代赈、科技扶贫、机关定点扶贫、横向联合、对口支援、国际合作等），扶贫开发力求到村到户、精准对接。这一阶段的扶贫策略强调扶贫开发到村入户，制订了以解决贫困人口温饱问题为核心的战略目标，加大投入，动员社会，建立起扶贫工作责任制，将扶贫资金、权利、任务和责任"四个到省"。此外，政府通过扶贫实践逐渐认识到，光靠政府自上而下的扶贫工作是无法让贫困农户真正实现可持续性的彻底脱贫。

（4）整村推进阶段。2001—2010 年，国家"八七"扶贫攻坚计划完成后，政府开始实施新的扶贫计划，发布了《中国农村扶贫开发纲要（2001—2010）》，标志着开发式扶贫开始进入整村推进阶段。纲要指出，我国

2001—2010 年扶贫开发总的奋斗目标是：尽快解决少数贫困人口温饱问题，进一步改善贫困地区的基本生产生活条件，巩固温饱成果，提高贫困人口的生活质量和综合素质，加强贫困乡村的基础设施建设，改善生态环境，逐步改变贫困地区经济、社会、文化的落后状况，为达到小康水平创造条件。扶贫开发纲要的出台表明我国扶贫开发政策发生了调整。一方面，不断缩小扶贫范围，将扶贫对象精准确定到村，采取整村推进形式开展扶贫工作；另一方面，由单纯注重经济发展转移到注重科教文卫事业综合发展，强调农村社会建设和自我发展能力的培育。为了配合国家总体扶贫开发工作，各类惠农政策相继出台，比如免除农业税、粮食补贴、农村学杂费减免、农村低保等。整村推进扶贫涉及产业化扶贫、易地搬迁、劳动力转移、社会帮扶等内容，是一项庞大的系统工程，需要统筹各类单位，整合扶贫资源。整村推进改变了传统扶贫分散、低效的组织形式，通过援助援建、以工代赈、对口帮扶等形式形成整合式扶贫模式，使乡村贫困地区在短时间内获得了大量的发展资本，开拓了更多的增收渠道。

（5）精准扶贫阶段。2011 年，中共中央、国务院印发了《中国农村扶贫开发纲要（2011—2020 年）》，将扶贫重点聚焦在专项扶贫、行业扶贫、社会扶贫和国际合作等几个方面，特别明确连片特困地区和重点县贫困村的扶贫工作任务重点。2013 年，中共中央办公厅、国务院办公厅印发了《关于创新机制扎实推进农村扶贫开发工作的意见》，正式提出了改革贫困县的考核机制，建立精准扶贫工作机制，健全干部驻村帮扶机制，改革财政专项扶贫资金管理机制，完善金融服务机制和创新社会参与机制，将农村扶贫开发推向了一个新的阶段。2013 年，习近平总书记在湖南湘西考察时首次作出了"实事求是、因地制宜、分类指导、精准扶贫"的重要指示。在此基础上，2014 年中共中央办公厅详细规制了精准扶贫工作模式的顶层设计，推动了"精准扶贫"思想落地。同年，习近平参加两会代表团审议时强调，要实施精准扶贫，瞄准扶贫对象，进行重点施策。这进一步阐释了精准扶贫理念。所谓精准扶贫，是指针对不同贫困区域环境、不同贫困农户状况，运用科学有效程序对扶贫对象实施精确识别、精确帮扶、精确管理的治贫方式。总而言之就是谁贫困扶持谁，强调了扶贫政策的瞄准性。党的十八大以来，我国建立精准扶贫、精准脱贫责任体系、政策体系、制度体系和社会动员体系，加大投入和动员力度，全国及各地区农村贫困人口大幅减少，区域性整体贫困明显缓解，我国在反贫困领域取得非凡成就，为全球减贫事业做出巨大贡献。长期以来，我国扶贫始终以区域为基本单位，没有考虑乡村贫困分布的异质性特征。随着国家扶贫理念的发展，以区域为单元的扶贫策略已经无法适应新时代的发展需要，精确定位扶贫对象、精准安排扶贫项目、精准实现项目落地、精准取得脱贫成效成为脱贫攻坚阶段的主要减贫策略和流程。

（四）主要扶贫模式

不同的资源禀赋和致贫原因对应着不同的扶贫策略，衍生出各异的扶贫模式。我国的乡村扶贫模式是在政府长期反贫困实践中逐渐摸索出来的，是几十年来扶贫经验积累的分类汇总。这些扶贫模式适合于我国乡村各个时期和不同地区的实际情况，在乡村反贫困过程中取得了显著成效，为我国乃至世界的扶贫事业做出巨大贡献。我们可以按照不同标准将目前主要扶贫模式划分为不同类型，每一种模式都有自己显著的扶贫优势。

（1）财政扶贫模式。财政扶贫模式是政府采用的最主要的乡村扶贫模式，采取的扶贫方式包括税收优惠、财政倾斜、专项转移支付等，通常选择加强基础设施建设，加大教育投入力度等方式，以提高农民生活水平。为了支持扶贫，国家设财政专项扶贫资金，该资金是国家财政预算安排用于支持各省（区、市）农村贫困地区、少数民族地区、边境地区、国有贫困农场，以加快经济社会发展、改善扶贫对象基本生产生活条件、增强自我发展能力、提高收入水平、促进消除农村贫困现象。1980 年，我国政府设立了"支援京津不发达地区发展资金"，专门支持老革命根据地、少数民族地区、偏远地区和贫困地区发展，资金总规模为 5 亿元；1982 年，国家设立了"三西农业建设专项补助资金"，年投入金额达到 2 亿元，并开始以实物形式推进以工代赈扶贫；随着市场化水平的不断提升，为了推动扶贫工作的高效开展，国家专门成立了国务院扶贫开发领导小组，下设办公室，开始进行专项扶贫，主要采取开发式扶贫方式。在"八七"扶贫攻坚阶段，国家还专门增设了"新增财政扶贫资金"，并由中央财政专项拨款，同时扩大资金规模。资金的多部门管理虽然可以鼓励政府各部门都能积极参与扶贫工作，但是却使资金管理成本增加，扶贫效果降低。由于缺乏有效的协调机制和沟通机制，各部门在资金管理和使用方面都从本部门利益出发制订相应管理规定和程序，从而造成实践中财政扶贫资金管理混乱，给资金监测工作带来了很多不便①。

（2）产业扶贫模式。产业扶贫是以市场为导向，以经济效益为中心，以产业发展为杠杆的扶贫开发模式。产业扶贫的主要目的在于促进贫困人群与贫困地区协同发展，根植发展基因，激活发展动力，阻断致贫动因。在实践中，产业化扶贫通常以市场为导向，立足贫困地区资源禀赋，从发展地区名优特产品入手，以县乡为基础，因地制宜发展1～2种优势支柱产业。在布局上，产业化扶贫通常采取连片开发，形成一乡一业、一村一品、数乡一业、数村一品的区域性、规模化生产格局；引导贫困农户进入产业生产链条，通过基地促进地区产业发展、辐射带动周边农户脱贫；不断提高产品的质量和档次，通过集聚效应形成产业集群，进而壮大自身产业优势，不断发展拳头产品。政府在开展产业化扶贫过程中，首先因地制宜在贫困地区确定具有发展潜力的优势产业，并邀请专家进行充分论证；然后引导贫困地区农户围绕主导产业，按照规模化、专业化、标准化的要求建设优势产业基地，通过产业示范基地向贫困农户推广新技术和新品种；最后引导农户与产业基地、龙头企业对接，发挥新型农业经营主体的辐射带动作用。产业扶贫的主要优势是特色产业可以迅速带动贫困农户增收致富，农民和企业可以实现共同发展和双赢，产业发展能够形成持久性的脱贫带动作用。但从另一个角度而言，产业扶贫在发展地方经济的同时也会造成企业和农户之间利益分配矛盾，同一地区产业同质化严重，扶贫过程中倾向于追求短期效益而忽视生态效益。

（3）整村推进扶贫模式。整村推进扶贫是指以扶贫开发工作村为重点，以增加贫困人口收入为核心，以完善基础设施建设、发展社会公益事业、改善群众生产生活条件为重点，整合资源、集中投入、分批实施的扶贫开发工作方式。整村推进主要是让分散在各部门的资金实现整合，让扶贫资金更好发挥集聚效应。整村推进扶贫的核心是各级政府整合资源形成推进贫困村发

---

① 李小云，唐丽霞. 我国财政扶贫资金投入机制分析［J］. 农业经济问题，2007（10）：78.

展的合力，统筹安排扶贫资金，集中用于贫困人口帮扶、贫困劳动力培训和扶贫产业化发展，建立贫困村全面、协调、可持续发展的机制。整村推进扶贫模式的主要特点包括：一是以参与式规划为基础，通过村级规划来规范扶贫项目的实施；二是强调项目的科学管理，促进贫困村社会、文化发展，提升贫困村组织建设、民主政治建设和精神文明建设水平；三是按照"各投其资、各记其功"的方式，引导财力、物力、人力资源捆绑集中投入，形成发展资源的集聚效应；四是坚持政府主导、社会参与，在扶贫开发中适当引入市场机制，组建涉及农业生产、科技服务、产品流通方面的经营主体，沟通生产与市场渠道。可见，整村推进扶贫是对以前几个阶段扶贫经验的总结和提升，突出了以村为基本的瞄准单位，采用更多的参与式扶贫方式，捆绑资源，采取综合扶贫手段[1]。虽然整村推进在开展过程中取得了明显的扶贫效果，但是一些地区对扶贫工作认识不清、手段落后、工作落实不到位，仍存在项目瞄准性不强、扶贫资金缺口大、扶贫评估滞后等问题。

（4）文化扶贫模式。和传统扶贫仅从经济物质上切入不同，文化扶贫是从文化和精神层面给予贫困地区帮助，从而提高贫困人口的素质，帮助其尽快脱贫。1993年我国正式成立了文化扶贫委员会，宣告我国文化扶贫模式的正式启动。目前我国的主要文化扶贫方式包括"万村书库"工程、"手拉手"工程、"电视扶贫"工程、"送戏下乡"工程和"报刊下乡"工程等。和其他扶贫模式不同，文化扶贫讲求"治贫"必先"治愚"，依托发展乡村文化事业、提高农民思想文化素质和科学技术水平，进而促进乡村经济社会发展。文化扶贫相较于传统"输血式"扶贫和"造血式"扶贫，更强调"扶人""扶智"的重要性，注重贫困人口自我发展能力的提升，通过发展文化事业进而实现贫困地区经济社会的全面发展。实施文化扶贫，有利于推动乡村社会全面发展，有助于实现我国农业生产方式的调整，有利于提高乡村劳动生产率。虽然文化扶贫促进了乡村社会经济发展，有效实现"输血"与"造血"并举，但是这种扶贫模式必须结合当地文化资源禀赋，还要尊重当地贫困农户的生产生活习惯，并不能很快产生经济价值，也无法彻底解决"观念之贫"问题。

---

① 杨军．"整村推进"扶贫模式探析［J］．农村经济，2007（4）：58.

（5）劳动力转移扶贫模式。劳动力转移扶贫模式主要是指通过劳务输出提高贫困人口的收入，通过组织贫困地区劳动力进城务工来实现整体家庭收入的提升，进城先富农民可以辐射带动其他农民脱贫。相较其他扶贫模式，劳动力转移扶贫不需要进行大规模的资源投入，不会对贫困地区产生经济、生态压力，可以通过外出就业提升贫困人群的思维观念，优化本地人力资本结构，外出务工人员还可将新技术、新理念、新信息带回贫困地区，从而实现外部发展资源的引入。就业是民生之本，也是让贫困人口长久脱贫的关键。国家近年来出台了一系列政策措施，力图优化就业环境、加强就业服务、推进劳务协作、强化技能培训、扶持返乡创业、注重权益维护，有效推进劳动力转移就业和回乡创业。虽然劳动力转移扶贫模式可以有效使贫困农民彻底脱贫，但是在实践中仍然面临很多困难，实施难度要比其他模式大，还无法真正有效实现"培训一人，就业一人，脱贫一户"的扶贫目标。比如，我国农村劳动力在转移前所受培训力度不够，多数农村劳动力能力水平有限；劳动力需求与劳动力供给信息不对称，缺乏统一的就业信息共享平台；农村劳动力就业单一，工作强度大，增收幅度有限，主要就职于"苦脏累"行业；我国大部分城市第三产业发展滞后，吸纳农村劳动力就业能力有限。

二、创业型经济与区域经济发展

提倡发展创业型经济，目的是破解就业、资源和环境约束三类无法依靠传统经济增长解决的问题。创业型经济对国家经济发展具有重要作用，可以引领产业发展方向、推动社会技术进步、创造新型就业机会、提升经济生活水平。创业型经济不仅可以带动区域的快速发展，为区域经济实现转型提供机遇，其体制完善力度还可以成为区域经济核心竞争力的重要体现。因此，创业型经济可以被视为推动区域经济可持续发展的内生动力。

（一）创业型经济的内涵

创业型经济就是建立在创新与新创事业基础上的一种经济形态。创业学研究始于法国，古典经济学家狄龙最早对创业者给予关注，并深入研究了创

业者的行为模式，他指出创业者的功能就是通过套利和承担风险在经济体系
内发挥某种均衡作用。另一位法国古典经济学家萨伊认为，创业者必须具备
判断力、坚毅品质和专业知识，掌握监督和管理技术，拥有冒险精神，他们
是不同生产者阶层之间的生产者与消费者之间的纽带。19 世纪末，穆勒将
法国古典经济学关于创业者的概念和论述引入英国经济学领域，力图找到创
业活动与经济发展之间的逻辑关系，进而将创业研究和经济学研究捆绑在一
起。伴随着工业革命，创业者阶层不断壮大，他们迫切希望提高自己在企业
管理、决策中的地位。20 世纪中期，随着中小型企业的崛起并逐渐成为经
济发展的动力，学界开始对创业活动与经济活跃度之间的关系进行深入思考
与研究，创业型经济真正出现在学者研究的视域中。1985 年，美国管理学
家彼特·德鲁克最早提出了"创业型经济"概念，并指出创业型经济已经成
为美国经济重要的发展动力，美国经济正从管理型经济转向创业型经济①。
创业研究专家霍华德·斯蒂文森也指出，创业经济是依靠知识创新、创意和
创造力作为动力的一种新型经济发展模式，它具有投入成本少、作用发挥可
持续、转型升级快等特点。此后，各类专家和学者开始从不同角度对创业型
经济的内涵、特点和动力进行深入剖析，创业逐渐成为学者研究经济发展动
力的新视角。对创业型经济的系统研究起步于模式研究。20 世纪 90 年代，
经济合作与发展组织（OECD）、欧洲委员会（EU）、亚太经合组织
（APEC）等组织内的专家开始研究各类创业型经济形态，为今后在发展干
预中寻找最佳模式提供参考。通过研究各个国家的案例和实践，学者们将创
业型经济模式划分为政策型模式、自发型模式、初始型模式、发展型模式和
高科技模式等。

　　创业型经济建立在新创事业基础上，以创新为驱动，以创业型经济主体
为载体，它主要有 5 个特点。

　　（1）创新性。熊彼特曾指出，发明不等于创新，发明者也不等于创新
者，只有敢于冒着失败风险把新发明最先引入经济组织的人才是创新者。正
是这种以创新为基础的创业者精神，才是推动创业型经济发展的基本动

---

　　①　彼得·F. 德鲁克. 创新与创业精神［M］. 上海：上海人民出版社，2002：3.

力①。创新本身并不局限于创新行为的简单叠加，而是经济活动的重新改组、改造甚至革新的过程，因此创业型经济所倡导的创新是综合、多方面的创新，任何单方面、浅尝辄止的创新行为都无法促进创业型经济的稳定发展。

（2）可持续性。一方面，创业型经济是创业主体在不断创新、持续创新基础上引发的经济变革，它打破了传统框架和既定范式，这种知识不断更新、活动不断延续的特点使创业型经济更具有可持续发展的潜能；另一方面，创业主体具有很高的知识与技术水平，其创业活动的专业化可以持续降低交易成本、提高生产效率，促进经济可持续发展。创业型经济在促进产业结构升级换代的同时，可以遏制资源消耗和环境污染，提升社会环境质量。

（3）自主性。良好的经济形态可以为创业主体提供施展才能、实现价值的平台，最大限度发挥其主观能动性。创业主体的各种经济行为都是出于主动、积极的态度，愿意承担一定风险，愿意支出一定精力，目的是为了实现人生追求和自我价值，即便没有外部政策扶持，创业主体也会利用自有资源开展创业活动。

（4）风险性。风险通常伴随着创业活动始终，是经济发展过程中必然面对和考量的障碍性因素。我国的创业资源配置以政府为主导，市场机制发挥调节作用有限，自上而下的支持方式容易产生投资不足、引导不力等问题。此外，创业成本不断提升、外部经济环境风云变幻、资本投入渠道不畅等外部因素都导致创业风险增加，创业成功率大幅下降。创业型经济在发展过程中，受自身条件、国家政策以及市场波动影响较大，相较传统经济具有很高风险。

（5）不稳定性。创业型经济作为一种新的经济形态，随着创业主体的不断涌入，难以预料的风险会随时影响经济发展的稳定性。和以土地、劳动力和资本为投入要素的传统经济不同，创业型经济所需要的知识和技能具有高度不稳定性和不确定性，需要完善的风险防范和救济制度给予支持。

从历史角度看，改革开放彻底打破了长期以来旧制度、旧体制对创新精神、创新活动和创造力的束缚，使市场主体的创业积极性大幅提升，创新活

---

① 约瑟夫·熊彼特. 资本主义、社会主义与民主［M］. 北京：商务印书馆，1999：210.

力大幅增强，创造了经济持续高速增长的奇迹。粗放型经济增长虽然可以短时间实现经济飞跃发展，但长远来看却是不可持续的，会造成资源的浪费和环境的污染。因此，转变经济发展方式，寻求新型发展模式是实现经济可持续发展的必然选择。2014 年，李克强总理在夏季达沃斯论坛上首次提出了"大众创业、万众创新"的号召，各地创业型经济开始进入飞速发展阶段并开启我国经济增长新周期。随着近几年"大众创业、万众创新"深入开展，催生出了很多新型市场主体，促进了观念更新、制度创新和生产经营管理方式的深刻变革，推动了市场新旧动能转换和结构转型升级。对于目前我国经济发展的实际情况而言，创业型经济是实现可持续现代化、以人为本现代化、新型工业化和科教兴国现代化的必然选择。为了更好推动创业型经济发展，政府必须发挥宏观调控和资源配置作用，发展创业文化，强化创业教育，构建完善的创业服务体系，拓展创业融资渠道，为创业主体发展和创新提供政策支持，以便更好更快适应经济全球化发展，推动经济发展迈上一个新台阶。

（二）区域经济发展的动力

区域经济是指在一定区域内经济发展的内部因素与外部条件相互作用而产生的生产综合体，主要以一定区域为范围，是各经济要素及其分布密切结合的发展实体。针对区域经济的内涵，其包含 5 个重要要素。一是特定的地理区域。区域经济学的研究对象是特定范围内的经济发展现象，具有严格的限定条件，区域内各种经济要素之间存在相互作用与影响。二是资源条件相同或相似。区域内经济成为一个实体的前提是资源条件因互通往来而呈现共性，这也成为划分区域单元的依据和鉴别区域特点的前提条件。三是人文社会条件基本相同。一定地域内的人文社会条件决定了其经济形态和发展特点，人文社会条件的相似性成为区域内经济实现一体化的前提条件。四是经济活动的方式及特征具有连续性和一致性。任何区域经济发展都应该具有稳定性和可预期性，当区域内的经济活动方式出现明显差异，会造成经济体系的分裂和再生。五是区域内形成统一、有序、健康的市场。通过长时间的发展，区域内已经形成较为成熟的市场体系，这种市场体系能够健康有序运行，可以自发实现资源配置。

我国经济区域众多，条件千差万别，区域经济发展水平呈现出明显差异化。如何实现区域间共同发展，提升地区整体效益，是发展经济学和区域经济学需要研究和解决的关键问题。在当前经济新常态背景下，我国进入区域经济快速发展阶段，尤其是党的十九大报告提出要实施区域协调发展战略，强化举措，推进西部大开发形成新格局。实现区域经济协调发展已经成为实现全面建成小康社会、推动社会协同发展的重要举措。就现实意义而言，首先，区域经济发展可以有效缩小区域经济差距，推动实现全面建成小康社会；其次，区域经济发展也是产业结构转型升级、促进科技创新的重要举措；最后，新常态下区域经济发展是探索经济发展新模式、深化供给侧结构性改革的关键。然而在现实中，我国产业结构存在内部结构不合理问题，产业结构质量不高，主导产业在市场中逐渐丧失优势；区域间科研基础条件存在较大差异，技术创新能力失衡，很多地区发展模式偏重于传统落后产业，自主创新建设能力不足；政府扶持力度不均衡，区域配套能力千差万别，一些地区上层相关制度建设存在滞后性。这些问题都制约了地区经济的发展，造成发达与落后地区经济差异越来越大。为了实现区域经济协调、同步发展，就需要优化产业空间布局，强化自主创新，培育经济发展新动能。

从改革实践看，实现区域经济发展的动力主要来源于四个方面。一是制度动力。经济制度是经济发展的基础，制度的优化可以实现经济效益和社会效益的有机统一，进而实现区域经济的可持续发展。二是投资动力。作为重要的生产要素，资本供给是区域经济增长的必备条件，直接影响经济增长速度和发展质量。尤其是在经济发展初期，资本原始积累稀缺，投资要素就显得不可或缺，甚至发挥决定性作用。比如，很多发展中国家的资本供给主要依靠外商投入，外商投资与经济增长之间具有很强相关性。三是技术动力。技术进步是影响经济增长的重要因素之一，特别是随着知识经济时代的到来，科技进步与经济增长的关系显得更加密切。科技进步带来生产力的飞跃发展，科技创新会促进产业结构优化升级，科技进步可以不断孕育新的经济增长点。四是双创动力。市场主体的创业创新行为是经济发展的新动能，能够成为地区经济发展的不竭动力，有助于形成经济增长的新引擎。创业创新不仅可以创造大量新的就业机会，吸收过剩劳动力，还能调整收入分配结构，促进社会公平。

　　促进区域经济发展的四大动力在不同时期发挥不同的作用，制度、投资和技术是传统经济的发展动力，而随着我国经济进入新时代、新阶段，传统人口红利趋于消失，城镇化进入加速期，双创动力逐渐成为当今促进区域经济发展的关键性条件。和传统发展动力不同，双创虽然表现为创业创新主体参与经济社会生活的具体活动，但其本质却是一种开拓进取精神。双创本身是现代商业社会中一种具有特定内涵的经济活动，是一种与市场竞争和优胜劣汰联系在一起的大众参与现象，是一种深入市场的参与精神，表面上的市场行为折射出的是大众参与、大胆进取、不屈不挠的思想状态。当前在很多地区，传统驱动力已经无法满足经济发展的需要，必须从根本上依靠创新驱动，调整本地区经济结构，提高区域经济发展质量。"双创是将创新与创业相关联，用创业牵引创新，用市场需求拉动创新，实现产学研自然贯通，让市场在创新中起决定性作用。"① 作为新动力，双创实质上是各种生产要素的优化组合，是人才、资金、信息、制度统一在一起的生态系统，这种动力是内生的、可持续的，具有衍生性。当一定区域开始涌现出新业态、新产业、新模式，传统的服务业领域被拓展，新经济增长点不断涌现，创业创新动力已经开始成为当地经济发展的主要驱动力量。在这种情况下，要想进一步挖掘地区发展的内生动力，就需要建立公平竞争、规范法治的市场环境，健全多层次的资本市场，转变政府支持方式，加强政策协调配套，创造宽容失败的政策环境和社会氛围。总之，当一个地区将创业创新作为主要发展动力时，也就表明本地区的经济发展模式已经从传统经济过渡到了创业型经济。

（三）减贫与创业型经济

　　特定地区通过发展创业型经济实现脱贫减贫的扶贫模式被称为创业型扶贫。很多学者指出，农民创业与扶贫开发政策在一定程度上存在良性互动的契合性，扶贫政策可以调动农民创业的潜能，将地区的发展资本转化成发展优势，进而内化为可持续发展动力。精准扶贫工作开展过程中，农民开始利用本土资源优势创业，外出农民工也开始回乡创业，一股创业热潮已经形

---

　　① 张军扩，张永伟. 让双创成为发展新动能［N］. 经济日报，2016-2-25.

成，很多地区都走出了依靠内生动力实现脱贫的新路子。针对已有创业型扶贫的实践经验，创业扶贫主要有以下几种途径。

（1）外生性创业扶贫。所谓外生性创业扶贫，是指由非贫困者开展创业活动进而辐射带动贫困者脱贫的间接扶贫方式，是一种传统的扶持模式，其主要机制是"创业者将贫困地区作为商品市场或原材料来源，增加就业从而促进区域经济发展并缓解贫困。"[①] 外生性创业扶贫是通过创业者的外生性创业活动对减少贫困产生间接正面影响，贫困者处于被动脱贫状态，且具有一定的偶然性。这种创业扶贫模式具有不稳定性和短期性，没有真正调动贫困人群自我发展的积极性和主动性，没有真正发挥贫困者自身的能力和价值，贫困者的获益水平有限，很少能够真正实现可持续发展或彻底脱离原有的贫困状态。对于非贫困者创业活动的严重依赖性也会增加贫困者的返贫风险。外生性创业扶贫是一种常见的政府主导扶贫模式。

（2）小微借贷扶贫。资金是一种重要的创业资源，也是创业活动的必备要素。充足的资金可以保证创业活动的顺利开展，并为扩大再生产提供保证。小微借贷是指为小微企业提供信贷的业务，其特点是单个项目金额小、经营成本高。小微借贷可以通过改善经济和社会环境来减少贫困人口，通过资金扶持使贫困群体受益，并对减少贫困有持续正向作用。小微借贷满足了贫困人群的创业需求，使其在创业初始阶段可以拥有活动起步资本，同时也将自身经济风险降到了最低。现实中，小微借贷扶贫具有一定的违约风险，因为不同类型的借贷关系、违约成本和契约关系强弱等都会影响贫困群体能否顺利还款，借贷主体的参与积极性并不会很高。贫困群体的整体特征意味着借贷还款存在较强的不确定性，贫困人群的还款积极性不强且有较高的违约可能性，因此，小微借贷扶贫必须有政府等第三方参与担保，否则很难成为一种长期有效的减贫手段。

（3）包容性创业扶贫。"包容性创业"概念最早由经济合作与发展组织和欧盟委员会提出，是指"无论个体特征和背景差异，给予所有人以平等机会创办企业并支持其发展的一种创业理念。它的目标群体是在创业中处于不

---

① Bruton G D, Ireland R D. Entrepreneurship as a solution to poverty [J]. Journal of Business Venturing，2013 (6)：683 - 689.

利地位和被边缘化的弱势群体，包括青年、女性、老人、少数民族、移民、残疾人及其他群体。"[1] 从我国扶贫历程看，包容性创业扶贫始终作为一种主流的扶贫模式加以应用，尤其是"双创"口号的提出，更将创业活动推广到了不同阶层。引导不同阶层人群开展创业创新活动，实质上就是鼓励大众参与创业，尤其是鼓励弱势群体通过创业脱离原有边缘地位，实现群体内生发展。电子商务的流行、"淘宝村"的涌现正是这种扶贫策略的集中体现。包容性创业扶贫是"参与式"理念在扶贫策略中的延伸，体现了创业引导的公平性和合理性，强调了弱势群体在创业活动中的主体地位。但是，包容性创业扶贫存在的前提是创业者与社会环境的紧密联结，一旦缺乏外部的物质支持条件，包容性创业很难长久维持。

（4）灵活性创业扶贫。由于贫困人群的经营水平落后、发展资本稀缺、生产环境不佳，其开展创业活动存在先天劣势，即便成立正规经济实体也难以在残酷的市场竞争中不被淘汰。面对贫困人群创业的资源禀赋条件，鼓励其开办非正式经济体显得更加现实有效。非正式经济体是指那些规模较小、结构简单、运行灵活的市场主体，比如家庭农场、小作坊、个体商贩等。由于非正式经济体的运营成本低廉，创业门槛较低，通常是贫困者开展创业活动的首选。通过创办这种简单的经营实体来获取温饱，进而脱贫，也是多数生存型创业主要的发展路径。非正式经济体由于运行不规范、缺乏有效监管，存在扰乱市场、损害消费者权益的风险，因此多数情况下都需要政府进行宏观干预和引导。

（5）社会创业扶贫。创业不仅是一种经济活动，也是一种可以解决社会问题的社会活动，其本质上是商业性与社会性的有机融合。社会创业是从创业活动的社会影响出发，通过引导贫困者创办非政府组织、社会福利机构等公益机构而使其获得更好的生存条件。一般情况下，非政府组织或者非营利组织可以获得一定水平的外部支持，创办门槛低且风险小，不需要太多的创业经验和资本。这种创业活动还可以产生一定的社会影响，有效提升其他贫困者的福利水平。社会创业扶贫在解决贫困者就业问题的同时解决一定的社

---

① 梁强，邹立凯. 政府支持对包容性创业的影响机制研究——基于揭阳军埔农村电商创业集群的案例分析 [J]. 南方经济，2016（1）：42-56.

会问题，构建起主动型福利机制，实现了经济效益和社会效益的共赢。虽然社会创业扶贫在国外取得了一定成效，但是在我国却很难取得直接的效果，由贫困者创办的公益组织还无法帮助多数穷人自发、自主脱离贫困状态。这一方面是因为公益组织在我国的发展基本处于起步阶段，另一方面则是因为目前的传统文化和理念还无法在短时间内接受这种创业形式。

（6）可持续创业扶贫。可持续创业是指由创业者自身发起和实现并且具备可持续发展潜力的创业过程，这种创业活动的特点包括强调创业主体的主观能动性、创业活动之间存在关联性、创业活动具有灵活性、拥有稳定的目标市场、具有自我发展的独立性等，"义乌模式"便是这种创业路径的集中体现。可持续创业活动具有科学的规划和前瞻，能够准确锁定目标市场，具有稳定的供销渠道，能够在脱离外部扶持的前提下实现自我运营管理。可持续创业扶贫是扶贫活动的理想路径，也是杜绝返贫的有效方式，只有贫困者利用自身条件实现自我的可持续发展，才是真正、彻底的脱贫。开展可持续创业扶贫，需要帮助贫困者创新产品，提升产品竞争优势，锁定目标人群，强化产品的独一性和不可替代性，优化产品质量，创立品牌，延伸产品文化，提升管理水平。可持续创业扶贫是扶贫活动的最高形式，也是扶贫工作的最终目标。

创业是减贫的有效手段，创业型经济是区域经济发展的内生驱动力。无论采取哪种创业扶贫模式，都反映出创业与扶贫之间存在紧密的关系。从供给侧角度看，经济增长来自于劳动、资本、资源、技术等要素配置形成的产出，在这些要素中，人力资本的重要性将越发凸显。随着创业环境不断得到改善，大众创业热情持续高涨，创业创新路径呈现多元化，就业结构发生转型，社会投资活动更加活跃，这些都为创业型经济的形成创造了良好的条件。创业型经济背景下，防止返贫工作会确立新的目标，遵循新的路径，采取新的手段，这无疑也是对传统扶贫策略的再创新。创业型经济可以激发农民的就业积极性，挖掘他们的发展潜力，将他们的状态从被动接受帮扶转换为自主参与发展，真正彰显了他们在发展中的主体地位，更有利于推动形成积极向上的从业环境。从外生性创业减贫到可持续创业减贫，发展策略由外部干预转化为自主管理，减贫的主体发生了转换，扶持的模式和手段也实现了创新，这一切都表明创业可以有效引导低收入者实现自我可持续发展，创业型经济也能够有效促进减贫和防止返贫目标的实现。

三、创业减贫探索与经验总结

作为一种新型减贫模式，创业减贫能够激发贫困群体改变自己生存状态的积极性，引导其将外部支持转化为自身内生发展动力，并实现可持续脱贫。创业减贫模式有很多种，不同模式针对不同性质的群体，适用于不同的社会经济环境。相较于传统的减贫模式，创业减贫在理念、路径和方法上都有自身的特性，可以让减贫和防止返贫项目获得更积极、更有效的产出。

（一）国内减贫路径的转变

根据主体不同，国内减贫模式主要包括政府主导模式、社会组织主导模式和自助模式三大类。由于政府通常是资源的拥有者、制度的设计者和项目的实施者，因此，在很多发展中国家政府都是减贫工作的主导力量。我国扶贫事业在长期发展过程中形成了以政府为主导的产业扶贫模式、就业扶贫模式、易地搬迁扶贫模式、教育扶贫模式和生态扶贫模式等，这些模式的主要特点都是通过政府外部扶持与干预提升贫困地区和贫困个体的经济水平，贫困个体的参与性并不强，脱贫路径基本由政府设计制订。随着社会经济发展，我国扶贫路径和方式发生了新的变化。首先，更强调区域协调发展。改革开放后我国经济实现了高速发展，地区间经济发展的不平衡性开始显现，东部地区发展速度快，西部地区相对落后。为了实现先富地区带动落后地区，国家开始推进跨区域结对帮扶策略，通过各种扶贫方式将发展资源由东部地区引向中西部地区，让扶贫从单打独斗向结对帮扶过渡。区域协调发展有助于贫困地区掌握脱贫新思路、新方法和新战略，对扶贫攻坚具有重要意义[①]。其次，减贫思想发生转变。贫困群众是脱贫的主体，只有这些人想脱贫、敢脱贫，减贫工作才能彻底从"输血"转变为"造血"。随着实践的深入，人们逐渐发现仅依靠物质性减贫难以实现脱贫的可持续性，需要从思想上转变贫困群众的"认命"、懒惰、依赖、功利等思想。思想减贫也称为

---

① 黄俊皓. 新时代中国扶贫方式转变初探 ［J］. 中国集体经济，2019（3）：155 - 156.

"扶志"，指的是借助教育、培训、宣传、引导等手段，促使部分贫困群众转变错误的思想观念，使之形成坚定的脱贫意愿，进而将这一意愿转化为明确的思想指导与具体实践。思想减贫能够激发贫困群众脱贫的内生动力，消除贫困人口的"思想贫困"，是实现彻底防止返贫的重要前提。再次，减贫对象的精准识别与动态调整。传统的减贫政策强调普惠制，同样的减贫策略、方式方法对应所有的减贫对象，减贫对象被作为一个整体考虑，忽略了其差异化和异质性。2013年习近平总书记到湖南湘西考察时首次作出了"实事求是、因地制宜、分类指导、精准扶贫"的重要指示，宣告粗放式的普惠扶贫向精准扶贫过渡。精准扶贫是指针对不同贫困区域环境、不同贫困农户状况，运用科学有效程序对扶贫对象实施精确识别、精确帮扶、精确管理的治贫方式。近年来，我国相继完成了扶贫信息系统的建立和建档立卡工作，通过多种指标评判核实贫困户信息，确保"对象要精准、项目安排要精准、资金使用要精准、措施到位要精准、因村派人要精准、脱贫成效要精准"。对于贫困户实行动态管理，对已脱贫户及时封档，对新贫困户和返贫户及时收录，确保扶贫档案信息及时有效。最后，加强减贫工作的监督考核。传统扶贫注重过程和时效，监督考核经常缺位，很多扶贫项目成了"走过场"，项目结束后基本无人问津。随着精准扶贫工作不断普及，督导检查工作开始跟进，比如开展脱贫攻坚巡查、强化扶贫审计、完善问责体制、推行民主监督等，监督考核工作能够保证扶贫精到位、准到底、落到实，调动扶贫干部的主动性、积极性和能动性，对扶贫工作中出现的问题做到早发现、早提醒、早监督、早整改。我国减贫经验更注重协调、公平、精准和动态，其中最核心的一点便是实现减贫的可持续机制，将外部减贫干预内化为自身减贫发展，由单独依靠帮扶转化为自我主动脱贫。

（二）参与模式下的内生发展

习近平总书记多次强调内生动力对于脱贫的重要性，他特别指出要坚持输血与造血相结合，着力激发贫困对象发展生产的积极性，培育贫困人群自力更生的观念，引导贫困人口依靠自身力量脱贫致富。新时期的减贫理念强调培育低收入人口自身的内生发展能力，形成可持续脱贫的长效机制，其核心就是构建参与式减贫机制，让扶贫对象真正参与到减贫工作全过程，发掘其发展潜能，引导其自力更生。传统救济式扶贫的重点在于消灭物质贫困，忽视了减贫对象内生发展能力，难以实现政府扶贫政策和贫困户主观需求的对接，导致扶贫资源不断投入和扶贫成效不显著的矛盾，两者之间呈现非正向线性关系[①]。如果贫困农民的内在脱贫主动性和潜力无法得到激发，那么减贫项目很可能会很快陷入"贫困陷阱"。和传统减贫方式不同，参与式减贫重点在于培育贫困农民的自我发展能力和主观能动性，提升帮扶对象自己脱贫的能力，通过增加要素禀赋强化弱势农户的主体地位，以其实际需求为出发点设计、实施、监督和评估减贫项目。

参与式减贫的主要目的在于培育弱势农民的自身发展能力，涉及经济、政治、文化和社会等层面，具体表现为农民日常生产生活中的生产发展、政治参与、知识学习和社会交往等。由于各地区资源禀赋差异，我国农民内生发展能力整体水平偏低，比如由于供求信息不对称、生产决策滞后等原因，农民风险抵抗能力和预判能力差；农民参政意识和法律观念淡薄，维权能力弱化，政治素质欠缺；落后地区存在明显的贫困代际传递，弱势农民普遍存在求知欲低、思想保守、价值观念陈旧、文化生活落后等问题；农民普遍缺乏交流沟通能力，社会资本稀缺，人际关系边缘化、社会交往范围和规模有限。经济能力贫困、政治能力贫困、文化能力贫困、社交能力贫困一同限制了贫困人口的可持续脱贫，造成农民自身发展资源稀缺，造血能力不足。参与式减贫指出要从内外两方面出发进行减贫干预：一方面要提升低收入弱势农民内生发展能力，引导其成为决定自我发展方向的"主人"，积极主动参与到减贫行动中来；另一方面要进行外部帮扶，以主观能动性为核心，以扶持制度为引导，带动多元主体广泛参与减贫行动，整合各种减贫资源，形成合力、激发内力、增加动力、产生效力，多维度培育贫困农民的复合型内生发展能力。参与式减贫路径有很多，其中最典型的一种便是创业型减贫。创业活动是一种综合性的社会经济活动，需要创业主体具备一定的生产能力、政治能力、社交能力和学习能力，能够主动参与到创业减贫活动中。

---

① 郭劲光. 参与式模式下贫困农民内生发展能力培育研究［J］. 华侨大学学报，2018（4）：117 - 127.

（三）创业扶贫的实现路径

在当前乡村振兴蓬勃发展的背景下，农民创业已经逐渐成为很多地区经济发展的主要驱动力量之一，也是农民脱贫致富、自我发展的有效途径。作为一种主要的参与式减贫路径，创业式减贫既可以发挥农民自主减贫积极性，又可以促进区域经济的快速发展，逐渐成为一种主流的减贫模式。以创新创业为导向的减贫和防止返贫路径符合我国当前乡村振兴的内在要求，是对传统减贫路径和实践上的突破。从 20 世纪 80 年代我国开始实施大规模、有组织、有计划的扶贫开发工作以来，我国的扶贫工作取得了瞩目的成绩，但是随着贫困人口绝对数量下降、传统减贫路径边际效益递减、返贫原因复杂等因素的影响，传统减贫方式已经无法快速实现防贫目标，需要在路径上进行调整。创业式减贫路径是改"输血"为"造血"、激发农户脱贫致富积极性的新尝试，这种减贫路径破除了完全依赖公共投入的定向思维，能够有效实现从外生性减贫向内生性减贫的转变，使减贫理念从赐予性帮扶转变为参与性扶持，这是减贫防贫观念与策略的重大调整与创新。

在党的强农惠农富农政策引导下，广大农民积极投入到大众创业、万众创新的浪潮中，为落后地区农业提质增效、低收入农民就业增收、偏远乡村繁荣稳定做出了重要贡献，具有十分重要的意义。随着经济转型升级和去产能的不断推进，农民外出就业压力持续增大，结构性矛盾不断凸显，仅依靠劳动力转移减贫难度很大。引导经济薄弱地区农民自主创业，让农民在农村施展才华，从传统的打工就业加法转变为以创业带动就业的乘法，能够实现高质量脱贫、可持续增收、有效防止返贫，使落后地区和易返贫人口在精准减贫防贫大道上走得更好、更稳，使其成为在扶贫攻坚取得最后胜利的"最优路径"和"中国减贫事业主色调"①。此外，随着农业兼业化现象更为普遍，农村空心化和老龄化日趋严重，今后"谁来种地"问题会更加凸显，鼓励具有一定知识水平和发展资本的农民工和大学生返乡创业，向农村输送新生力量和血液，成为借力减贫、引进资源、带动脱贫的有效途径。因此，激发农民脱贫致富的创新精神、创业热情，立足本地实际，在减贫政策和模式

---

① 吕菊均，"双创"背景下的农村精准扶贫新路径［J］. 科技创业，2017（7）：24-26.

上力求创新，才能真正让精准减贫防贫目标落地。

创业减贫的模式有很多种，每一种都对应着不同的对象类型和资源禀赋。"政策推动＋精准减贫"模式主要结合不同农民的自身特点，订制有针对性的减贫政策，采取因地制宜、因人而异、定向施策的方式确保减贫防贫精准到户到人。比如将有创业意愿的农民纳入到创业担保贷款扶持范畴，对吸纳农民就业的新型经营主体在税收优惠、资金扶持、项目引进、减贫贴息等方面给予政策支持，对农民入住创业孵化基地给予经营场地、证照代办、创业辅导、融资服务、信息咨询等扶持。"帮扶单位＋企业＋落后村＋低收入农户"模式通过四级联动发挥能人企业家的辐射带动作用，鼓励其返乡创业发展项目，带动本地农民就业创业。比如返乡创业人员通过在本村发展种养、休闲观光等产业，与当地农户产生利益联结或合作关系，辐射带动周边农户脱贫致富。"自主创业＋精准减贫"模式鼓励农户通过现有资源和外部扶持自主创业择业，实现自我发展脱贫。比如很多地区兴起的"电商村"，农民依托本村特色产业进行网上销售，经营个体没有隶属于任何经济主体，而是"自己当自己的老板"，政府针对不同类型的农户给予不同的资源供给。"技能培训＋精准减贫"模式通过项目引进和技术培训，鼓励有产业发展能力和愿望的农民直接参与区域产业开发，提高其参与市场经营的积极性和主动性，依托农村实用技术培训，打造"技术提升—产业发展—脱贫致富"新路径。实践证明，农村是创业创新的广阔天地，空间广，潜力大，前景广阔，完全可以转化为群众脱贫致富的发展基础。

党的十八大以来，各级政府相继出台了一系列支持引导农村就业创业扶贫脱贫的政策措施，有效提升了原有贫困地区群众自我发展的能力。要实现政策安排上的精准发力，必须首先在政策设计上进行完善：首先，明确政策的针对性，确定支持范围和目标群体，突出提升农民的创业能力建设，建立动态跟踪与反馈机制；其次，发挥项目的资源整合作用，建立创业孵化基地，延伸就业链条，推动创业产业化、规模化发展；再次，构建服务保障体系，将减贫与扶智结合，加强农民的技能培训，建立创业公共服务平台和数据库，推进基本公共服务均等化；最后，明确考核细则和标准，完善考核评估体系建设，强化创业减贫政策实施评估，建立健全巡查督导机制，确保创业的政策红利落地在减贫防贫事业上。

从路径角度看，创业减贫一共由五个阶段组成，每个阶段对应着具体的目标任务（图2-1）。一是现状调研。在开展减贫防贫项目之前需要进行科学的现状基线调研，了解乡村的资源禀赋、致贫隐患、社会资本、群体特征、发展需求以及发展目标，为项目设计提供依据。二是减贫项目设计。结合调研情况设计减贫项目，明确如何充分利用既有的创业发展资源，采取怎样的创业方式和模式，如何凸显本土的产业发展优势，如何深挖本地劳动力的创业潜能，如何整合政府项目资源推动创业落地，在此基础上设计项目实施流程。三是创业培植与服务供给。开展创业培训、能力培植和服务咨询活动，引导农民自主开展创业活动，让他们在项目开始前具备和掌握创业意识、创业思维、创业目标和创业手段，能够根据自己的实力和外部扶持条件开展创业活动。四是创业实践与后续扶持。农民开展创业活动后，外部扶持和跟踪问效不能缺位，咨询服务需要持续跟进，农民自身也要结合自己的短板不断充电学习。五是创业评估。在创业减贫过程中，外部人要对农民创业过程和结果进行系统科学的评估，以衡量创业是否成功，哪些问题需要解决，哪些扶持需要跟进，哪些经验可以推广，哪些目标已经实现，哪些资源可以利用，进而为下一阶段完善项目提供依据。

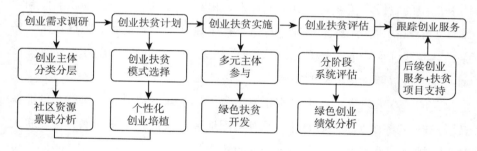

图2-1 传统创业扶贫路径

在进行创业减贫之前，有个问题需要明确，那就是如何确定创业减贫的参与主体，什么样的人可以作为创业减贫帮扶对象。传统的减贫策略在应用过程中是将贫困对象作为一个整体看待，即所谓的贫困人群，没有考虑个体的差异性，策略施用人人同等。参与式减贫则强调个体的异质性，主张在策略施用前对目标群体进行分类分层，根据性别、年龄、经历、地位等因素将帮扶对象分成几个部分，对于残障对象以救济策略为主，对于老龄对象以帮扶策略为主，对于具有一定就业经验和创业资本、有创业主观偏好的对象才可应用创业引导策略。这些人通常思想开放，有在城市从业的经验，积累有一定资本和人脉，对人生有一定规划，能够熟练应用自媒体等，这些是创业减贫的潜在对象。

四、绿色创业减贫开发经验

绿色发展与消除贫困是我国政府提出的 2020 年建设全面小康社会宏伟规划的任务要求。改革开放以来，我国经济取得瞩目成就，居民收入大幅提升。但是，由于在发展中容易忽视经济增长的可持续性和成果的共享性，导致一段时期一些地区出现了环境恶化、污染严重等问题；由于收入差距扩大和二元体制壁垒，仍有很多地区的农村人口长期处于易返贫状态，农业资源无法转化成为发展资本。消除贫困最有效的手段是发展经济，而发展经济必须顾及生态环境。要使原有贫困地区实现可持续发展，必须以五大发展理念为统领，将精准减贫防贫和绿色发展相结合，以创业减贫实现地区绿色发展。

（一）绿色减贫的内涵

党的十八大以来，党中央国务院不断加大投入和动员力度，实施精准识别、精准帮扶，最终取得了脱贫攻坚的全面胜利。几十年的扶贫探索总结出了很多扶贫减贫的中国经验，不仅为他国开展扶贫工作提供借鉴，也为今后的防止返贫和继续帮扶提供参考。在众多的扶贫探索中，绿色扶贫不仅鼓励农民依靠本地资源优势增收致富，还实现了本地资源环境的保护，实现了产业发展与环境保护的共赢，践行了习近平总书记"绿水青山就是金山银山"的科学论断，被实践证明是一种十分有效的减贫模式。我国原有贫困地区既是自然资源富集区、生态环境屏障区和环境保护战略区，又是经济落后区、生态脆弱区和贫困人口聚集区，具有一般性贫困和生态性贫困叠加的特征[①]。原有

---

① 北京师范大学中国扶贫研究中心课题组. 中国绿色减贫指数研究［J］. 经济研究参考，2015（2）：25-29.

贫困地区生态环境脆弱、生存条件恶劣、自然灾害频发、基础设施薄弱、社会事业滞后、社会形态特殊，是扶贫工作中的"硬骨头"。但是从另一方面讲，这些地区具有优美的景观、良好的生态和丰富的物产，具备潜在的后发优势。要补齐这些地区发展"短板"，就必须将地区生态环境优势转化为产业优势、经济优势、后发优势，建立农业绿色开发机制，统筹推进产业发展和生态保护，把生态文明建设和减贫工作有机结合起来。

习近平总书记曾指出，贫困地区发展要靠内生动力，要增强贫困地区的造血能力。贫困地区能加快发展、打赢脱贫攻坚战，主要依靠把新发展理念贯彻落实到脱贫攻坚全过程，按照供给侧结构性改革要求大力发展绿色扶贫产业，在绿色发展中积极推动形成绿色减贫方式和生活方式。为了实现生态减贫、绿色减贫，就要做好四个方面工作。一是坚持保护优先。把生态保护放在优先位置，摸清资源底数，立足环境承载力，科学编制农业产业发展规划，精准选择特色优势农业，合理确定产业开发强度，不选破坏资源和环境的产业，不走先污染后治理的老路，不干毁祖传家业、断子孙后路的蠢事。二是做足山水文章。牢固树立绿水青山就是金山银山的理念，用好生态绿色牌，善做山水文章，发挥经济落后地区比较优势，发展绿色产业、生态产业、循环产业，发展休闲农业和乡村旅游，推进一二三产业融合发展。三是强化品牌打造。抓住农业供给侧结构性改革的有利机遇，适应消费市场升级需求，在经济落后地区大力发展绿色、有机和地理标识优质绿色农产品，打造区域公用品牌，创建一批国家级特色农产品优势区，打造一批特色农业品牌。四是创新体制机制。优化经济落后地区农业主体功能与空间布局，以粮食生产功能区、重要农产品生产保护区以及特色农产品优势区的创建为抓手，建立反映供需程度的农业生产力布局制度，强化资源环境保护与节约利用，建立健全耕地轮作休耕制度、节约高效的农业用水制度以及农业生物资源保护与利用体系。绿色发展策略为经济落后地区农民的绿色创业提供了新的舞台，同时也需要我们对绿色减贫防贫理念和策略进行进一步构建。

（二）绿色扶贫开发经验探索

在各地开展创业培植，需要结合自身条件选择绿色开发模式，进而根据模式的差异设计帮扶策略。通过对已有全国绿色扶贫经验的汇总，梳理出以下几种绿色减贫模式。

（1）绿色农业产业减贫模式。绿色农业产业减贫兼顾经济、社会、生态文明三个目标，立足经济落后地区资源禀赋，以市场为导向，充分发挥农民合作组织、龙头企业等市场主体作用，建立健全产业到户到人的精准减贫防贫机制，使每个县建成一批脱贫带动能力强的特色产业，每个乡、村形成特色拳头产品。这种模式充分发挥了政府引导作用，通过增加资金投入和项目支持，实施因乡制宜、因村施策、因户施法，扶到点上、扶到根上，由"大水漫灌"向"精准帮扶"转变，由偏重"输血"向注重"造血"转变。这种模式特别注重发挥地区生态环境和自然资源优势，通过"一村一品"、一二三产业融合等多元减贫防贫措施，增强当地农民自我发展能力，激发内生潜能。

 案例 2-1

莘县"产业＋生态＋扶贫"模式与
岳西县"金元宝"模式

山东莘县根据当地不同资源禀赋，实行不同产业扶贫。全县根据区位和资源差异，在不同乡镇开展瓜菜种植、食用菌种植、畜牧养殖、林业种植、电商经营，并创新精准扶贫模式，采用了"扶贫＋扶志＋扶技""扶贫＋邻里互助""扶贫＋企业＋合作社"三种方式，做到"扶贫到户""精准到人"。岳西围绕本地特产高山茭白做产业文章，对茭白产业的基地建设、新品种示范、技术培训、水利设施建设、市场开拓、品牌建设进行扶持，对特困户、贫困户、一般户新发展茭白给予 400、200、100 元补贴；开展提纯复壮技术推广工作和优良品种标准化生产；发挥农民合作社作用，引导贫困户利用发展资金入股和土地入股；创建特色品牌，打好"生态牌、安全牌、知名牌"。（摘自《中国绿色减贫发展报告 2017 年》）

（2）绿色生态旅游减贫模式。我国经济落后地区多处于革命老区、边远地区、边境山区，人文和自然资源未受到破坏，自然生态系统保存完好，蕴藏着极为丰富的旅游资源。绿色生态旅游减贫防贫将生态资源与地区经济开发进行有机结合，发挥本地生态优势，依托旅游业创造农民自主创业机会，促进本地区经济持续增长，将"绿水青山"变成"金山银山"。和传统减贫方式相比，绿色生态旅游减贫能够带动其他相关产业发展，改变区位条件的束缚，强化当地人群生态保护意识，有效实现地区社会经济的可持续发展。开展绿色生态旅游减贫，需要深挖特色旅游产品，塑造绿色生态旅游品牌；要培养和引进绿色生态旅游专业人才，提升旅游服务质量；要发挥政府和市场作用，提高绿色生态旅游营销力度；要增强参与式绿色生态发展理念，提升弱势群体参与度。目前各地探索的"文旅融合""农旅互助""社区参与"等绿色生态旅游减贫模式，带动落后地区经济发展，有效推动了贫困治理进程。

 案例 2-2

镇原推行"四驾马车"提升旅游扶贫实效

近年来，甘肃镇原依托"历史源远流长、人文底蕴厚重、文化资源丰富、自然景观独特、民俗产业多彩"的独特资源优势，深入挖掘"中国书法之乡""中国民间文化艺术之乡"等具有本土特色的"国字号"招牌，通过"四驾马车"带动，全面实施乡村旅游精准扶贫工程。一是景区带动。围绕县域精品景区开发建设，通过整合部门项目资源，全面带动农村基础设施、人居环境和增收门路等实现突破。二是休闲产业带动。以乡村资源环境为载体、以特色产业和地域文化为支撑，以美丽乡村建设成果为引领，着眼旅游资源的全域统筹，大力发展休闲农业，助推全县农业转型升级。三是特色餐饮带动。发挥镇原悠久的餐饮文化优势，通过农家乐、餐饮体验区建设和餐饮商品开发，为贫困户提供就业岗位和增收门路。四是特色旅游产品带动。围绕"书画之乡、丝路通衢、王符故里、人文镇原"四张名片，采取"公司＋农户""互联网＋"等模式，在充分深度挖掘现有文化内涵的基础上，注入时代特征和新的创意，开发了书画作品、民俗艺术品、特色农产品三大旅游产品。（摘自甘肃扶贫网）

（3）观光农业减贫模式。观光农业是农业与旅游业有机结合的交叉型产业，它突破了传统旅游资源的开发理念，将第一产业和第三产业结合起来，建立了"以农业养旅游，以旅游促农业的互动机制"①。随着城市化发展，城市居民更渴望回到农村去体验田野生活，享受自然美景，亲历农事活动，这就为农村发展观光农业提供了源源不断的客源。另一方面，我国广大农村拥有历史悠久的农耕文化和农业资源，具有城市人喜好的"野趣"和"原生态"。观光农业减贫模式通过对经济落后地区乡村资源的深度开发，吸引城市客源，不仅能够实现供需有效对接，还可以促进城乡人员、信息、技术、理念等各方面的交流，增强城市居民对农村、农业的了解，加强城市对农村、农业的支持，发挥城市的辐射带动作用，进而推动城乡统筹协调发展。目前实践中比较常见的观光农业模式包括农业节庆、市民农园、民俗旅游、休闲农场、观光农园、教育农园等，这些旅游项目成本小、产出高，具有显著的减贫防贫效果。

 案例 2 - 3

安仁的"稻田公园"

2012 年以来，安仁县委县政府以观光农业扶贫模式为指导，立足本地农业优势，因地制宜确立了"以现代庄园经济为基础、以统筹城乡为抓手、以三大产业融合为目标，以生态文明倒推工业文明、城市文明"的转型发展思路。经过实地调研和科学规划，以 10 多个贫困村为核心，建设了农业湿地公园——"稻田公园"。在工程实施过程中，县政府严格保护耕地，注重保护原有山水脉络。建成后，政府专门出台政策引导贫困村民在"稻田公园"内就业创业。为了增强公园吸引力，当地政府着力开发当地特色民俗文化资源，建设了农耕博物馆和体验式工作坊，并引入超级稻、五彩稻，实施有机种植、免耕机插和病虫害绿色防控技术。（摘自郴州新闻网）

---

① 祖鹏. 关于观光农业与农村扶贫的思考［J］. 湖南经济管理干部学院学报，2006（6）：102 -108.

（4）光伏产业减贫模式。光伏发电清洁环保，技术可靠，收益稳定，适合自用和建立村级小电站，也适合建设较大规模的集中式电站，还可以结合农业、林业开展多种"光伏＋"应用。在光照条件好的地区因地制宜开展光伏减贫，既符合精准减贫、精准脱贫战略，又符合国家清洁低碳能源发展要求；既有利于扩大光伏发电市场，又有利于促进农民稳定增收。近几年，各地根据地方实际，在光伏资源评估基础上，进一步识别帮扶对象，摸清贫困情况，建立光伏减贫人口信息管理系统，因地制宜确定光伏减贫模式，取得了显著成效。目前在实践中较常见的光伏产业减贫模式包括户用光伏发电扶贫、村级光伏发电站扶贫、光伏大棚扶贫和光伏地面电站扶贫等。

 案例 2-4

高青四种光伏扶贫模式点亮希望之光

高青县充分发挥县域内盐碱滩涂地面积广、日照时间长等自然环境优势，创新开展了"分布式""集中式""互补式""爱心式"四种光伏扶贫模式，探索出一条脱贫见效快、贫困户长期稳定增收的有效途径。"分布式"模式就是利用贫困户屋顶、院落，安装分布式太阳能板，光伏发电收益分别用于增加贫困户收入、村集体收入和村扶贫基金；"集中式"模式就是依托大型光伏发电项目，通过土地流转、就业安置实现贫困人口脱贫奔康；"互补式"模式就是利用鱼塘、牛舍顶棚等发展光伏项目，形成"上光下渔、上农下渔、渔光互补、畜光互补、农光互补"的立体式产业发展格局；"爱心式"模式通过大力宣传脱贫攻坚的重要意义，动员光伏发电企业履行社会责任，采取"企业＋贫困农户""企业＋贫困村"的模式，以捐资助学、产业扶持、吸收就业、定点帮扶等形式，增强贫困户持续增收能力，有效改善贫困户的生产、生活条件。（摘自《淄博日报》）

（5）电商减贫模式。习近平总书记强调"要实施网络扶贫行动，推动精准扶贫、精准脱贫，让扶贫工作随时随地、四通八达，让贫困地区群众在互联网共建共享中有更多获得感。"近年来，我国加快实施"宽带战略"，贫困地区互联网发展水平大幅提升。电商减贫就是把"互联网十"纳入减贫防贫体系中，在政府等力量的推动下通过一店带多户、一店带一村或多村，促进农户对接大市场，实现农民就业增收脱贫和地区经济快速发展。开展电商减贫，就是要引导和鼓励第三方电商企业建立电商服务平台，注重农产品上行，促进商品流通，不断提升农民利用电商创业、就业能力，拓宽地区特色优质农副产品销售渠道和农民增收脱贫渠道，让互联网发展成果惠及更多的经济落后地区和低收入人群。电商减贫低消耗、高产出，可以节省农户家庭生活开支，倒逼产业转型升级，优化延伸产业链条，提升农民群体内生发展能力，促进本地产业可持续发展。

 案例 2-5

电商扶贫让平利青山能"变现"

平利县所在的安康市地处秦巴集中连片贫困地区的中心地带，为保证汉江"一江清水送北京"，安康市在主体功能区规划中被列为"限制开发区"，许多工业项目不能落地，多年来发展受到限制。尽管中央财政通过转移支付，给予安康一些补偿，但发展速度依然无法与发达地区相比。2015 年开始，平利县政府着力引入电子商务、培育电商企业，并将扶贫工作纳入电子商务产业规划和制度设计。平利将电商和精准扶贫深度融合，通过电商发展专业合作社，合作社与种植基地和贫困户建立订单收购关系，将产品通过网络销往全国各地，再根据市场需求有计划地指导农户，形成"电商十专业合作社十产业基地十贫困户"共赢模式；加快已有的信息基础设施互联互通，建成了县电商服务中心、创业孵化中心、展示运营中心、技术保障中心，以及镇村电商服务站点；设立电商发展专项基金 500 万元、整合部门资金 500 万元、争取项目资金 1 500 万元，全部用于奖补电商体系建设、基础配套、主体培育、品牌打造、电商扶贫、人才培养"六项工程"；着力开发一批蕴含地方农业文化，具有本地特色的农产品，扩大热色产品销售渠道，打造本地知名品牌。电商为平利"限制开发"的不利条件向"生态储备"的有利方面转化提供了可能。(摘自《经济日报》)

（三）绿色创业减贫策略优化

在绿色减贫实践中，一些地方形成以生态环境保护、易地搬迁、绿色产业发展等方式相互结合，政府主导、私营部门和农民共同参与，市场完善和绿色资产建设同步进行的绿色减贫策略。策略施用过程中，通过引导农民进行绿色创业提升绿色产品的价值，通过私营部门的创业引导带动绿色产业的发展，通过以土地入股将政府帮扶资金转化为创业者的投入，鼓励农民就地创业，大大提高农民参与绿色减贫的积极性。受益于生态环境的改善，区域和农户的绿色资产显著增加，为低收入群体带来切实的利益；受益于创业减贫投入的增加，不同渠道的资金转化为农民创业的股份，保证了农民创业过程中长期的资产投入；受益于拓展绿色产品销售渠道，使绿色资产和绿色市场共同构成了绿色创业减贫的重要支撑，保证了减贫与发展的可持续性。通过创业减贫策略的不断优化和组合，各地在实践中逐渐摸索出了适合本地特色、具有比较优势的绿色减贫道路，一些策略已经在全国得到广泛应用。

（1）大力宣贯绿色创业减贫理念。要强化扶贫工作者的绿色减贫发展理念，实现管理的科学化与合理化，加强生态减贫的理论学习和人才培养，了解绿色创业、生态创业的主要方式和模式，强化创业知识学习；建立健全创业减贫防贫信息生态网络，创新创业减贫管理方式，从总体布局上开展相应创业减贫工作，引导创业主体与帮扶单位结成紧密共同体；注重创业减贫与生态保护的有效结合，围绕本地特色产业探索"建立一批、扶持一批、引进一批"的模式，依托创业活动促进地方绿色产业的建构。

（2）依托绿色产业引导创业活动。通过利用广泛多样的社会资源，搭建"产供销"一条龙式的完整市场关系，实现绿色产业的良性发展，最大程度发挥生态产业的效能；挖掘本地区生态发展潜力，打造生态产业品牌，构建区域生态产业，通过优化配置社会资源支持绿色产业长久发展；完善科学管理体系，科学引导绿色创业活动，构建人与自然和谐互动的全新减贫格局，从根本上压缩贫困产生的空间，实现脱贫致富的可持续性；大力培植创业主体，依托创业主体辐射带动作用实现"以点带面"式减贫。

（3）依托自然资源实现产业融合。要实现"金山银山"减贫经济效益与"青山绿水"长远生态保护的双重成效，因地制宜开展产业融合，在自然条件较好的地区大力发展旅游观光产业和养生休闲产业，实现农业与服务业的融合发展；通过开展立体农业、生态农业、科技农业等形式提升农产品附加值，探索鲜活农产品、农业生产资料、休闲农业等电商模式，依托"互联网＋"让产品出村入市；引导创业主体同农民形成订单生产、股份合作、产销联动、利润返还等多种紧密型利益联结机制，探索"保底收益＋按股分红""固定租金＋企业就业＋农民养老金""土地租金＋务工工资＋返利分红"等多种收益分配形式，实现资源变资产、资金变股金、农民变股东。

（4）构建绿色创业减贫良性运行机制。不断探索资产收益增长途径，建立科学有效的生态补偿机制，通过生态补偿的方式实现群体性脱贫；克服不同部门间的政策导向问题，强化经济落后地区的生态科学管理，拓宽资金渠道，通过就地吸收转换生态功能区内的劳动力流向，通过产业引进、人力培训等方式培养绿色创业主体，通过财政资金的转移支付、市场机制或社会动员的方式使经济落后地区和低收入人群依靠当地生态环境资源优势实现资产收益增长，以资产增值拉动绿色创业减贫防贫。

传统减贫方式主要追求短时期内迅速脱贫，靠经济投入和工程项目产生效益，一味强调"金山银山"而罔顾"绿水青山"。这种传统的减贫路径虽然在一定时期取得了显著成效，但是存在受益群体有限、返贫现象严重、生态环境恶化等问题，具有不可持续性。作为一种减贫路径的创新，绿色创业减贫的核心目标就是要消除"青山绿水"与"金山银山"之间的对立，让减贫防贫工作与环境保护二者相互促进、相互协调，在保护青山绿水的同时实现本地产业的可持续发展。

五、绿色创业减贫成功案例分析

绿色减贫盘活了贫困地区绿色资源，提升了经济落后地区可持续发展能力，真正实现了"绿水青山就是金山银山"。近些年，各地在开展精准扶贫过程中摸索了很多好模式，探索了很多好路径，总结了很多好经验，对这些实践做法深入分析，有利于梳理绿色创业减贫的有效策略，为今后相关减贫防贫工作提供有益借鉴和参考。

（一）洛川模式：小苹果做大文章

 案例 2-6

让洛川苹果成为老区人民的致富果

延安是中国革命老区，也是国家重点扶贫地区，有国家级贫困县三个。作为国家扶贫开发的重点区域，多年来，延安立足资源优势，持续发力坚定不移走小苹果大产业扶贫之路，形成了"苹果大产业，农民大脱贫"的延安产业扶贫模式，有效保障了贫困农民的稳定脱贫，实现了产业发展与精准扶贫的共赢。

从"十五"至"十三五"，延安市委市政府连续四个"五年规划"突出苹果产业发展，并制定了"十五""十一五""十二五""十三五"四个果业发展专项规划，明确指导思想、发展原则、目标任务、主要措施等。在此基础上，市委市政府先后做出了"关于建立三红基地的决定""关于建立百万亩苹果基地的决定""关于加快以苹果为主的绿色产业发展的决定""关于新增五十万亩山地苹果的决定"等等一系列政策文件，出台优惠政策（如农民栽1亩*苹果园，市财政补贴100元，搭建1亩防雹网补贴500元等），支持引导鼓励全市农民大力发展苹果产业。延安省级苹果基地县由1991年的3个增加到1992的5个、2013年的11个、2014年的13个，全市13个区县实现了省级优质苹果生产基地县全覆盖，受益农民近百万。2016年，全市农村居民人均可支配收入10 568元，其中果业收入占到63.5%，南部县农民收入的90%来源于苹果产业。

2012年，延安市政府与西北农林科技大学签署合作协议，共同建成延安洛川苹果试验站，通过"校地联合、科技支撑、农技服务、人才培养"的产业科技扶贫模式，带动延安现代苹果产业发展。通过调动当地科技人员，探索总结适合延安的苹果栽培技术，如四五技术、四大技术等，实现了技术

的本土化。通过制定"无公害和绿色苹果"两个生产技术标准和"延安·洛川苹果"十六个技术规范，实现了生产的有标可依。通过实施"111"百万果农素质提升培训工程（1 000名科技人员带动10 000名农民技术员辐射1 000 000果农），使广大农民和贫困户普遍掌握了"增光壮树、沃土肥园、绿色防控、授粉增色"等果园管理新技术，实现了每户有一名技术明白人。通过创建标准化示范园区，提升标准化生产。目前，全市建成国家级标准园11个、省级标准果园137个、市级标准化示范区50万亩、示范园226个。通过开展"三品一标"认证和富硒、SOD、贴字等高端功能苹果开发，提升产业水平。2016年，全市苹果产量达到303万吨，产值96亿元，果农人均苹果纯收入达到6 713元，洛川、宜川等南部县区果农人均收入突破万元大关，涌现了一批千万元明星村和百万元明星户。

市委、市政府出台了《关于加快农业新型经营主体发展的实施意见》，创新精准扶贫模式，推动扶贫攻坚。目前，全市发展市级龙头企业等农业新型主体5 134家，带动农户14.9万户，农产品销售收入36.27亿元，建成50个市级现代农业园区，农民收入高于当地平均水平16％以上。各类农业经营主体和现代农业园区积极参与产业扶贫，形成多种扶贫模式。

——经营主体带动型。解决有产业无品牌附加值低的问题。通过以奖代补政策，调动专业合作社和龙头企业参与扶贫的积极性，为贫困户免费提供种苗、技术、农资、销售等一条龙服务。富县富红果业专业合作社，吸收贫困户58户，通过果园林权抵押、农资技术服务，贫困户人均年增收3 800元以上。延安中果生态农业科技股份有限公司，按照"政府＋龙头企业＋贫困户"模式，采取六项措施：技术帮扶（免费技术培训和跟踪指导）、物资帮扶（垫资农资款）、仓储帮扶（仓储费优惠50％，每500克0.1元）、销售帮扶（回收贫困户自产苹果）、劳务帮扶（吸收贫困人员到企业务工）和注入资本分红（国家扶贫资金以优先股注入公司，公司每年按照5％给贫困户分红），解决贫困户没有技术管不好果园、缺乏资金投资不到位和没有销路等问题，帮助671户贫困户依托苹果产业脱贫，人均年纯收入达到3 200元。

——农业园区吸纳型。解决贫困户发展有产业，经营没经验的问题。富县绿平现代农业园区，吸收贫困户104户，通过免费提供农资、提供技术服务、低于市场价 10％代贮苹果、高于市场价每公斤 0.4 元收购苹果等措施，使贫困户人均收入达到 4 500 元。宜川东良现代农业园区，与 40 个贫困户建立帮扶关系，给每个贫困户配置合作社 1 000 元干股，将贫困户果园纳入园区生产基地，提供统一技术服务，每户补贴价值 1 530 元肥料、农药、果袋，并以高于市场价 10％回收果品，年人均收入达 4 030 元以上。

——互助合作扶持型。解决产业发展资金困难问题。全市发展了 247 个村级互助资金协会，实行"5 户联保＋产业大户担保"的管理模式。延长、洛川等县区累计筹集财政资金 3 600 万元，协调金融部门按 1∶10 的比例放大贷款规模，累计为贫困户发放贷款 1.9 亿元，覆盖贫困户 6 300 户、1.76 万人发展特色农业产业户均收入在 4 000 元以上。

延安市委、市政府始终把延伸产业链、提升价值链作为提高苹果产业整体效益、促进贫困户稳定增收的重要抓手。2011 年以来，全市紧紧抓住国家现代农业示范市和国家级洛川苹果批发市场建设的契机，加快推进一二三产业融合发展，大力开发果汁、果醋、果酒、苹果脆片等系列深加工产品，使贫困户通过精深加工增加了收益。仅洛川县每年就消化贫困户鲜果 50 万千克，吸纳 2 700 多贫困户参与生产性服务。全市建成浓缩果汁企业 3 家，果醋、果干等企业 7 家，年加工能力 23 万吨，冷气贮能 80.1 万吨。同时，不断扩大果用物资加工规模，加快发展果袋、果箱、果网等关联产业，让贫困户在每一个产业链上获益。发展集采摘、休闲、观光为一体的果游观光园区，吸收贫困户参与，增加服务性收入。（摘自全国产业扶贫现场观摩《发展特色优势产业带动精准脱贫范例》）

延安依托苹果产业带动农民就业创业，是典型的产业扶贫模式。该案例表明，解决精准减贫"选项问题"，必须因地制宜选择减贫致富产业，实现产业先行，找准资源禀赋这个"定位器"。延安自身的苹果产业优势，为依托就业创业开展精准脱贫奠定了产业基础。产业是创业减贫的前提条件，没有找准产业，就无法调动农户参与创业积极性。经济落后地区的绿色产业是地区脱贫致富的后发优势，是实现可持续脱贫的重要资源，也是创业活动的落脚点。经济落后地区的农民自身发展资源稀缺，需要借助外力扶持脱贫。这些外部减贫策略必须符合本地脱贫实际情况，能够辐射带动更多农户，还可以有效降低创业成本。为此，洛川政府结合当地实际探索出多种栽管模式（统一整地、统一规划、统一购苗、统一标准、统一技术、分户管理的"五统一分"果园管理模式），探索"资产收益＋贫困户"带动模式、洛川县"企业＋贫困户"果园技术托管模式，对苗木、整地、肥料、地膜等基础设施和物化投入方面给予补贴，成立了局、乡有站、村有协会（合作社）的服务体系格局，通过整合各类涉农资金集中投向苹果产业等，形成了产业扶贫的强大合力。洛川经验告诉我们，落后地区发展特色产业，要发挥"绿水青山"的自然优势，针对当前农产品中高端供给不足的问题，打造高品质、差异化的区域品牌，将资源优势转化为产业优势和市场优势。

（二）广西昭平：旅游扶贫激发乡村发展活力

 案例 2-7

"旅游＋扶贫"让贫困地区华美蜕变

广西昭平县旅游资源丰富，拥有黄姚古镇、桂江生态旅游景区等国家4A 和 3A 级景区 6 家，文竹大塘、黄姚沐花谷等星级乡村旅游区 5 家。近年来，该县大力实施旅游扶贫战略，依托独具魅力的生态自然景观、茶文化、民俗文化、长寿文化、古镇文化等旅游资源，走出昭平特色产业扶贫之路。2018 年，该县旅游脱贫 3 264 人。

近年来，昭平县大力推进 A 级景区、星级农家乐、酒店、乡村旅游点及大型观光农业等旅游项目的建设，鼓励旅游企业扩大产业规模，增加就业岗位，最大限度吸收贫困群众就业创业。2018 年，故乡茶博园景区招收了马圣村和周边的 150 名村民从事旅游服务工作，其中有 8 户建档立卡贫困户解决了就业难题。根据县内各旅游企业的旅游活动需求，昭平县每年至少举办一次针对贫困群众的旅游业务专题培训和旅游业专场招聘会，加大旅游企业面向贫困户设岗招聘的力度，拓宽贫困群众增收渠道。在 2019 年 2 月的旅游扶贫就业专题招聘会上，该县旅游景区、酒店、农家乐等 13 家旅游企业参与招聘会，300 多名群众参与咨询、报名应聘，76 名报名者在现场直接进入面试环节。昭平县在黄姚古镇创 5A 景区，南山茶海景区、桂江生态旅游景区、黄姚花海景区等 4A 景区和走马观花无边界景区等 3A 级景区，昭平镇马圣村、黄姚镇北莱村、富罗镇瑶山村等乡村旅游区建设等重大旅游项目开发建设中，发动贫困群众积极参与旅游开发、游客服务接待、旅游商品生产、农家乐建设、生态新农村建设等，把旅游项目建设与群众的收益牢牢绑在一起，让贫困群众在项目土地租赁、项目建设务工、土特产品销售等方面获得实实在在的经济效益，帮助贫困群众自主择业脱贫，增加贫困群众的稳定收入来源。为了鼓励农户依托旅游产业创业，当地政府引导部分基础条件较好的农户通过与旅游企业合作发展，以旅游资源入股、投工投劳等农企合作模式实现创业脱贫。

昭平县依托境内生态农业产业等优势资源，大力发展旅游扶贫产业项目，开展农副产品精深加工，提高农副产品经济附加值。目前，该县已建成茶叶、食用菌、桑蚕、林果、优质稻等特色农业产业基地 35 万亩，有机农产品生产基地达 3 万亩，市级以上农业产业化龙头企业发展到 10 家，农民专业合作社 350 家，家庭农场 35 家。全县已培育出茶叶、豆豉、食用菌、黄精酒、腐竹等知名旅游商品企业 30 余家，开发出桂之茗富硒茶、亿健特级珍品茶、昭平黄姚豆豉、天润黑木耳、元合黄精酒、木格旺何泉腐竹等旅游商品 40 余种，原本农村随处可见的农副土特产摇身一变成为了旅游商品。据该县旅游部门统计，2018 年 1 至 10 月全县旅游总消费 68.37 亿元，同比增长 26.56%；接待总人数 565.24 万人次，同比增长 19.54%。（摘自颐居美丽乡村公众号）

大部分贫困地区属于限制开发或禁止开发区域，功能定位于生态修复与环境保护。在开展区域经济发展时，需要首先明确其所承担的区域功能，发挥资源优势培育特色产业，协调推进产业发展与生态保护。旅游减贫是精准扶贫的重要方式，也是今后一段时期农村产业发展的重要抓手。经济发展水平低的地区，产业基础普遍薄弱，需要寻求某种刺激产业发展的动力。发展乡村旅游可以有效促进人流、物流、信息流和资金流由城市自发而持续地向乡村传输，发挥旅游乘数效应，最终达到发展经济的目的。从国家出台各类扶持政策，到文旅企业、社会资本积极参与，都给旅游减贫注入了强大的能量和活力，也为未来旅游减贫工作的进一步深化和推进提供了支撑与借鉴。我国旅游减贫工作发端于 20 世纪 50 年代，经过几十年的发展，旅游减贫在方式、模式、路径上都发生了很大的变化，国内很多地区都通过旅游扶贫实现脱贫致富，比如湖南的张家界、四川的九寨沟、贵州的安顺等地都依托旅游创出了口碑和知名度。广西昭平发展旅游扶贫经验主要包括：一是依托本土特色发展旅游业，凸显区域的文化和自然内涵，将乡村景观环境和产业环境转化为旅游资源优势，大力推广"旅游＋"项目；二是依托生态旅游提升农产品质量和效益，依托品牌化建设实现绿色生产方式的边际收益大于边际成本，使生产者在生产过程中愿意采纳有利于产地环境和产品质量的农业投入品和生产技术，进而实现特色旅游和绿色产品相辅相成、互相促进；三是发挥龙头主体的示范带动作用，通过建立产业组织实现以点带面式的绿色发展、价值共享，依托旅游扩大就业创业规模。

目前在实践中，旅游减贫模式主要包括 6 种发展路径：一是大型景区依托发展路径，即依托景区或城市发展战略制定乡村自身的旅游发展规划，并将其发展纳入统一的旅游规划体系，从景区的发展前景中准确寻找旅游促脱贫的契机；二是资源独特发展路径，即依托自身独特的文化资源作为乡村旅游的发展基础，建设具有吸引力的文化景观，营造具有本土特色的旅游环境，强调旅游发展的差异性和减贫防贫的精准性；三是产业依托发展路径，即以乡村内部的优势农业为依托，通过拓展农业观光、休闲、度假和体验等功能，开发"农业＋旅游"产品组合，带动农副产品加工、餐饮服务等相关产业发展，促使农业向二、三产业延伸，实现农业与旅游业的协同发展，进而带动农户增收致富；四是历史文化依托发展路径，即围绕本地深厚的文化底蕴、淳朴的民风和古香古色的建筑遗迹等特点开发旅游产业，通过开展遗迹保护、氛围延续、民俗体验、节事活动、工艺传承、艺术继承、纪念品开发等活动带动农户脱贫致富；五是民俗依托发展路径，即大力建办当地特色文化旅游产品研发生产基地和销售企业，带动村民参与旅游商品制作和销售，进而实现农民可持续增收；六是投资创业发展路径，即充分发挥旅游业就业容量大、进入门槛低的优势，在乡村积极开展旅游"大众创业、万众创新"，通过大力发展旅游饭店等劳动密集型企业，引导大学生和返乡农民工参与旅游开发，引导贫困群众从事乡村旅游发展，带动休闲农业、乡村旅游、户外运动、工程建筑等产业发展，解决了当地人口就业问题，实现农民增收。广西昭平在开展旅游扶贫过程中几乎采用了所有 6 种路径，比如建立了 6 家 4A、3A 景区，依托人文景观创立 5A 景区，依托旅游业发展茶叶、食用菌、桑蚕、林果、优质稻等绿色产品，大力宣传和发展本地民俗文化、农事活动特色，开办农家乐和休闲餐饮业，通过新型经营主体带动贫困农户就业创业。但是在旅游减贫过程中，也会出现农民不能分享经济利益、生态环境受到破坏、传统文化丧失等问题，需要在策略应用中加以关注。

（三）河南信阳：唱好"品牌兴农"主旋律

 案例 2 - 8

把茶打造成区域拳头产品

信阳位于河南南部，大别山和淮河穿境而过，地形以浅山丘陵为主，四季分明、日照充足、降雨丰沛、植被丰富、土壤肥沃，非常适宜茶树生长。从"十一五"开始，信阳始终抓住茶叶产业不放松，扎实推进产业持续健康发展，全市茶园面积从 2006 年的 65 万亩发展到 2016 年的 210.8 万亩，农民人均纯收入从 3 153 元跃升到 9 844 元；"十一五""十二五"期间分别脱贫 39.8 万人、64.3 万人。"一人一亩茶，致富有奔头"，茶叶已成为信阳山区农民脱贫奔小康的重要收入来源。

精准扶贫，产业是"根"，只有千方百计做好产业发展的"大文章"，才能不断增强扶贫开发的"造血"功能和贫困地区发展的内生动力。信阳市采取"龙头企业＋品牌＋基地＋贫困户"的模式，实行统一开挖荒山荒坡、统一供苗、统一种植、统一收购，充分发挥龙头企业的带动作用，吸引广大贫困群众参与到茶叶产业中来，让贫困户流转土地得租金、投入劳务得薪金、出售茶叶得现金、财政配股得股金。

品牌是一种文化，是一种信任。信阳种茶历史悠久，始于东周、名于唐宋、盛于明清。1915 年，信阳毛尖即获得巴拿马万国博览会金奖，1958 年被评为全国十大名茶。2009 年，时任河南省委书记卢展工调研得知信阳只采摘春茶生产毛尖绿茶时，提出信阳也可开发红茶，并取名"信阳红"。通过政企联手，省市级领导亲身宣传推介，在北京王府井街头卖茶，在武汉闹市讲茶，在福州茶馆斗茶，在上海东方明珠秀茶，在广州街市万人品茶，"信阳红"一炮而红，创造了业界全新的营销模式，赢得了全国消费者的认可和追捧。

近年来，信阳通过大力实施品牌、名牌推进战略，努力做大做强"信阳毛尖"和"信阳红"两大公共品牌，形成了红绿交相辉映、比翼齐飞的好态势。同时，鼓励企业创建自主品牌，靠品牌树形象、拓市场，创建出了一批让广大消费者信赖、知名度美誉度高的茶叶品牌，提升了信阳茶的产业竞争力，使贫困户从产业发展中获得更多收益。目前，信阳全市共有企业注册商标近 300 个，成功打造了 7 个中国驰名商标和 15 个省级著名商标，3 个中国名牌农产品和 6 个河南省名牌农产品。一大批龙头企业在全省 18 个地市和全国各主要城市建立品牌形象展示展销店 380 多家，设立营销网点 3 000 多个。经评估，2016 年信阳毛尖品牌价值达 57.33 亿元。在积极扩大对外宣传的同时，信阳抓实质量安全管控和市场体系建设，夯实品牌内在质量。把茶叶生产、加工、销售纳入食品安全的重要监管领域，实施质量安全风险监控，从源头抓起，加强质量监管。建立健全茶叶检验、检测机构，加大产品抽检力度，防范和化解水分、农残和重金属超标等问题。完善茶叶质量安全监管体系、原产地追溯体系和市场准入机制，加强"信阳毛尖""信阳红"证明商标管理，坚决打击和取缔不法商户。目前，信阳毛尖集团、蓝天生态茶业、新林茶叶、申林茶叶等公司相继引进了日本蒸青生产线，建设了现代化标准厂房，年加工能力都在千吨以上，在国内属于领先水平。同时，在保护传承传统制作工艺的基础上，各茶叶生产加工企业和种茶大户认真执行地理标志产品国家标准及有关行业标准，将机械化、自动化、智能化生产与标准化管理有机结合起来，提高了茶叶生产标准化程度，保证了茶叶品质，实现了茶产业的长期稳定发展，保障贫困户精准脱贫不返贫。（摘自全国产业扶贫现场观摩《发展特色优势产业带动精准脱贫范例》）

　　推进产业减贫是一项系统工程，在产业化发展方面，品牌与农业、品牌与减贫、品牌与产业应该实现融合发展。农业的特殊性决定了农产品区域品牌建设的重要性和特殊性。我国幅员辽阔，不同区域自然资源数量和质量存在显著不同，生态环境各异，农产品在品种和品质上也会有差异。正是农业生产的这一特点，决定了农产品本身具有很强的地域性。农产品区域品牌是指以拥有独特自然资源及悠久种植、养殖方式与加工工艺历史的农产品为基础，经过长期沉淀而形成的被消费者所认可的、具有较高知名度和影响力的名称与标识。依托品牌减贫，不是扶持个体品牌，而是要发展能够辐射带动农户集体增收致富的区域公共品牌，不是仅仅扶持企业，而是要以企业为核心带动千千万万的小农户共同发展。打造标识农产品独特品质的农产品区域品牌、推进农产品区域品牌建设，对于转变农业发展方式、建设现代农业、优化农产品结构、推进农业提质增效具有巨大牵引作用和特殊意义。建设农产品区域品牌，就要立足地方特色，优化配置生产要素，把特色打造成品牌，以品牌增强市场竞争力，有效提高农业经济效益。建设农产品区域品牌，还能优化农业布局，实现农产品的规模化生产、标准化管理和产业化经营，全面提高农产品质量，促进农产品深度开发，提高农产品的附加值，增加农民收入，最终实现农民集体脱贫。当然，作为产业发展资源，区域品牌建立不是一朝一夕的事，而是要经过三个阶段。第一阶段是品牌创立阶段，即通过强化农产品异质性，对农产品特色进行宣传推介，申请地理标志认证，赢得稳定的声誉和客源；第二阶段是区域品牌发展阶段，即构建品牌资产，增强品牌附加值，提升品牌投入，完善品牌包装，加强质量监管；第三阶段是区域品牌扩张阶段，即在巩固品牌核心价值基础上拓展更多价值，营造品牌文化，推广品牌理念，强化标准化生产，不断拓展产品市场。区域品牌建设的核心就是要处理好农产品区域品牌与区域内各产品品牌之间的关系，即如何使农产品区域品牌与区域内产品品牌之间的关系达到最佳的协同效应，从而实现品牌效益的最大化，这也是依托品牌开展减贫的关键。受制于经济落后和偏远地区农业生产经营机制和自然条件的约束，许多农产品的生产和销售仍然以农户为主要单位，在市场中处于弱势地位，需要借助于政府、龙头企业、行业协会等力量，将分散的农户集中起来统一管理，将各类资源统合起来形成合力。因此，发展农产品区域品牌是产业减贫防贫的重要方式之一。

河南信阳案例告诉我们，依托农产品区域品牌减贫，就必须巩固产品质量，大力开发适合本地气候、土壤、水质条件的农产品，不断推动地方名优特农产品提档升级、做大做优；始终以市场为导向，紧跟消费需求变化，充分挖掘具有地方历史、地理和文化特色的品牌价值，并以其为引领推动农产品由规模化生产向优质、专用、特色生产经营转变，形成独特的市场优势和竞争力。创业主体依靠区域品牌这一公共资源，可以快速获得销售渠道、积累发展资本、形成产业规模，能够实现抱团发展、集体脱贫，实现多元主体的共赢。在当前农业供给侧结构性改革背景下，各地也应主动适应消费结构升级的变化，在做优、做精、做特上下功夫，提高农产品供给的质量和效益，以品牌建设带动质量管理和品质提升。但是在开展品牌减贫的同时，也要防止出现"公地悲剧"，防止农民依靠区域公共品牌"躺着赚钱"。比如很多地方在开展品牌减贫时过度依赖政府，品牌使用缺乏准入管理，品牌人人可用却无人维护。品牌减贫过程中经常会出现因"公地悲剧"导致农户大面积返贫的情况，因此需要对区域品牌进行统一管理，将新型经营主体和农户捆绑为利益共同体，统一进行品牌维护；将品牌所有权、管理权、收益权和使用权进行分离，不同主体对应不同的职责和权力。

六、小结

在经济新常态下，区域经济的发展呈现出新的特点。一方面，区域内的创新动力更加多元，人才培育机制更加完善，区域间经济创新能力呈现新态势；另一方面，新常态下区域经济创新发展赋予市场和政府新的职能，为创新创业主体提供了新的发展空间和资源，有利于培植新业态。新形势下的区域经济发展需要新动能和新力量的注入，需要有创业型经济作为支撑。创业型经济是一种新型的经济发展模式，与传统经济形式相比不仅能够持续带动经济增长，还能够带动科技进步，促进产业结构的良性发展。随着"大众创业、万众创新"的不断推进，创业活动变得十分活跃，为区域经济不断注入新的动力，拓展了更为广阔的发展空间。创业型经济的发展可以提升区域经济发展的内生动力，实现区域资源的优化配置，调动生产经营主体自我发展的积极性，促进区域内群众的增收致富。我国地大物博，幅员辽阔，各个区域的自然条件和物产资源都存在很大不同，长期以来我国的创业型经济的发展在不同区域表现出明显的不平衡性，尤其在经济落后地区，创业型经济基本处于起步阶段。因为经济落后地区自身资源禀赋问题，需要引入创业型经济，引导农民围绕本地优势特色产业自力更生、自主创业，让低收入群体的致富之路越走越宽。在经济落后地区发展产业，需要找准方向，选定路径，创新模式，而不是照搬发达地区的既有经验。通常情况下，落后地区也是生态脆弱地区，资源与环境承载力较为低下，产业发展基础不牢固，发展资源稀缺，仅仅依靠外部扶持很难实现持续性减贫，需要对防止返贫路径进行创新。绿色创业减贫是一种新型减贫路径，是对传统减贫方式的调整和完善，其核心就是依托外部引导和扶持，让经济落后地区群众开展自主创业活动，通过创业把"金山银山"和"绿水青山"结合起来协同发展，以生态减贫带动精准减贫防贫。当前，各地已经探索了很多新路径，总结了一些好的经验做法，比如绿色产业减贫、绿色生态旅游减贫、观光农业减贫、光伏产业减贫、电商减贫等，这些做法在一定程度上充分利用了本地资源优势，调动了弱势群体自我发展积极性。在创业减贫设计上，应当实行参与式扶持模式，改变传统的由政府主导的状况，让扶持对象真正成为项目的核心并参与到发展项目实施全过程。在开展绿色创业减贫项目时，应当针对帮扶对象开展创业需求调研，了解当地绿色产业发展资源，明确绿色创业引导的方向；整合各类社会资源，围绕创业主体的具体创业行动提供系统性服务，依托当地绿色产业探索低成本创业路径；开展减贫对象创业评估活动，了解创业积累的经验和存在的问题，探索绿色创业最优路径，破解存在的障碍和问题。

第三章　农民创业主体的成长路径

　　农民是新常态、新阶段背景下开展"大众创业、万众创新"的重要群体，具有人数多、潜力大、需求旺等特点。改革开放以来，我国农民创新创业活动为发展现代农业，壮大二、三产业，建设新农村和推进城乡一体化作出了重要贡献，相继涌现出一大批卓有建树的企业家和懂经营、会管理的农民创业骨干。与此同时，各地政府通过各种措施推动农民创新创业服务工作的广泛开展，为农民创业活动提供了强大的支撑。当前，乡村"双创"势头强劲，主体不断增多，领域不断拓展，形式不断丰富。随着国家扶持力度不断增强、乡村基础条件不断改善，创业主体将会加速成长，并逐渐形成一批干得好、留得住的创业队伍。农民创业主体是农民群体中有思想、有文化、懂经营、善管理、勤于耕耘的代表，在内外因的综合作用下，他们利用发展资源敢闯敢干、敢为人先，辐射带动其他农户增收致富。从务农者、打工者逐渐成长为创业者，必然遵循着一定的成长路径。对农民创业主体的成长路径进行深入研究，有利于将一批农民创业创新典型选拔出来，总结推广好典型、好机制、好创意，引导广大农民在创业创新中学习借鉴。

一、农民创业的功能和特点

　　随着近年来"大众创业、万众创新"的深入推进，农民的想象力、创业热情和创造力被持续激活，这些草根一族带着对乡村、对农业的深厚感情，利用多年积累的市场、资本和经验开展创业活动，极大地推进了乡村一二三产业融合发展，为农业提质增效、农民就业增收、乡村繁荣稳定作出了重要贡献，具有十分重要的意义。

（一）农民创业的功能

随着经济发展进入新常态，农民就业开始出现新趋势、新变化，乡村结构性矛盾日益凸显。推进农民开展创业活动，支持有梦想、有意愿、有能力的农民在现代农业和乡村振兴中施展才能，在充分实现个人价值的同时带动更多的农民就近就业增收，有利于实现创新支持创业、创业带动就业的良性互动，有利于激发农业农村经济发展的新动力、新潜能。

（1）形成经济发展新动能。随着资源要素约束不断增强，传统的农业发展方式越来越难以为继，需要在乡村探索新产业、新业态、新模式。返乡农民工、大学生、退役军人、大学生村官、乡村青年和乡村能人等群体以自身资金、技术和经验积累在乡村开办新企业、开发新产品、开拓新市场，通过多样化的创业经营活动，实现多要素聚集、多产业融合、多主体发展，有利于农业实施创新驱动，转变发展方式，为农业农村经济发展不断培植新的增长点和动力源。政府应大力支持农民搞经营、办企业，创办小微企业，不断吸纳乡村富余劳动力，以创业带就业，不断聚集乡村资源要素，激发农民创业活力和创新潜能。

（2）带动农民就近就业增收。随着经济转型升级和去产能的不断推进，农民外出就业压力增大，传统农业增收效果有限，农业内部结构性矛盾日渐凸显。通过鼓励农民就地创业，可以吸引有梦想、有意愿、有能力的农民主动回乡、扎根基层、艰苦创业，引导资本向乡村集聚，让"纯打工"式加法就业向"创业带就业"式乘法就业转变，依托创业者辐射带动更多农民就业增收，进而形成创新支持创业、创业带动就业的良性互动局面。政府需要结合乡村实际，以问题为导向，在落实扶持政策、建设孵化平台、培育创业主体、营造创业氛围等方面采取行之有效的措施。

（3）培育新型职业农民队伍。随着农业兼业化、乡村空心化和农民老龄化等问题日趋严重，"谁来种地"问题亟待解决。一方面，必须让留在乡村的农业从业者稳定就业、就地就业，将他们转化为新型职业农民，使他们成为乡村创业的主要依靠力量；另一方面，推进具有较高文化知识水平、现代经营理念的农民工和大学生等人员返乡创业，向乡村输送新生力量和新鲜血液，为乡村储备和培养大量现代农业经营管理人才，壮大新型职业农民队伍。通过新型职业农民的创业活动，培育乡村创业创新文化，增强农民创业创新意识，为现代农业和新农村建设提供稳定的人力资源保障。

（4）推进乡村资源要素集聚。随着现代农业推进和乡村二、三产业发展壮大，越来越需要用工业化、信息化、城镇化成果支撑农业农村发展，实现新型工业化与农业现代化、城镇化与新农村建设协同互动。推进农民创业，让他们在乡村这片广阔天地放飞自我，开展各种形式的创业活动，可以有效延伸农业产业链、价值链，构建产加销、贸工农一体化的现代农业产业体系，深化推动农业供给侧结构性改革，吸引工业和城市资源要素向农业和乡村聚集，为农业注入新的资金、管理、人才、科技、装备、设施等现代生产要素，实现乡村一二三产业融合发展，开创新型工业化与农业现代化、新型城镇化与乡村振兴协同推进、城乡一体化发展的新局面。

（5）拓展农业多样化功能。鼓励农民创业创新，可以有效补齐乡村产业发展的短板，培育集聚乡村地区产业发展活力，将农业的增值增效转到依靠一二三产业融合发展上来，将乡村产业利润、农业资源要素和人气都留在乡村、留给农民，进而构建多样化的工农关系、城乡关系。随着农民创业活动的模式、路径、领域不断延伸，农业的各种功能开始发挥出来。除了满足温饱，农业的休闲功能、文化功能、生态功能、经济功能被逐渐强化，休闲绿色产业开始成为乡村发展的主要业态，农业生产开始与现代农业、美丽乡村、生态文明、文化创意产业建设融为一体，农业产品附加值不断提升。

（二）农民创业的特点

随着"大众创业、万众创新"深入推进，各地乡村创业创新风生水起，呈现明显增多趋势，表现出一些可喜变化。随着创业资源积聚，创业门槛降低，政府支持增强，农民创业的规模逐渐扩大，领域不断拓展，方式日趋多样，呈现很多值得关注的新特点。

（1）创业人数不断增多。当前的乡村创业群体主要由三部分组成，既有农村能人和农村青年等本地新型职业农民，也有具有农村户籍的农民工、中高等院校毕业生和退役士兵等返乡人员，还有具有城镇户籍的科技人员、中高等院校毕业生、有意愿有能力的城镇居民等下乡人员。在这三类群体中农民和返乡农民工是主要组成部分，也是乡村创业活动依靠的主力，这两类群体近5年增幅均保持在两位数左右。目前，开展各类创业活动的新型职业农民超过2 200万，其中农民工返乡创业人数累计已超过800万，每个创业者平均带动4.5人直接就业；60.6%的创业者销售农产品总额达到10万元以上，41.2%的创业者土地经营规模超过百亩；创业者中人均农业经营纯收入已经达到3.28万元，35.7%的创业者人均农业经营收入超过城镇居民人均可支配收入。

（2）创业领域越来越宽。随着农民创业活动的不断深入开展，产业融合创业明显增多，很多创业活动已经"跳"出了农业、农村。目前，创业农民的创业领域逐步覆盖特色种养业、农产品加工业、休闲农业和乡村旅游、信息服务、电子商务、"三品一标"农产品生产经营、特色工艺产业等乡村一二三产业，创办的经营主体包括家庭农场、种养大户、农民合作社、农业企业和农产品加工流通企业，并呈现出融合互动、竞相发展的趋势。调查显示，大部分创业者主要围绕农产品初加工、农产品营销流通、休闲农业和地方特色产品加工等开展创业，占创业者的70%以上，特别是中西部地区涉农创业比例更大，而且比一般领域创业的成功率高。

（3）创业主体素质提升。调查显示，目前创业农民群体中，以70后、80后农村青年为主体，这一类创业主体数量多、干劲足、能吃苦、敢拼搏，他们中很多人懂经营、有技术、会管理，有一定资金、经验和人脉积累，创业意愿强烈。返乡创业者大都有5～8年的打工经历，创业年龄一般在30～40岁之间，历尽磨炼，阅历丰富，有创业的潜在动力和能力，善于发现市场、抓住机遇、整合各种资源，具备创业的技能和条件。此外，创业农民的平均学历水平逐年攀升，高中及以上学历者的比重已经超过30.34%[1]，半数以上的创业者接受过相关技能培训。

（4）创业要素投入显著增加。创业农民在开展各类经营活动时可以实现现代要素的整合集聚，发挥创业资源优化配置的作用。创业农民眼界开阔，思维活跃，抱团协作，在创业活动中的管理方式更符合现代企业特点，广泛

---

① 国家发展和改革委员会. 全国新型职业农民发展报告［M］. 北京：中国计划出版社，2019.

采用了新技术、新模式和新业态，并且很好地融入当地的现代农业和特色经济中。为了积极鼓励农民创业，政府也制定了一系列创业扶持政策措施，比如提供创业资助券、建设创业孵化基地、搭建创业服务平台、组建创业联盟、开展创业技能培训等，通过这些扶持措施将社会各类创业资源要素进行集聚、整合、优化。农民创业活动可以将内外部各种创业要素统合打包，集中发力，提升了创业成功率，减轻了创业初期的经济压力。

二、农民创业人才的成长规律

和城市创业者不同，创业农民通常是那些具有一定工作经验、资本积累、文化水平和市场敏锐度的个体，他们比普通农民具有更高的素质和经营管理水平，这些人通常是那些社区的精英、意见领袖、能人、大户以及返乡者，被称为农民创业人才。针对农民创业人才进行成长规律研究，就是要分析创业者的群体特征，了解不同成长阶段的内涵，进而为设计完善创业培养与扶持策略提供参考。

（一）创业农民群体的特点

（1）传统的行为模式。无论是普通农民还是创业农民，其行为逻辑都具有相同性。在传统背景下，创业农民的行为特征本质上与普通农民没有显著差异，比如具有投资行为和生产行为的个体分散性特征（农民与市场关系不完全性）、社会保障缺失下的风险规避特征、以"差序格局"为基准的人际交往特征等，这些特征对农户的生产行为和经济合作具有显著影响（李佳，2012）。当前，多数创业农民仍是集体经济的体现者，同集体所有制存在紧密联系；开始向商品生产者转化，但很多还维持一定的自给或半自给状态；基本已经解决了温饱问题，很多已经到达了马斯洛需求层次的更高层级，比如尊重需求和自我实现需求；仍然属于小生产者，但是具有自发走合作化道路实现共同富裕的意愿。随着新一代农民的成长，在完成乡村劳动力队伍新老更替的基础上逐渐形成了一批开拓型人才，观念形态发生变化，商品价值观念增强，发家思想更新，创业意识出现。新时期，创业农民仍会长时间处于传统小农向创业者的过渡形态，其行为和意愿不会脱离传统农民的特征范畴。

（2）丰富的人才类型。一般农民创业主体包括种植能手、养殖能手、农产品加工能手、农村经纪人、农民专业合作组织负责人、农业产业化龙头企业经营者、技能带动型人才、返乡农民工、返乡大学生等，每种个体类型都有自己的特点和成长路径。如果将创业人才作为一个组合，那么需要针对不同的人才类型制定不同的干预策略，采用不同的培植方式，开展不同的评估活动。随着现代农业的进一步发展，创业主体的新类型还会不断涌现，种类之间的分化还会进一步加剧，创业主体类型的多样化是与农业发展的集约化、专业化水平、组织化和社会化水平呈正相关的。

（3）多样的组合形态。我国的农民创业群体组合形态多种多样，尤其是随着新型经营主体的不断涌现，创业主体组合形式开始向着规模化扩张和精细化分工发展。传统的农民创业主体组合形式主要有两种——以原子化形态存在的个体和以群体形态存在的宗族型结构，前者多见于自主经营，后者多见于家庭、邻里及亲属间的自组织。随着市场经济发展，更多农民开始突破旧有的宗族型结构，向产业型结构转化。所谓产业型结构，就是从事专业生产或经营的专门人才的聚合，这种聚合可以实现产业内部智慧资源的整合与共享，可以促进产业内部规模化的实现。除了产业型结构，目前主要的农民创业主体组合形态还有管理型结构、互助型结构、外援型结构等，主要特征便是创业主体组合的管理方式呈现序列化、各主体之间存在紧密联系、个体发展既有内源驱动也有外源支持等。农民创业主体的组合形态随着传统农业向现代农业的转化，逐渐由小而全的生产方式过渡到小而专、专而联的专业化、社会化生产方式，这种组合方式比其他群体组合形式更加灵活，更加强调管理型人才的重要性。

（4）较强的辐射作用。农民创业主体具有比普通农户更强的辐射带动作用，通常在技术上先行先试，在社区具有一定威望和号召力。农民创业主体通常懂技术、善经营、能管理，能够在生产经营过程中发挥表率作用；在一定条件和范围内，其行为具有可推广和可复制的特点，能够带动周围农户共同发展；对本地农业经济发展做出过突出贡献，农民对其行为和贡献比较信服，将其视为意见领袖；具有一定的创造性和积极性，与乡村一般人力资源有所区别，能够先行尝试、先行发展、先行致富。一般情况下创业农民是乡村人力资源的优秀代表，具有高于本区域发展平均水平的生产规模和经营收益，能够辐射带动较大区域的农户，能够发挥经济带头人的作用，这种人才比例一般不会超过当地乡村人口的 5%。

（5）持续的资本积累。创业农民的发展离不开内、外部资源的整合与输入，是否能够占有一定数量的发展资本直接决定着个体未来的发展方向与路径。创业农民的发展资本包括人力资本（生计能力）、社会资本（可及性）和经济资本（储蓄）等，而个体获得这些发展资本的前提便是具有一定规模的自然资源、基础设施、经济文化政治环境及外部冲击与变化。创业农民在成才过程中积累的发展资本和得到的外部支持越多，资本积累更容易产生规模效应，创业发展的速度也会越来越快。创业农民相较普通农户更具有积累资本的优势，生计策略更趋于多样化，比如农业生产的集约化、生计的多样化和人员的流动性增强（Scoones，1998）。相较普通农户，创业农民的生计行为多数是建立在非自然资源基础上的，属于市场型农民，资产禀赋更加优越，在后天资本积累的获得方式和可获得性上更有优势。

（二）农民创业人才的成长规律

（1）能量渐变规律。从农业生产领域的组织或社会结构看，人口资源、人力资源、人才资源和高层次人才资源基本呈典型的金字塔分布结构，人才资源处于金字塔的顶端。但是，从宏观社会角度考虑，任何人才成长与发展都离不开整体人才队伍的发展水平，那些地处偏远、农民素质普遍不高、经济发展落后的地区，孕育的人才数量和规模都十分有限，而那些经济发展水平较高、区位条件较好、外部支持力度较大、思想较为开化、接触市场经济较早的地区，反而会出现很多农民创业人才。从微观个体来看，创业人才资源是人的体力、智力、知识、技术、能力、经验、信息、健康等指标的综合体现，在其内在能量产生、集聚、释放和耗尽过程中，需要诸如教育、培训、影响等外部能源的不断输入。从宏观视角看，农民创业人才的培植与社群总体的发展状况密切相关，而社群总体人力资本状态始终处于渐变过程，因此人才发展也是一个渐变的过程，能力水平与社群总体人力资本发展水平呈正相关；从微观视角看，个体学习知识和积累能量是一个循环往复的过程，自身能力水平不可能永远呈上升趋势，当人才资源得到充分利用，个体能量实现充分释放后，人才发展渐进过程变缓，能量积累达到饱和。农民创业人才的自我资本积累为人才资源的反复开发与不断增值提供了可能。但是农民创业人才成长是一个能量积累的渐变过程，人才开发必须具有计划性和系统性，应当在个体能力停滞或衰退阶段采取必要的外部干预措施。

（2）社区激励规律。任何人才资源的开发都需要外部激励、竞争机制的引入，实现个体或群体"在发展中竞争，在竞争中发展"。但是和其他产业相比，农业的人才流动效率较低，人才成长缺乏外部持续的激励措施；和城市相比，乡村人才市场并非完全开放性的，人才自由流动受到传统差序格局、人际网络、地域条件、户籍制度的制约，缺乏人才竞争的外部环境，人才开发和使用效率偏低。不同于普通人才激励措施，农民创业人才所处乡村环境的特殊性决定了对他们的外部激励多数来自社区内部，激励机制脱离乡村环境难以发挥激励效力。乡村和农业并不是一个完全市场化的领域，市场竞争与外部激励难以发挥资源配置作用，因此人力资源的培植机制只能交由社区内部自发协调。在社区内部，人才与事业、能力与职业、绩效与报酬都是自发调节实现的，同时竞争机制的缺失容易在社区内部形成一定的资源垄断，不利于新生人才的发育与成长。针对人才激励措施来自社区内部的情况，政府在制定乡村创业人才培养政策的时候就需要以社区为单位，向社区内部植入激励机制，促进创业人才开发由计划向市场转变、由单位人向社会人转变、由身份向绩效转变；依托社区内部组织培养乡村创业型人才，构建个体和部门、合作组织之间的紧密关系，实现人才从"控制型"向"合作型"、从契约关系向盟约关系转变，促进创业人才在社区内部实现合作，以新型主体的形态面对市场。

（3）内源培育规律。普通人才在成长过程中需要从外部不断获得发展资源，比如知识、资本、福利等，成才过程离不开外部资源的持续性输入。但是农民创业人才所处的乡村环境是封闭的，农业自给自足的特征使之与其他产业的联结比较松散，社区成为群体发展的基本单元，农户成为个体发展的基本单位，因此人才的发展也是内源式的，具有一定的自发性。农民创业人才内源发展规律主要体现在以下几方面。首先，多数农民创业人才的原始知识积累来自乡土知识，其自身知识积累过程并不是通过教育培训体系，而是通过自发的反复试错和经验积累，这一过程中乡土知识成为社区发展的技术支撑力量；其次，由于创业农民的生产行为和服务行为都是个体在乡村社会环境中自发实现的，外部干预作用有限，因此人才的主动性、能动性、创造性、可开发性和可共享性的发挥基本仍局限在社区内部，社区成为孕育人才的沃土，也成为促进人才可持续发展的平台；最后，政府对农民创业人才的支持需要依托社区，任何支持政策都要以社区事务为基准发挥作用，脱离社区任何人才培植计划都有可能架空。农民创业人才的培养路径应该是内源的，这进一步说明对人才资源的开发应该立足社区建设和产业发展，通过合理配置内部资源以促进干预政策实现最大效用。

（4）行为改变规律。行为改变规律是研究农民生产生活行为的普适性规律，同时也适用于农民创业人才成长过程中的决策与行为分析。农民创业人才行为改变规律包含个体和群体两个层面。"农民个体行为受到其年龄、性别、个性、地域、所处阶层的影响，同时又因为其文化、历史、经济条件的差异，在行为上表现各不相同，行为的改变也大相径庭。"[1] 虽然行为表现各异，但是行为目标却具有趋同性，那就是为了增加收入，提高生活质量，改善人际交往，提高社会地位，这也成为农民任何行为的主要出发点。从群体角度讲，农民群体行为是以多数农民行为为基础，其行为改变的目的受大多数农民个体行为影响，但又不是个体行为的简单叠加。在培养农民创业人才过程中，个体行为表现与群体的总体行为倾向具有密切关系，因此培植农民创业人才不仅要设计针对个人的培植计划，还需要考虑群体对个体成长的影响，要善于利用群体行动趋向来改变个体行为方式。此外，影响农民行为改变的因素很多，一般情况下，农民素质越高，其态度和行为越容易改变，对其进行培植的效果就更好；农民家庭经济收入越高、承受风险能力越强，对其开展技术推广、提供贷款、持续培训后更容易成长为创业型人才；传统的小农意识、生活氛围和生活习惯会影响人才培养的效果，对农民成才产生负面影响。

（5）价值导向规律。农民创业人才是一种特殊的人力资源，这种资源的开发需要外部给予正确的价值引导，缺乏价值引导不仅导致人才发展取向出现偏移，而且使潜在的人才资源无法转化为现实生产力。人才的主观能动性有正向和负向之分，对于社会的价值作用也存在差异。当外部力量采取目标

---

① 颜丙昕. 新农村建设中农民行为改变规律及策略分析 [J]. 新农村建设，2008（4）：8.

拉动、政策推动、教育引导、榜样带动等方式产生正向激励作用，人才就会启发、立志、自强、行动、取得成绩，并愿意为事业付出心血；当外部力量对个体的引导出现偏差，没有给予及时、大力的扶持，即便个体才能再出众，也会因为缺乏正向引导而使才智湮没。一般情况下，绝大多数创业农民的人力资本价值难以快速识别，尤其在传统农业社区，农民创业人才通常是指社区精英、示范户、意见领袖和返乡农民，这些可以作为显性创业人才。那些平时社会资本积累较少，与政府部门交流较少，没有参与政治活动的潜在能人，基本处于自发活动的状态，这些可以作为隐性创业人才。无论是显性创业人才还是隐性创业人才，都需要外部正确的价值引导，使其产生正向能动作用，避免和减少负面影响。外部干预者应始终坚持以价值创造衡量人才，在激励机制、分配机制、扶持机制上进行创新，将知识、技术、管理和资本等生产要素参与收益分配，将物质激励与成就激励、精神激励相结合；在发挥显性创业人才辐射带动作用的同时，也要挖掘那些隐性创业人才的能力，通过价值激励使隐性创业人才显性化。

（6）成长时效规律。任何人才成长和人才资源开发，既受自然属性的制约，又受社会属性的制约，其才能优势的适时发挥和事业绩效的取得具有最合适的时效性和阶段性。与其他产业领域的人才不同，农业劳动者的年龄区间较大，最佳年龄峰值随着乡村人口老龄化问题的出现逐渐后移。根据韦伯尔分布，一般科学人才的最佳年龄峰值为 37 岁，最佳年龄区间为 25～45 岁，但这一规律并不适用于农民创业人才。农民创业人才理论上并没有绝对的年龄上下限，一些农民进城务工可以快速积累创业资本，一些返乡大学生已经具备了一定的创业知识要素，而更多本土创业农民脱离正规教育体系的受教育年限，也没有退休的制度限制，只要有劳动的意愿，掌握一定的专业技术，具备一定的能力要求，就可以成长为农民创业人才。在传统农业领域，成才最佳年龄峰值比较靠前，区间跨度较大。当经验积累到一定程度，并有从事农业相关行业的意愿，个体就具备成才的潜能，这一年龄区间通常处于 15～45 岁之间，45 岁之后个人精力投入、体力投入进入衰退期，同时事业步入稳定期，成才的概率大幅下降。在现代农业背景下，为适应农业发展需要，农民创业人才的中高层次人才比例显著增加，专业结构、产业和区域分布趋于合理，复合型人才、女性人才、中青年人才比重提升，这进一步表明随着产业发展水平的提升会造成创业人才最佳年龄峰值向后移动，同时成才年龄区间相应缩短。这一方面是因为农业专业化、标准化、规模化、集约化发展对创业人才知识与能力要求更高，需要个体经历长时间的系统学习；另一方面随着分工细化，复合型人才需要合理配置人力资源才能发挥作用，农民合作化路径要求个体不仅要具有生产水平，还需要具备一定管理能力和变通能力，为了快速适应社会变化、不断开拓创新，人才通常年龄不能偏大。

（三）农民创业人才的成长阶段

（1）第一阶段——生计意愿确定。生计（Livelihood）就是维持生活的手段和方式，其内涵能够完整描绘个体生存的复杂状态，目标是实现个体的可持续发展（李斌，2004）。从生计范畴看，个体成长为创业人才必须采取一定的行动，这种行动必须保证资产和能力不会受到影响（Colin Murrary，2001）。采取行动的前提包含一定程度的有形或无形投入；具备一定的资产或者资源；可以带来产出；满足自身的发展目标。和普适性的人才成长路径不同，创业农民的生计意愿更加复杂，其确定意愿时必须考虑多重要素，比如对农业未来发展风险的预判；对从事其他产业机会成本的估算；对投入产出的评估等。成为创业农民，个体必须具有在乡村生产生活、服务乡村的意愿，这种意愿并不是暂时和短期的，应该具有长久的规划，从事职业应有一定的稳定性。确定意愿是人才成长的第一阶段，也是最关键的阶段，一方面意愿的确定反映了个体发展的主观态度，另一方面也为其确定了创业的方向。

（2）第二阶段——创业资本积累。积累发展资本是个体成才的基础条件，经济资本、社会资本与人力资本的累计程度与个体成才的概率呈正相关。社会资本对个体而言能够创造价值、完成工作、达到目标，具有不可让渡性、公共物品性和不可消耗性。由于社会资本需要在两个以上个体互动中实现积累，因此获得一定程度的社会资本是一个累积的过程，个人关系网络的建立与转化是个体发展过程的关键环节。人力资本是凝结在创业者身上的知识、技能及其所表现的劳动能力，接受正规教育、培训需要一个较长的过程，即便在个体成才以后积累人力资本的过程也没有停止。经济资本是个体发展的直接动力来源，个体即便具备丰富的社会资本与人力资本，如果没有充足的经济资本，无形的资本资源也无法顺利转化。资本积累过程的长短因人而异，通常包括正式发展资本积累和非正式发展资本积累两个方面，前者指个体接受正规教育、获得充足的资金、得到外人的帮助和扶持，后者指工作经验的积累、获得一定的物质支持、结识社会资本积累较多的朋友等。正式发展资本积累过程较短，非正式发展资本积累过程较长。对于农民创业主体而言，由于乡村社会获得直接发展资本的路径较为单一有限，因此非正式发展资本积累过程更加重要。

（3）第三阶段——创业计划实施。经历前两个阶段，创业者具备一定的发展目标和社会资本，此时进入创业计划的实施阶段。创业计划实施的重要前提是个体愿意在从事创业活动中投入一定的精力、劳力和财力，具备一定程度的发展资本，专业从事生产、服务活动，此时个体将会为组织或者社区的管理和技术水平的提高做出较大贡献，在完成基本工作同时，能够充分应用自身积累的发展资本进一步获得各种资源。如果将创业计划实施阶段进一步划分，还可以分为几个子环节。首先是创业计划的制定，由于乡村产业涉及类型较多，因此在考虑发展前景的基础上，创业主体需要制定一个长远的规划。其次是生产风险的规避，由于创业风险较高，个体创业时需要考虑资源禀赋、气候条件、市场行情、物流通路、政策变动等因素。再次是单一产业的发展，创业者在起步阶段通常生计单一，不会拓展产业类型，也不会轻易发展规模经济，集约化水平通常较低。最后是生计多样的策略，当创业者经营的单一产业发展成熟时，会倾向于选择生计多样化策略，拓展产业领域，并从传统产业向新兴产业延伸。

（4）第四阶段——成长速度减缓。任何人才成长都会有一个极限，当个体成长为人才并且取得了较高成绩，下一阶段必然会步入综合能力发展的极限，在其他非人为因素的作用下，心理和生理都会有一个退化和减弱的过程。如果将创业人才成长周期视为个体生命循环的过程，那么个人能力已经到了缓慢增长甚至减弱的阶段。创业农民在创业活动前受教育程度普遍偏低，经验积累有限，专业知识匮乏，加之乡村教育培训工作跟不上，导致其初始人力资本通常积累不足。这种人力资本积累不足的弊端在创业者成长早期阶段通常并不明显，但是当个体创业后需要进一步发展时就会表现出后劲不足，导致决策失误、安于现状、能力停滞、转行转业等问题。和在城市创业不同，乡村的创业者基本处于传统的社会环境中，人际关系和经营方式具有很强异质性，所需乡土知识远比外部知识更重要，因此在成才初级阶段旧有知识体系完全可以满足创业者发展需求。当个体创业后需要进一步发展，一方面自己旧有的知识结构已经无法适应拓展业务、加强管理、分工细化的需要，另一方面传统的乡村生产组织形式难以有效弥补人力资本的缺失，在组织体系内部无法形成知识、经验、理念等优势互补的发展机制。当缺乏内部组织结构优化和外部人力资本支持的情况下，创业活动进一步拓展遭遇屏障，创业者成长速度减缓。

（四）农民创业人才成长阶段的内涵

任何创业个体在成才过程中都受到两个因素的影响，即动机的支配和外部环境的作用，但是在不同的成长环节，两者的影响力是不同的。和其他类型、其他产业的创业个体成才不同，乡村产业的独立性和封闭性造成个体动机支配在不同阶段呈现出不同的特点，个体面对外部影响的行为特征也存在差异。比如在传统农业地区，农民的行为会受到亲戚、朋友和邻居等周围人的影响，外部干预对个体行为的影响反而会削弱。

在生计意愿确定阶段，创业农民的行为具有不稳定性，在识别和发现问题上容易受到很多因素的影响，比如其他农户的生产生活行为、外部政府项目干预、既有发展资本积累情况、受教育情况、思想认识水平等。这个阶段农户的行为意识介于完全理性和非理性之间，态度、感情、经验和动机均难以预期。创业农民生计不确定性源于人力资本本身具有较强的流动性，这种流动性主要表现在乡村人力资源向城市转移，形成较为明显的"钟摆模式"运动（周大鸣，2005）。如果说传统型农区中的制度、文化、宗族、伦理、仪式、信仰、价值观、社会网络等元素影响了个体行为决策，那么农户这种钟摆运动无形中加剧了生产行为的不确定性，同时也提升了社群组织化的难度。

在创业资本积累阶段，创业农民可以通过社区人际网络积累一定社会资本，但这种乡土性的社会资本具有一定的局限性。首先，这种社会资本只局限于社区内部，无法像在城市那样可以无限延伸，人际沟通网络规模是既定的；其次，农业与二、三产业存在地域隔绝性，农业自身的独立性造成创业资本难以跨产业积累；最后，同二、三产业相比，乡村的社会资本积累到相同规模，要花费更多的时间，而且政府资源是社会资本的重要组成部分。与社会资本一样，经济资本与人力资本的积累也与其他产业存在差异。比如经济资本投入乡村产业尤其是第二、三产业，所面临的风险相较城市相同产业类型要低，人力资本边际积累门槛比其他产业要低，经济资本和人力资本可以通过短时间的积累达到从事基本生产的最低规模。相较其他产业，创业农民在这一阶段经历的时间和投入的精力要少很多。

在创业计划实施阶段，创业个体行为会因为职业类型、所在地域、规划方向、种养结构、扶持力度的不同而出现差异，这种差异化直接决定了个体在这一阶段的成长路径。比如，对于农村经济带头人，成才的关键是成为有影响力的社区集体企业负责人或其他经济能人，他们会捐助资金修建马路或学校来帮助社区建设，也会将致富的信息或门路带给其他村民，他们具有一定的创业辐射带动作用，其资本在内部升值的同时也会外溢给社区，为社区带来一定的发展契机，而经济资本对于个体创业发挥关键作用；对于农村技术带头人，成才关键是成为在乡村社区中能影响其他成员生产活动的技术能人，这些人往往是社区中的种养大户，对社区普通农户具有很强的带动示范作用，能给予普通农户技术上的指导，能够将知识和技术转化为经济资本，人力资本对于个体创业发挥关键作用；对于乡村社会带头人，成才的关键是通过为村民提供意见与信息，获得村民的普遍信任，带领农民共同创业致富，进而对社区的政治、经济生活产生深远影响，这些人通常具有较高的综合素质，各种资本均对个体创业发挥关键作用。创业计划实施阶段是创业人才塑造与成型的阶段，也是创业人才成长最为关键的阶段。

在成长速度减缓阶段，创业主体的行为与意识基本固化，事业发展处于平稳状态，能力发挥基本达到极限。由于个体之间存在差异，创业者进入成长速度减缓阶段的时间存在差异，主要是受教育程度和身体素质的影响。"个体受到一定程度教育后，人才的非智力素质会自然而然得到提高，在学习过程中，在劳动锤炼中，他们的思想会受到很大的冲击，一些根深蒂固的传统观念会得到改变，从而有利于提高其非智力素质。"[1] 因此，对于受教

---

① 张兔元，冯晓燕. 农村人力资源管理［M］. 北京：中国社会出版社，2006：21.

育程度较高、面临发展机遇较好的创业者，成长速度减缓阶段通常会向后推迟，但是最终会因为人的能力发挥至极限而进入平稳发展的阶段。此外，创业者的身体素质也直接影响成才进度。身体素质好、精力充沛、干劲十足的创业者会较迟进入成长速度减缓阶段；当个体达到一定年龄或者患病，体能开始衰竭，事业便开始走入下坡状态，个体处于成长速度减缓阶段。除了受到受教育程度、体能的影响，造成创业者成长速度减缓的因素还包括外部生产生活环境、个体主观意愿、发展条件等。因此，农民创业人才进入成长速度减缓阶段的时间与原因存在较大的差异。

三、农民创业活动的影响因素

农民创业活动并不是一种独立的行为，而是要受到内外部各种因素的综合作用。在创业的不同阶段，这些因素所起的作用大小存在一定区别，会对创业者产生正向或者负向的影响。明确农民创业活动的影响因素，才能更好地进行政策设计和策略选用，以实现外部干预效果的最优化。

（一）外部影响因素

农民创业的外部影响因素主要是指体制、政策和环境因素。首先，体制因素是影响农民创业活动的根本性因素，体制结构直接决定着创业机会的多少。我国多年来实行的是城乡分割制度和计划经济体制，改革开放后市场化的不断推进又催生出了城乡二元经济结构，这种结构主要表现为城市经济以现代化的大工业生产为主，乡村经济是以典型的小农经济为主；城市的基础设施发达，乡村的基础设施条件普遍落后；城市人均消费水平远高于乡村，乡村的消费观念仍然停留在过去水平；相对于城市，乡村人口众多，但是城乡分割的户籍制度又阻碍了人力资本在城乡之间的自由流动。这种状态是我国经济结构存在的突出矛盾，也是区域发展不平衡的根源。我国经济的现代化发展，很大程度上就是要实现城乡二元经济结构向现代经济结构的转型。城乡二元结构体制是为计划经济服务的，限制和束缚了农业、农村和农民的发展，农民在这种体制环境下开展就业创业活动会受到很大制约。创业活动本身就是各种生产要素的优化配置，而城乡二元结构阻碍了土地、资金、人才等资源的合理配置，造成创业资本无法集聚，城乡资源无法双向流动。其中，土地问题是制约农民创业活动的基础性问题。乡村新业态面临用地政策供给难题，比如乡村休闲旅游业的迅猛发展已经冲击了乡村建设用地的现有规模，导致乡村建设用地规模的扩张。此外，新业态融合、农区空间复合利用增多也使现有的乡村土地用途管制制度面临挑战。由于二元体制的束缚，乡村经济发展相对于城市落后，就业机会少，发展空间小，人才留不住；乡村产业类型以农为主，经济回报少，经营周期长，前期投入大，造成社会资本资金缺乏进入乡村的意愿。这些体制性问题都阻碍了农民创业活动的顺利开展。其次，外部环境是影响农民创业活动的关键因素。外部环境因素可以分为国家层面为鼓励农民创业所营造的发展环境，以及农民对创业行业进行选择时该行业的发展前景和创业所需要的基础设施等。在外部环境条件中，地区资金供给水平和经济发展水平发挥关键作用。农民创业时存在信用低、担保难、抵质押物不充足、融资渠道不畅等问题，仅仅依靠乡村目前的筹资渠道难以筹集到充足的起步资金，导致农民创业资金自筹居多，难以实现短时间扩大经营规模。此外，区域经济发展的不平衡导致创业资源无法向经济落后地区流动，乡村市场发育缓慢，既有经济环境无法为创业活动提供充足的市场。在资金和市场的双重约束下，农民的创业活动无法得到及时的"输血"，缺乏成长的空间，即便创业者有雄心壮志也必然会在创业实践中受挫。最后，政策环境是影响农民创业活动的决定性因素。现实中，农民开展创业活动仍然面临很多政策性约束，比如创业门槛较高、税费压力较大、支持经费不足、公共服务不够等，其本质上都说明相关创业支持政策缺失。政府应该为农民创业提供良好的政策环境，坚持普惠性政策与扶持性政策相结合，既要保证各类创业农民享受普惠性政策，又要根据不同创业主体的抗风险能力，落实完善差异化的扶持政策，通过政策创新促进各类农民成功创业。

（二）内部影响因素

内部因素主要是指农民自身的素质，包括农民经营管理技能、创业专业技能和自身心理素质等。农民普遍学历水平低，受教育年限短，平均年龄偏大，主要从事传统种养殖业，与外界接触少。多数农民因为自身先天能力不足，无法顺利开展创业活动，创业失败风险大。管理水平是创业活动的基础，直接决定着创业活动能否取得成功。农民创业管理能力主要是指农民获取资源和配置资源的能力，包括协调能力、组织能力、沟通能力、决策能力等。由于多数农民长期在乡村从事农事活动，没有开办企业、组建合作社的经验，在创业过程中基本从零起步，经常会因管理不善导致创业失败。管理水平的提升，需要创业者不断积累经验和学习知识。但由于基层创业培训覆盖面有限，农民很难短时间获取到符合创业条件的管理能力。专业技能是指创业者所具备的专业技术水平和能力，是从事某一工作的专业能力。农民的专长是开展农事活动，这种能力有些是传习自祖辈积累的经验，有些来自政府推广体系的宣贯。当农民依托农业开展创业活动时，多数要面对三产融合的趋势：不仅要会种养，还要懂得延伸产业链条、提升农产品附加值、创新农业文化、依托电商销售、深化产品加工等。很多经营范畴已经脱离农业而延伸到了新的产业领域。面对新产业新业态新模式的大量涌现，农民已经无法通过传统方式获得新的技能，既有技能也已经无法适应快速变化的外部环境。心理素质是指创业者独立思考、判断、选择和行动的心理品质，主要包括独立、冒险、合作、克制等内容。农民在创业过程中不能依赖既有的乡村社会圈子，需要探索独立发展的道路，敢为人先，勇立潮头；要善于交流，通过拓展沟通领域积累社会资本，获取最新市场信息，提高办事效率；要敢于行动、敢冒风险、敢于拼搏，能够有承担创业行为后果的心理素质；要善于克制、防止冲动，谨慎投资，并自觉接受法律、社会公德和职业道德的约束；要有坚持不懈的品格，有恒心、毅力和坚忍不拔的意志。农民的心理素质会直接影响创业活动的成败，好的心理素质即便遭遇挫折也能坚持到底，差的心理素质会让创业半途而废。为了让内部影响因素发挥积极作用，通常情况下政府会针对创业农民开展创业技能培训，提升创业农民的管理水平和操作能力，强化创业农民开展创业活动的自信心。在开展创业培训过程中，政府和相关市场机构还要辅之以创业咨询服务，为创业者提供各种市场信息和专业指导，减轻创业者的后顾之忧。

四、农民创业形态的案例分析

通过对农民创业个体的成长路径进行分析，我们了解到农民创业存在自身的特点，遵循特定的规律，具有特殊的内涵。扶持农民创业，需要在不同的阶段给予不同的培植措施和外部支撑。从理论上对创业者的成长路径进行研究，同时也需要微观上的案例支撑。本节将选取不同地区创业成功的案例，通过案例分析进一步诠释农民创业人才的成长路径。

（一）特色产业拉动型创业

 案例 4 - 1

依靠树莓产业创致富之路

ZM，男，生于1970年10月，中国共产党党员，现任青海树莓农业产业化有限公司董事长、青海省西宁市湟源县申中乡前沟村党支部书记，2014年及2015年连续两年被本省推选为"全国十佳农民"。1987年，高中毕业的ZM光荣参军，1989在部队加入了中国共产党，在部队相继荣获了"技术能手""神炮手""优秀士兵"等称号，1993年复员回到家乡，经贷款和多方筹集30万元资金成立了湟源晨晖拔丝镀锌有限责任公司。自创业以来，由于诚信经营，公司一直运行良好，企业资产与日俱增。前沟村处于湟源县西部，属于半脑山地区，土壤肥力贫瘠，农户都以传统农作物种植为主，产量低、效益差，土地少的农户几乎连全家人的基本口粮都无法保证，很多农民为了生计只能选择外出务工。大量劳动力外出导致当地大量的土地荒废。当上村支部书记之后，ZM看到家乡人民经济情况还非常拮据，希望能够通过自身的努力帮助乡亲们脱贫致富。为了依托本村资源发展绿色产业，ZM相继在湟源县申中乡前沟村成立了青海树莓农业产业化有限公司和湟源县沐园种植专业合作社，进行优势产业树莓的大面积推广种植。在树莓推广种植期间他自发、义务当起了技术员，深入种植第一线，每天现场指导树莓种植。树莓的大面积推广种植不仅解决了当地土地荒废问题，而且实现了相亲们在家门口就地就业。为了带动更多农户致富，他流转了更多土地，树莓种植基地由最先的500亩发展到现在的5 000亩，带动的农户也由最初的1个村发展到现在的4个村，目前通过土地流转带动农户数达800余户，季节性用工人数达 500 余人（多为当地闲置劳力及残疾人士）。自树莓引进以来，当地农户的经济收入得到了稳步提升，旅游、运输、加工业发展迅猛。随着公司树莓种植面积的不断扩大，树莓鲜果的产量也逐年提高，仅仅销售初级农产品树莓鲜果没有太大的利润空间，ZM 决定进行农产品精深加工，提高农产品附加值，使产品利润最大化。为此，ZM 到内地市场考察学习，查看内地市场树莓系列精深加工产品的市场销路，通过考察学习，他发现城市居民更偏爱绿色健康食品。树莓被国际市场誉为"水果之王""癌症克星"，是一种具有高营养价值及药用价值的新型水果。ZM 抓住树莓这一特点，打算对其进行延伸开发，打造树莓果汁。考察学习回来之后，ZM 就立即联系设备厂家及饮料研发技术人员，加快办理生产许可证、绿色食品等相关认证手续，通过一年的时间把车间、设备及相关手续全部落实。2014 年 8 月树莓果汁正式投入生产，第一批次生产了 10 000 瓶，全部拿到内地市场推广销售，得到了广大消费者的青睐，销售量逐年攀升。随着树莓果汁一炮打响，ZM 又开始研发新产品，顺势推出了树莓红酒、树莓果酱、树莓茶叶、树莓酸奶等绿色产品。树莓系列产品的推出带动了更多当地及周边农民脱贫致富，2015 年公司销售收入达 1 600 万元，发放农民工资 120 余万元、土地流转费 150 余万元。起初，ZM 一心扑在创业致富和带动家乡经济发展上，但是随着外出考察学习和自身觉悟的不断提升，他渐渐意识到要想获得长足的发展必须要保证经济增长和环境保护并行，于是他开始调整产业结构，转变自己的投资方向。他把经营网围栏所得的资产几乎全部投到树莓种植，建成树莓种植基地 5 000 亩；他还承包绿化工程，尽自己最大努力将树莓推广到更远、海拔更高、气候条件更加恶劣的地区。2014—2015 年，树莓陆续在西藏拉萨南山、青海玉树、青海贵德等地区开花结果，在打造绿色生态的同时还带来不错的经济效益，受到项目地的一致好评。2014 年公司在青海玉树绿化造林 3 万亩，在青海贵南绿化造林 28 000 亩，在西藏拉萨南山绿化造林 5 000 余亩，公司的树莓种植基地绿化面积已达 6 000 多亩，自公司成立至今总绿化造林面积达 69 000 余亩。树莓产业的大范围推广对于产业结构调整、实现农民科学种田、加快城乡经济建设、丰富青海省退耕还林优势树种、填补青海省树莓市场产品空白等方面都极具意义。ZM 表示："只有秉承绿色的发展观念，产业才能得以长远发展，只有这样，乡亲们才能真正通过树莓产业发家致富，走出一条特色可持续发展道路"。ZM 依托树莓产业创业，带动本村村民致富，成为地区远近闻名的创业带头人，先后荣获"优秀共产党员""全国农村青年创业致富带头人""青海省劳动模范""西宁市劳动模范""西宁市绿化先进个人""诚实守信道德模范""国土资源绿化贡献奖"等称号，不仅赢得了上级领导和村民的信任和尊敬，更赢得了外界朋友的普遍赞誉和好评。（摘自《全国农村创业创新优秀带头人典型案例》）

"特色产业拉动型"创业是围绕本地特色产业，沿着产业链上中下游，面向产前、产中、产后环节的生产与服务需求开展创业创新活动。这种创业活动立足地区资源特色，并将其转化为特色产业优势，形成乡村双创的核心竞争力。唯有产业兴旺，才能让更多农民热爱自己的家园，吸引他们在家门口创业。实施乡村振兴的关键就在于培养本地区的特色产业，通过产业发展提升乡村的"造血"功能，并让广大农民享受到产业升级和特色产业发展带来的经济福利。依托特色产业进行创业，需要创业者充分发挥主观能动性，在生计意愿确定阶段能够对本地区的特色产业有一个系统的了解，能够认识到本地区产业发展的优劣势，挖掘具有价值的产业潜力，瞄准创业方向和路径，并对今后创业活动有一个清晰的设计，只有这样才能提升创业成功率。

（二）返乡下乡能人型创业

 案例 4-2

返乡发展休闲旅游带领乡亲致富

ZHZ，1968 年 7 月出生于固始县武庙集镇。1984 年外出务工、创业，先后在江苏、上海等地进行市政工程项目，2002 年成立上海宏壮实业有限公司，2004 年成立上海宏顺实业有限公司。ZHZ 凭着自己的实干精神和聪明才智，公司业务不断发展壮大。2005 年被固始县委、县政府招商引资回乡创业。ZHZ 生于 20 世纪 70 年代，和大多数人一样家庭条件差，物质生活匮乏。但是他从小就很有斗志，为了摆脱贫困的生活，他于 1984 年选择外出务工。ZHZ 最初在信阳地区拉板车，工作很辛苦、工资还不高，常常为了多干活而忘记吃饭，甚至为了生计而卖过血，就这样他坚持了五年；1989 年他辗转到江苏盛泽、上海做市政工程项目，并于 2002 年、2004 年先后成立了两家实业公司。五年的苦苦坚持和不懈努力终于迎来曙光，很多人问过他这么辛苦怎么还能坚持下来，他这样回答："不努力，就没有出路。我本身就是农民，我受得了委屈、吃得了苦，况且，我坚持下来了，我也实现了我的理想和目标，下一步，我还会让更多的人像我一样走上致富的道路"。ZHZ 于 2005 年返回家乡，他审时度势，结合当地原生态环境，将发展目标定位在生态旅游、休闲农业上。通过几年的发展，固始华阳湖生态旅游产业开发有限公司成长为远近闻名的旅游企业，成为周边游客旅游的首选目的地。华阳湖水上乐园，华阳湖儿童游乐场更是孩子们欢乐的天地。"华阳湖"已成为固始旅游业一张亮丽的名片。ZHZ 不仅在发展休闲农业方面十分专心，同时还密切关注国家有关惠农政策，并于 2005 年成立了固始县华阳林业专业合作社。合作社承包农户土地，免费教授社员农业知识，让一部分不从事劳作的农民获得租金安心从事二、三产业，另一部分农民可以扩大土地经营规模，实现传统农业向现代农业的转型。公司不断发展壮大，也为农户增收脱贫做出了贡献，ZHZ 本人及他的公司赢得了当地群众和社会各界的广泛认可。华阳湖生态旅游公司先后荣获"全国休闲农业与乡村旅游示范点""全国休闲渔业示范基地""河南省农业产业化省重点龙头企业""河南省文明诚信企业""河南省科普教育基地""河南省诚信先进单位"等多项荣誉称号，华阳湖风景区目前是国家 AAA 级旅游风景区，华阳湖宾馆也被评定为三星级宾馆。ZHZ 本人自外出创业到回乡投资，受到社会一致的好评和称赞，先后被授予"优秀共产党员""豫籍优秀外出务工创业人员""河南省贫困地区外出务工经商办企业返乡带头人"等荣誉称号。（摘自《全国农村创业创新优秀带头人典型案例》）

返乡下乡能人型创业主要是指返乡农民工、中高校毕业生及科技人员等返乡下乡人员通过创办、领办企业和合作社等乡村新型经营主体，引领带动周边乡村创业创新。这些创业者有头脑、懂技术、能经营、善管理，一个人创业可以形成以点带面的辐射作用，引领带动周边人员乃至整村或整乡共同发展。返乡下乡能人型创业的前提是创业者具有在城市打拼的经验，积累有一定的发展资本，眼界开阔，敢为人先。相较于本土创业者，返乡创业者的优势在于可以在创业资本积累阶段快速积累到充足的发展资本，具有较强的资金支持和人脉关系，可以承担一定的创业风险。返乡人员在资本积累上的优势，使得他们成为农民创业群体中的主要组成部分，而且队伍正在不断壮大。

（三）龙头骨干企业型创业

 案例 4 - 3

依托公司带动农民致富

LF，女，1979 年生人，现任山东瓦力生物科技有限公司、淄博瓦力蚯蚓养殖有限公司总经理。LF 在"大众创业，万众创新"的创业热潮中，不断增强创新意识，自 2010 年开始从事蚯蚓特种养殖，经过 3 年的摸索，养殖面积从最初的一亩三分地发展到现在的 470 余亩。2014 年 5 月在临淄区皇城镇注册成立了专业的淄博瓦力蚯蚓养殖有限公司，随后成立了山东瓦力生物科技有限公司。公司年产出蚯蚓粪有机肥约十万方，蚯蚓年存栏量达到 1 200 吨。公司选用日本的太平 2 号红蚯蚓生产蚯蚓粪，利用蚯蚓喜食菜叶、秸秆、畜禽粪便等有机物的特性，依托当地丰富的秸秆资源作为蚯蚓食物。蚯蚓通过进食排出的蚯蚓粪是一种优质的有机肥和土壤改良剂。蚯蚓粪颗粒均匀，无异味，干净卫生，保水保肥，营养全面，结构及功能特殊，可全面应用于各种植物。蚯蚓粪有机肥的使用，有效保护和改善了土壤的生态环境，形成完整的绿色生态农业循环模式。在 LF 的领导下，公司探索了"公司＋合作社＋基地＋农户"的盈利模式，为群众每亩增收 1 万余元，以公司带动农户创业致富。公司将主业放在投资额大、技术含量高、风险高的环节，包括蚯蚓养殖、农资供应、集中销售环节，把养殖环节和配套服务交给农户经营，双方密切合作，实现了公司与创业农民的互惠共赢、互促共进。2015 年企业参加临淄区创业创意大赛获得一等奖、淄博市首届创客大赛获得一等奖、淄博市农业创业创意大赛获得一等奖。2015 年企业在齐鲁股权交易中心挂牌，完成了和资本市场的对接，使企业走上了高速发展的快车道。2016 年 LF 当选山东省十大巾帼增收标兵、山东省三八红旗手。在公司管理和运作的过程中，LF 善于总结企业经营管理的成功经验和教训，不断地学习和完善自我，不断地带领公司走向成熟、规范、科学。（摘自《全国农村创业创新优秀带头人典型案例》）

　　龙头骨干企业型创业是指农民通过开办企业进行创业，并依托龙头骨干企业优势，带动当地乡村双创为企业配套服务，引领当地经济发展。龙头骨干企业型的组织模式一般是"公司＋基地＋农户"的产销一体化经营组织，以公司或企业为主导，围绕一种或几种产品的生产、加工、销售与生产基地和农户实行有机的联合，形成风险共担、利益共享的经济共同体。案例中的创业者瞄准一种产品发展生产，成立企业实现与农户的利益联结，最终实现了从农民向企业家的华丽转身。和其他创业主体不同，农民企业家在创业初期需要积累一定程度的原始资本，尤其需要积累一定程度的社会资本，需要具备一定的经营理念和管理水平，需要对市场具有敏感性。农民开办企业创业，起点高、要求严、周期长、风险大，需要得到政策扶持和金融优惠，并且将风险置于可控范畴之内。农民企业家的成长通常遵循着"评估市场→瞄准产业→充电学习→试办企业→组织完善→扩展规模"的过程，其中在生计意愿确定阶段和创业资本积累阶段需要对创业方向和创业资源有一个清晰的认知。

（四）双创园区型创业

 案例 4－4

让基地孵化更多的创业人才

　　在外打工多年的 GCD，一直从事着与农业相关的行业。2012 年，正逢国家倡导农民合作社发展，全国掀起一阵创业浪潮，47 岁的他怀着这股创业梦想，毅然辞去城里的工作，回乡创办了昌乐县兴科农民专业合作社，除了提供农资产品外，还向农民传授农业技术。回到村里 GCD 发现，村里的创业环境并不理想，"村里种地的都是些 60 多岁的老人，他们种地就是靠经验，对于科学种地的方法掌握得很少，更不知道如何种出高产、优良的农作物，而且想要改变他们的种地方式，难度很大。"怎样才能把创业者都聚在一起共同致富？怎样才能吸引更多的创业者回乡创业？这一直是 GDC 思考的问题。2015 年在市人社部门的帮扶下，GDC 成功创建了昌乐县职业农民创业孵化基地。"我就是想打造属于农民自己的创业基地，培养新型职业农民，为农业产业经营注入新活力。"GDC 说。来到孵化基地，入驻企业可以享受教学培训、实训模拟、创业测评、项目推荐、管理指导、拓展交流、政策扶持等"一条龙"服务，为农民构筑起低成本、便利化、全要素、开放式的综合创业孵化平台。目前共孵化企业 195 家，企业存活率达 97%。基地以"一三九一"为总体构架，建立了国内首家全链条农业创业孵化体系，即一个创业管理服务中心，三个创业实践基地，九个创业服务网点。其中九个创业服务网点分布在全县每个镇、街道上，为农业合作社提供土壤改良、农技服务、农机服务、农产品冷链物流等农业技术服务。通过这些技术服务基地赢得了一定利润，实现了双赢，保证孵化基地可持续发展。此外，孵化基地还专门创建了乐通云网络商城，并已与阿里巴巴、京东、顺丰等电商及物流公司达成战略合作，先后对 36 个产业特色村开展了电商培训，目前全县已有 2 200 多人建立起电商交易网店。基地先后为创业项目和实体打造优质农产品品牌 232 个，其中"庵上湖"牌等 30 多个被评为国家及省市名牌，农立德农业科技专业合作联合社被评为"国家级示范社"，山东金福利农业发展有限公司被评为"市级农业产业龙头企业"。除了帮助有志向的创业者提供创业服务外，GCD 还主动承担起昌乐县 78 户贫困户的精准就业扶贫工作。同时在 12 个省级贫困村建设了扶贫驿站，开展了对贫困户扶贫救助活动。今年昌乐县有 3 家企业入选全国就业扶贫基地，他的孵化基地就是其中之一。（摘自《全国农村创业创新优秀带头人典型案例》）

双创园区型创业是指以双创园区（基地）和农业企业为主的平台载体，聚集要素、共享资源、产业关联，为乡村双创提供见习、实习、实训、咨询、孵化等多种服务的模式，推动产业集群的形成。创业主体依托园区（基地）聚集资源和要素，借助既有的基础设施条件成立公司企业，利用良好的政策服务提升创业速度。和其他自主创业者不同，依托园区（基地）的创业者能够借助已有发展资源快速完成创业资本的积累，能够在政策扶持、资金支持、服务引导、民众参与基础上短时间开展经营活动，创业成功率较高。园区（基地）型创业者并不是以原子形态孤立地开展经营活动，而是形成一种资源互补的"抱团"形态，同类产业不同业态可以相互补充，同一创业单位可以延伸孵化出更多创业主体。随着返乡创业规模的扩大，各地政府都开始开发园区和产业园，盘活闲置厂房、零散空地等存量资源，建设创业园等乡村创业基地，整合发展出了一批面向初创期"种子培育"的创业孵化基地、引导早中期创业企业集群发展的返乡创业园区，通过园区建设降低创业主体的初始创业成本。

（五）产业融合型创业

 案例 4-5

<h3 style="text-align:center">借网创业大显身手</h3>

WJA，1987 年出生在和田地区墨玉县喀尔赛乡，生长在农村让他拥有了顽强的性格，新疆人的"胡杨精神"已经在他内心深处开始发芽。2010年 WJA 赴澳大利亚麦考瑞大学攻读工商管理专业，2013 年 3 月完成了麦考瑞大学的学业。他放弃了全球最大的管理咨询公司——德勤企业管理咨询有限公司（年薪折人民币 50 万元）的工作邀请，毅然选择回故乡创业。WJA 2013 年从澳大利亚毕业回来担任了父亲所在"墨玉县绿珍珠农民专业合作社"的沈阳销售部副经理职务，帮其叔叔管理沈阳的分公司。在发展经营过程中，他发现公司的不足之处在于经营方式和管理模式过于"老旧"，已不能满足目前飞速发展的信息网络时代。2013 年 6 月他创立了新疆安健生物科技有限公司，与合作社合作在沈阳开始了本地特色农产品的销售。创业初期，由"墨玉县绿珍珠农副产品销售农民专业合作社"加工、包装的核

桃、红枣和葡萄干等农产品在东北三省销售得非常好，很受当地顾客欢迎。但是这种经营模式遭到合作社成员的一致反对，认为跨省经营事情烦琐、难度大，还是传统就地批发销售方式稳妥。"要想发展就要有革新"，于是WJA于2014年向父亲和叔叔提出在合作社建立一个电商批发部，形成覆盖"线上线下"、传统和现代化销售完整结合的经营与销售方式，指出这样企业才能适应目前时代发展的需要，进入飞速发展的阶段。但他的这个建议再次遭到父亲和叔叔的激烈反对，他们认为作电商销售是"看不到摸不着"的生意，不保险。为了把自己的想法付诸实践，WJA另起炉灶，自己出来创业做电商。通过破口费心的解释与保证，父亲提前支付了他两年的工资15万元，当作他创业的启动资金。WJA的天猫店铺在2015年6月10日正式上线经营，没能招聘到做电子商务的本地人才，他就在沈阳找了一家代运营公司帮他运营，当月20天网店销售额就达到了7万元。但这只是昙花一现，好景不长。在之后的几月里销售额开始直线下降，到第三个月时几乎为零。面对这样的困局，他认真思考，总结失败的原因主要是代运公司对他的网店没有制定专门的经营销售方案，只是片面的用一些所谓的推销促销等手段，这么做的下场是他们没有固定客户，只能依靠每月的大促销互动来维持增长，导致不断输入资金，但收入微薄。通过分析、思考，他决定自己组建一个专业团队来经营，先后花1个多月时间在沈阳招聘到了6个人，组建了自己的营销团队。当时刚好赶上"双十一""双十二"网络大促销活动，在团队的运营下网店销售额得到了大幅度提高，月销售额达到了25万元。随着公司规模不断扩大，出现了招工难的局面，特别是电子商务管理、经营人才更加稀缺。面对这样的现状，他下决心开设电商培训班，招收本地未就业的大中专毕业生、有创业意愿的80后、90后年轻人进班学习，开展网上电子商务、网店创设与管理、网店经营业务及网站营销等知识的培训，公司共计培训350人。培训结束后，由公司前期垫付资金为学员在天猫、淘宝等网络平台开设50家网店，按每家电商最少6名员工计算，就可以带动300人的就业岗位。待网店盈利后，再将垫付资金返还公司。网店主要从事本地农副产品和特色产品的销售业务。同时，公司和田安健巴依电子商务科技有限公司合作帮助这些网店做好销售、运营等方面的技术指导，承诺力争使其中10家网店的月销售额达到10万元以上。另外公司还与新疆安健生物科技有限公司一起建立培训、孵化、运营、加工等 4 个事业群，建立完整的"互联网＋"生态圈，更好地促进本地经济的发展，带动农民增收脱贫。

产业融合型创业是创业者围绕产业融合形成的新产业新业态新模式开展双创活动，加速区域之间、产业之间的资源和要素流动与重组。目前这种创业形态包括电商型创业、休闲旅游型创业、大数据型创业等。案例中的创业者依托网络平台开展营销，形成了"电子商务＋仓储服务＋商品集散"的运营模式，并且孵化衍生了诸多创业合作者，实现了以点带面集体创业。随着互联网和新业态不断渗透到农业，渗透到乡村，"农村电商＋"型创业将会越来越普遍，乡村电商也将会演变成为一个把农产品、休闲农业、金融等整合在一起服务新三农的新平台。创业者利用这一平台进行创业，可以远程实现商贸、供销、邮政、电商互联互通，把农产品从线下搬到线上，拓宽农产品销售渠道和创业辐射范围。如同案例中的创业过程，创业者创业初期很难直接开展产业融合，通常需要熟悉传统产业并具备一定时间的从业经验，然后利用新的平台和媒介开展延伸式创业或二次创业。随着乡村振兴背景下新产业新业态新模式的不断涌现，产业融合型创业人才将会大有可为。

五、扶持低收入农民创业的主要途径

乡村经济落后问题是制度与农民自身特性在特定条件下相互作用的结果。生活在低收入状态中的农民，具有强烈的致富愿望，但是在特定自然条件、区位条件和国家政策下却无法获得充足的创业资本，无法摆脱结构性因素的制约和束缚。和普通农民不同，低收入农民基本从事传统种养业，受教育水平偏低，文化观念落后，与外界信息沟通滞后。支持低收入农民通过创业脱贫，不能采用传统的扶持方法，需要在策略和路径上进行创新。

(一) 破除精神贫困

相对于客观层面的物质贫困而言，精神贫困属于主观层面，主要是指个体有利于摆脱贫困的内在、主观因素的缺失。这些内在的、主观的因素主要包括进取意识、风险观念、知识储备、市场意识、能力培养、社会资本等。

精神贫困是"人的追求、信念、价值观、习惯等人类理性滞后，人缺乏基本生存与发展的技能、方法，无法满足实现生活基本需要的状况。"① 很多学者指出，贫困人口文化观念和素质落后是致贫的深层次根源，人类学家奥斯卡·刘易斯认为，贫困文化就是既定的历史和社会脉络中，穷人所共享的一种亚文化，体现出穷人对其边缘地位的适应或反应。现实中，很多经济落后地区的农民缺乏志向，信念消极，生活散漫，甚至认为增收致富是政府的事情。于是出现了"政府拉一把、自己蹬一脚""干部唱戏，群众看戏"的现象。对于文化贫困，可以从教育、经济和政治三个角度去分析。从教育角度看，教育有益于帮助落后农民走出精神贫困，能够实现自主脱贫和可持续脱贫。受过一定教育、有一定文化知识的人容易接受新事物，创业思路新、点子多、路子广、门路宽，创业活动开始后能够更好适应多变的市场和应用各种外部扶持政策。落后农民的生活状态很大程度上是由于自身能力欠缺和参与社会竞争能力低下，造成这种状态的深层次原因包括传统应试教育体制弊端、培训供给不足、咨询服务欠缺等。从经济角度看，市场经济下精神贫困状况与物质贫富状况存在着层次分明的对应关系，比如低收入农户与富裕农户在文化信息需求上存在显著差异，从早期区域间、地域间的封闭互助到更为复杂的人际交往和更为宽泛的经济联系，都极大影响了农户家庭发展资本的拥有和使用状况。市场经济是竞争性的，优胜劣汰的运行机制必然会造成低收入人口处于劣势，导致其开展创业活动信心和能力不足，最终强化了群体内部的贫困文化。另一方面，市场竞争还会衍生出低收入群体的"反理性"心态和行为，造成不敢创业、不敢投资、不敢扩大规模的精神贫困，与市场经济格格不入。从社会角度看，一些学者认为低收入农民的精神贫困是我国长期自给自足自然经济背景下形成的臣民型政治文化的一部分，这种被动的认知惯性造成低收入群体习惯于被动接受外部的帮扶，而缺乏主动改善生计状况的动力。为了改变精神贫困状态，一些学者认为应该走"参与式扶持"道路，让贫困农户真正参与到发展政策制定、计划实施、项目评估全过程，从而提升低收入农户的社会活动参与意识，最终实现"赋权式"减贫。当前，我国的帮扶工作主要采取"救济性"与"开发性"两种模式：救济性

---

① 吴稼稷. 论精神贫困与欠发达地区的社会发展 [J]. 江西社会科学，2002（7）：108–110.

帮扶只是给予物质性保障，通过资源外部输入缓解当前生活状态；开发性帮扶以预期目标为导向，考虑了低收入群体的特征和实际需求。这些扶持模式注重从外部给予帮扶，并没有考虑到精神层面的因素，因此无法从根本上破除精神贫困的影响。为了更好引导农户参与到产业发展工作中，让低收入农户有动力、有魄力在市场中创业，扶持工作首先就是要破除精神贫困问题。在基本原则上，应该遵循创业创新规律，尊重农民主体地位，实现在帮扶中"赋权"。扶持部门应利用现有培训资源网络与远程传输、远程教育服务平台和培训机构，结合新型职业农民、农村实用人才、职业技能等培训计划，培育一批农民创业创新带头人和农民创业创新辅导师，广泛开展农民创业技能培训，更新低收入农户的创业观念和意识，引导他们向创业创新带头人学习，逐渐破除精神贫困的束缚。和普通贫困农户不同，乡村青年数量多、干劲足，敢想敢干，敢为人先，应该充分发挥这一群体的生力军作用，推进农村青年创业富民行动。通过开展农村青年创业培训，提高创业技能本领，支持乡村青年依托自身已有的产业、项目和平台，创办农民合作社和农产品加工流通企业，利用当地资源开发创业项目，带动农民增收致富。总之，精神贫困的破除需要在乡村营造一种能吃苦、敢拼搏的创业氛围，通过教育培训扭转农民的小农意识和传统思维，通过创业先行者的引领带动更新贫困群体的理念认识，进而形成新的创业精神和文化，改变传统"等、靠、要"的思维定式。

（二）提供发展平台

破除精神贫困、培养创业意识之后，低收入农民便针对特定产业开展创业活动。产业扶贫是我国扶贫实践最有效的方法，可以让低收入农民以多种合作形式参与到农业生产过程中，最大限度促进低收入农民的实用技术掌握和价值观念转变。作为创业主体，农民开展创业活动会面临一些难题：首先是创业意识落后。长期从事传统种植业或者脱离乡土社会，创业主体对于创业方向、涉足领域、经营形式认识不清。其次是创业资本不足。我国落后区域大多处于深山、高原、沙漠等地，水资源缺乏、土地贫瘠、生态脆弱、灾害频发，很多欠发达地区远离区域中心，无法获得城市辐射带动，交通、公共服务水平等社会基础薄弱。最后是政府职能缺位。很多地区的政府在创业方面政策与投入供给不足，创业基地和园区建设落后，创业培训工作基本处于空白，没有创业失败的兜底措施。扶持低收入农民创业致富，政府角色至关重要，必须按照"政府搭建平台，平台集聚资源，资源服务创业"的思路，出台一批政策，搭建一批平台，为创业者提供有效的软硬件基础。所谓的创业发展平台，就是政府依托基地、园区、集群支持农民创业活动，通过各种渠道面向创业农民开展政策解答、信息咨询、银企对接、技能培训、农技推广等工作。创业平台建设主要包括：一是创业园区建设，依托现有的各类开发园区、农业产业园，盘活闲置厂房等存量资源，整合发展一批重点面向初创期"种子培育"的创业孵化基地，引导早中期创业企业集群发展的返乡创业园区，集聚各类创业要素，降低创业成本和风险；二是创业服务咨询，在政府扶持引导创业活动时，应当进一步推进县乡基层就业和社会保障服务平台、中小企业公共服务平台、农村基层综合公共服务平台、农村社区公共服务综合信息平台的建设，使其能够成为优化乡村基础公共服务的重要设施，为创业活动提供支撑；三是创业市场中介，通过政府购买等方式，调动教育培训机构、创业服务企业、电子商务平台、行业协会、群团组织等社会各方参与积极性，为创业者提供市场分析、管理辅导等服务，帮助创业农民改善管理、开拓市场，最终形成创业项目的多元参与；四是创业政策体系，政府必须不断完善创业园区支持政策，明确园区建设资金来源、创业金融支持方式、基础设施提供权责等内容，落实定向减税和普遍性降费政策，通过深化商事制度改革，落实注册资本登记制度改革，优化创业登记方式，简化创业登记手续。此外，政府打造创业平台的同时还要建设一个统计监测体系，对创业农民的创业创新情况进行及时地了解、统计、分析和研判，为决策和制定相关政策提供依据。政府应该和第三方评估单位进行对接，建立创业活动统计渠道和评估指标体系，探索创业信息数字共享机制，畅通信息数字报告制度，及时提供统计监测数据、调研分析报告、工作进展成效和经验做法模式等共享信息，为政府协调推进创业扶持工作提供科学依据。

（三）树立创业典型

创业农民中有一类特殊的群体，这些人的创业积极性很高，具有丰富的创业资本和先进的管理理念，在创业活动中能够很好地开展各项经营活动，这些人被称为创业人才，通常是农民群体中的大户、精英、能人等。创业人才具有自身的特征，比如传统的行为模式、丰富的人才类型、多样的组合形态、较强的辐射作用和持续的资本积累。创业人才在创业实践过程中能够产生强大的辐射带动作用，能够促进创业群体的职业化过程，可以把好经验好做法以点带面宣传出去，激励更多农民参与到创业活动当中。为了发挥创业人才的示范功能，政府应开展创业创新试点示范，总结一批模式和经验，宣传推介一批乡村创业创新优秀带头人典型案例，发挥典型引导作用；利用现有培训机构、资源网络、远程教育服务平台，结合新型职业农民、农村实用人才带头人、职业技能等培训计划，培育一批农民创业创新带头人和农民创业创新辅导员；将群体发展作为个体成才的"孵化器"，建立人才培养的社区内外双重激励机制，依托农业产业化经营为创业人才发展提供良好环境，提高创业人才的开发与配置效率；大力农民合作社等新型农业经营主体，发展加工流通和直供直销，通过创业人才的创业活动实现小农户与现代农业发展的有效衔接。创业人才是一支不可忽略的重要群体，可以真正带动农民增收致富。据统计，创业人才可以平均带动5人以上创业，可以促进社区农民素质提高和观念更新。在众多创业人才中，返乡农民工逐渐成为一支主要力量。随着供给侧结构性改革不断深入，不断完善的基础设施使乡村的吸引力大大增强，农民工返乡创业呈现出不断增长的趋势。和传统农民相比，农民工通过在城市打工积累了一定的发展资本，在思想观念上更具前瞻性，具备一定的先进技术和管理经验，能够积极应对市场的竞争与风险。农民工从经济发达的城市返回乡村，带来了各种创业资本，也为乡村经济注入了活力，对开发乡村经济发展潜能具有积极推动作用。首先，农民工返乡创业可以优化乡村产业结构。当前我国乡村仍以农业为主，二、三产业发展不均衡。返乡农民工既懂城市又懂农村，有较强的市场意识和人脉基础，他们带着技术、资金、理念回乡创业，有利于促进农业整体质量和效益的提升，补齐农业现代化的短板，通过发展新产业、新业态、新模式，促进乡村三产融合发展。其次，农民工返乡创业可以促进小城镇建设。创业者倾向于把企业创办在人口相对集中、交通便利的位置，有利于形成经济集聚，活跃地方经济，加速小城镇建设。最后，农民工返乡创业有利于解决留守儿童和空巢老人的问题。乡村人力资源的大量流失，会造成儿童长时间缺乏父母关爱，老人老无所依、无人赡养，农民工返乡创业可以让老人享受天伦之乐，孩子可以在父母关爱下健康成长。各地政府应充分利用返乡人力资本，发挥返乡创业者的引领带动作用，将他们作为创业典型进行宣传，重点扶持地方新型经营主体；应深入研究返乡创业者的成长规律，在创业不同阶段给予不同的干预策略，特别要关注新生代农民工的创业活动，对这一群体给予更多的咨询服务和政策引导，并形成一批可学习、可复制、可借鉴的创业经验；要将创业者经验、知识、资金、技术等创业要素进行集聚，发挥产业集群效应，引导本土创业者围绕产业链开展创业创新，形成创业创新联盟。

（四）鼓励模式创新

实施乡村振兴战略的基础是推动乡村产业发展，在发展现代种养业同时拓展农业的多种功能，大力发展农产品加工业、休闲农业、乡村旅游、健康养生、电子商务等新产业新业态，延伸产业链、提升价值链，推动乡村创业创新和一二三产业融合发展。近几年，各地以实施乡村振兴战略为总抓手，积极培育乡村新产业新业态新模式，农产品加工业保持稳中增效，休闲农业和乡村旅游、农村电商持续快速发展，成为乡村经济发展的新动能。新产业新业态新模式的大量涌现，为农民创业提供新的契机，避免了乡村同质化产品激增造成的内部竞争，提升了乡村产业商业化运作水平。当前，乡村新产业新业态新模式持续发展主要有四个原因。一是新产业新业态新模式适应了人们对消费结构升级的需要，优化了市场供给结构，为市场需求创造了新的空间；二是国家出台了相应政策措施，社会资本投资受到国家政策的引导热情高涨，使乡村成为"政策高地""投资洼地"；三是互联网等现代信息技术飞速发展，各领域的管理制度深入推进，新的商业模式不断涌现，乡村传统产业形态正在发生蜕变，产业转型升级和创新发展成为大势所趋；四是新理念和新技术不断向乡村融合渗透，促进了各种发展要素的优化配置，形成了乡村一二三产业融合发展，催生出大量新的经济形态。在新时代新环境下，要想增加农民收入，实现可持续脱贫致富，就必须引导农民探索新产业新业态新模式，通过差异化创业寻找新的收入增长点。近几年，乡村旅游休闲产业蓬勃兴起，乡村电商发展进入快车道，特色农产品加工业快速发展，各类产业、业态、模式加速融合成为新趋势，这些都为农民创业提供了新的空间和领域。随着乡村生态优势越来越明显，村庄文化魅力变得越来越突出，乡村正在逐渐成为创业创新的"新高地"。这种新产业新业态新模式和下乡返乡创业经过引导培育可以形成燎原之势，有希望成为我国农业供给侧结构性改革的有生力量，有希望像当年乡镇企业一样形成新的"异军突起"，成为我国乡村改革发展的一个新亮点①。依托农民创业发展新产业新业态新模式，通过新产业新业态新模式带动农民创业，两者之间存在相辅相成的关系，而在相互促进过程中，政府职能不可缺位。政府在创业培植过程中应该紧紧抓住人才这一"第一资源"，围绕乡村新产业新业态新模式的发展需求，加强创业农民的实用技术培训，打造一支思想新、观念新、技能新的创业队伍，围绕新产业新业态新模式建设一批产业孵化基地，在场地、金融和财税等方面给予一定优惠。在鼓励创新的同时，政府还应该注重创业活动对小农户的带动作用，打造小农户与新产业新业态新模式的利益共同体和命运共同体，重点支持小农户主导或参与的经济主体，大力发展直接面向小农户的农业生产服务业，鼓励引导小农户与新型经营主体开展多种形态的联合与合作，最终实现小农户与现代农业发展的有效衔接。此外，由于新产业新业态新模式属于新生事物，没有经过时间的考验，在发展过程中具有一定的不确定性，容易产生创业风险，给创业者造成巨大损失。因此，政府在创业引导过程中要谨慎，应该建立风险防控基金，在创业者创业活动过程中给予全程咨询指导，及时向创业者发布市场信息。

六、小结

潜在农民创业主体的行为特征本质上与普通农户没有显著差异，仍然属于小生产者群体，但是具有自发创业增加财富的意愿，是传统小农向新型经营者的过渡形态，其行为和意愿不会脱离传统农民的特征范畴。农民创业主体的类型多样，不仅有传统种养农户，还有村干部、返乡农民工、大学生村官、返乡青年、农产品加工能手、农村经纪人、农民专业合作组织负责人、农村信息员等，不同类型创业者拥有的资源禀赋不同，成长路径各异，呈现

---

① 韩俊. 返乡创业促进农村新产业新业态发展 [J]. 学习时报，2017（2）：22-27.

出多样形态。随着传统农业向现代农业的转化，农民创业主体的经营形态更加复杂，逐渐由小而全的生产方式过渡到小而专、专而联的专业化、社会化生产方式，衍生出管理型结构、互助型结构、外援型结构等组合形态。农民创业主体具有较强的辐射带动作用，能够在生产经营过程中发挥表率作用，他们是乡村人力资源的优秀代表。农民创业主体能够持续积累发展资本，通过生产经营要素的优化配置产生规模效应，进而实现扩大再生产。农民创业主体在成长过程中一般会经历四个阶段。第一阶段是生计意愿确定阶段。创业主体具有稳定的创业意愿，可以持续开展创业活动，能够对市场前景进行合理判断，能够明确自己的创业方向和行动路线。第二阶段是发展资本积累阶段。创业主体为了开展创业活动不断积累经济资本、社会资本与人力资本，并对已有资本进行合理的配置，能够判断目前自身的优劣势，并通过各种渠道获得创业资源，缩短资本积累过程。第三阶段是创业计划实施阶段。农民创业主体在瞄准创业方向后开展创业活动，包括起步阶段的筹备、尝试性经营和管理、持续性维持创业活动、扩大再生产等，通常这样的活动具有一定计划性和针对性。第四阶段是成长减速阶段。当农民的创业活动步入正轨后，很难像城市企业主那样继续扩大再生产，而是在既有的资源条件下实现了稳定发展，规模扩大速度放缓。

针对农民创业主体特征和成长阶段，政府应该多方面开展创业扶持。通过政策设计和服务供给引导创业农民因地制宜围绕休闲农业、农产品加工、乡村旅游、乡村服务业等开展创业活动，不断优化家庭农场等新型农业经营主体发展环境，通过模式创新实现小农户经营活动与现代农业发展相衔接；支持农民，尤其是返乡农民工创办、领办农民合作社和家庭农场等新型农业经营主体，以乡（镇）村为区域，支持返乡农民工、普通中高等学校毕业生、退役士兵、大学生村官、农村能人等创办领办家庭农场、农民合作社和小微企业等市场主体，发展设施农业、规模种养业、农产品加工业、民俗民族工艺产业、休闲农业与乡村旅游、农产品流通与电子商务、养老家政服务、生产资料供应服务等乡村一二三产业；围绕地区经济和农业农村经济发展，落实扶持政策、开发创业项目、搭建创业平台、培育创业人员、构建服务体系，引导和鼓励各类创业农民开发农业乡村各类资源要素，创办领办市场主体；建立完善创业基地、见习、辅导、技术、融资等农民创新创业服务体系，孵化培育一大批乡村小型微型企业，激发亿万农民创新活力和创业潜力，打造农业农村经济发展新引擎；大力发展乡村电子商务，加快推进信息进村入户，引导和鼓励龙头企业搭建电商平台；不断健全职业技能培训体系，加强远程公益创业培训，提升农民的创业能力；引导和鼓励行业龙头企业，拓展乡村信息资源、物流仓储等技术和服务网络，为农民创业提供支持；积极营造农民创业创新政策环境，贯彻落实国家扶持创业创新的各项政策，认真梳理并广泛向农民宣传，加强与有关部门配合，强化督查落实，打通政策落实"最后一公里"，确保各项优惠政策落地生根；鼓励有条件的地方和各类协会、中介组织等根据国家有关规定，吸引相关的投资机构、金融机构、企业和其他社会资金，探索建立农民创业创新基金，为创业创新农民提供金融服务和筹资渠道；努力搭建农民创业创新平台，按照政府搭建平台、平台聚集资源、资源服务创业的要求，依托现有各类开发区和农业产业园区，建设一批基础设施完善、服务功能齐全、社会公信力高、示范带动作用强的农民创业创新园区；进一步健全农民创业创新服务体系，依托现有服务机构，通过政府购买服务、项目招投标等方式健全服务功能，整合社会资源，为农民创业创新提供综合性服务。

第四章　农民工返乡创业保障体系构建

　　21 世纪以来，我国进入了以工补农、以城带乡的城乡统筹发展新阶段，大量沿海产业开始向内地转移，使中西部乡村有了产业基础。产业转移让人力物力下沉到乡村，充实了乡村发展资源，而精准扶贫的大面积铺开，也让这些发展资源有机会得到最大限度的开发。资源开发与利用不仅为农民工返乡务工提供岗位，也为农民工返乡创业提供了更多市场机遇。从另一个角度讲，新产业新业态新模式和产业融合项目的出现，让乡村更好地融入了整个国家的发展框架中，实现了乡村优质资源和城市消费市场的有效对接。在此背景下，农民工了解城市需求，打工时积累了一定发展资本，又具有开拓创新的意识和能力，返乡创业能够享受这些城乡联动带来的红利。据相关部门统计，2020 年返乡入乡创业创新人员达到 1 010 万，比上年增加 160 多万，首次超过 1 000 万，带动乡村新增就业岗位超过 1 000 万个；返乡创业人员80％为农民工，且目前已进入快速增长阶段，2020 年前三季度返乡农民工中有 15.5％选择了创业。发展和改革委员会等 19 个部门在 2020 年联合印发的《关于推动返乡入乡创业高质量发展的意见》明确提出，到 2025 年，全国各类返乡入乡创业人员达到 1 500 万人以上，带动就业人数达到6 000 万人左右。在乡村创业大军中，75％是 80 后农村青年，2022 年这一比例将超过 80％，农村青年已经成为新型城镇化背景下乡村劳动力创业的主力军。结合实际看，农民工返乡创业既有农民工群体心理行为的变化，也有时代大趋势的影响，他们的创业行为也无形中实现了城市资源与乡村资源的有效对接。

一、农民工返乡创业的意义

人力资本一直被作为经济增长的"发动机"。随着人口年龄结构的变化，乡村剩余劳动力可转移的空间已经越来越小，农民老龄化问题日趋严重并对乡村经济产生深远影响。同时，劳动力从乡村到城市的单向流动趋势正在发生变化，由城市到乡村的回流开始出现并逐步增加，农民工返乡已经成为当前城乡劳动力流动的一个重要现象。这些返乡的农民工拥有丰富的二、三产业工作经验，具有开阔的眼界和较强的能力，积累了一定的发展资本，他们已经成为乡村振兴战略实施的主要参与主体，为乡村发展提供了新的动力源泉。

（一）促进乡村经济发展

乡村振兴战略提出了"产业兴旺、生态宜居、乡风文明、治理有效、生活富裕"的总要求，而要实现这五大要求，离不开乡村人才的参与。农民工常年外出打工，在城市工作中积累了许多宝贵经验，练就一身过硬本领，还有很多农民工通过在城市创业，积累了一定的发展资本，他们的回归无疑成为乡村振兴的重要依靠力量。人力资本是凝结在人身上的知识和技能等，其获得途径包括教育、培训、迁移等。而农民工返乡具有人力资本增值效应，这种效应会外溢给当地经济，可以在有限资本积累基础上实现区域经济快速发展。农民工通常是在发达地区的二、三产业就业，多数经过科学、系统的上岗培训，在工作中积累了大量知识和技能，加上工作经验和职业素养，使得其人力资本水平大幅提升。通俗来讲就是农民工通过城乡流动实现了能力"增值"，提升了人力资本的价值，通过这些途径获得的人力资本价值水平更高，更适合现实工作的需要，更有利于乡村经济的发展。此外，农民工返乡创业在促进人力资本供给的同时，还可以拉动本地就业率，带动农民增收致富，发挥人才的经济辐射效应。

（二）促进产业结构调整

产业兴旺是乡村振兴的关键，而产业兴旺离不开乡村一二三产业的深度融合。当前，我国绝大多数乡村主要以农业为主，二、三产业发展较少，且模式和业态简单滞后，无法适应市场发展的需要，不利于小农户与大市场的有效对接。农民工返乡创业可以有效推动镇村产业多元发展，在地区传统产业格局中引入新产业新业态新模式，引导落后地区快速摆脱拼资源、高污染的发展老路，实现对传统产业的改造与升级。随着社会经济的发展，乡村产业在返乡下乡创业创新大潮带动下不断丰富和拓展，范围已经涉及种养业、农产品加工流通、休闲旅游、电子商务等，三产融合趋势明显，很多产业对于农民增收具有增倍效应。而返乡农民工是新市场、新产品、新业态的开拓者，他们既了解城市又了解乡村，既会搞生产、又会跑业务，他们的创业活动可以有效实现乡村产业结构的优化调整，在发展二、三产业的同时实现对传统农业产业的改造。据农业农村部调查，目前55％的返乡创业创新项目是农村新业态新模式，62％的返乡农民工直接或间接就业于新产业新业态。为了更好实现乡村产业结构调整，各地也积极打造多元主体参与的融合发展"雁阵"格局，而返乡农民工则是"雁阵"的重要组成部分。

（三）促进城乡融合发展

改革开放以来，乡村劳动力不断流失，大量农民单向外流到城市，不仅造成乡村"空心化"问题日趋严重，也进一步拉大了城乡差距，导致乡村日渐凋敝。而推动城乡统筹发展，就必须建立以工代农、以城带乡的长效发展机制，实现城乡发展资源的均衡配置，发挥城市带动乡村发展的辐射效应。在城镇化过程中大量农民涌入城镇地区务工经商，乡村"空心化""非粮化"和"非农化"现象在一些地区普遍存在。为了改变这种状况，就需要建立城乡要素双向流动机制，打破入乡返乡的制度壁垒，建立开放的发展制度环境，实现多主体共同参与乡村社会发展新格局。为此，要制定切实可行的政策措施，鼓励有能力外出务工人员回乡创业，通过"引凤还巢"提升乡村人力资本存量。农民工有在乡村和城市两地不同的工作生活经验，熟悉城乡的文化特点、生活环境、管理方式，可以较好地整合城乡各类资源，实现优势互补，提高资源配置效率。返乡农民工通过回乡创业，将生产要素转化为生产效益，吸引更多投资者、创业者、就业者返乡发展，在一定程度上缩小了城乡差距，有利于城乡一体化新格局的形成。

二、农民工返乡创业的动因

进入 21 世纪，我国整体步入城乡统筹发展新阶段。在这一背景下，大量沿海产业向内地乡村转移，大量人力物力向乡村聚集，这不仅为农民工返乡务工提供充足岗位，也为其返乡创业提供更多市场机遇。可以说农民工返乡创业潮的涌现，既取决于宏观经济大背景、国家政策扶持等外部因素推动，也受到自身发展水平、认知方式等内部因素的影响。

(一) 内部因素

影响农民工返乡创业的内部因素有很多，有些因素影响农民工主动返乡，有些因素则导致农民工被动返乡。调查显示，有一半以上农民工不想永久在城市居住，有 66.7% 的农民工表示自己到了一定年龄就要返乡，多数农民工有"叶落归根"的观念。那些来自劳务输出起步较早县（市）的有文化、有技能、有商业头脑的农民工更倾向于返乡创业，这些人通常具备较强的创业能力和管理经验，积累一定创业资本。此外，影响农民工返乡创业意愿的内部因素还包括年龄、健康水平、务工年限、从业能力、婚姻状况、子女状况、借贷水平、风险规避、资源禀赋等。现实中，年龄达到一定程度，需要回乡教育子女、照顾老人通常是第一代农民工返乡创业的主要原因；因外部环境改善，希望通过创业实现个人价值、增加收入、提升地位通常是诱发新生代农民工返乡创业的主要原因。对城市生活缺乏安全感、传统重土安迁的民族性格、与土地千丝万缕的关联、对田园生活的向往以及乡土社会关系网络都决定了农民工返乡的情感基础和心理考量，而创业本身可以解决农民工返乡后的生计与就业问题，为农民工返乡扎下根奠定了物质基础，成为稳定乡村社会秩序的关键。通过梳理返乡农民工创业行为和创业意愿代表性影响因素，我们可以据此构建出返乡农民工创业意愿影响因素模型，这个模型中的内部因素包括个体特征和创业素质两个方面，个体特征又包括性别、年龄、学历、婚姻状况、外出务工月收入、家庭人均月收入等；创业素质包括创业培训、技能培训、外出务工年限、外出务工职业、风险态度、创业信息获取能力、创业资金使用能力、创业风险承担能力和创新能力等（图 4 - 1）。

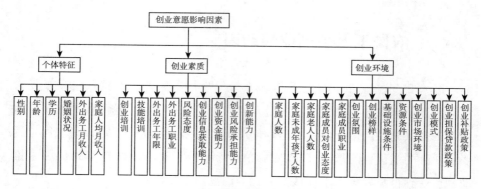

图 4-1　返乡农民工创业意愿影响因素模型

（二）外部动因

影响农民工返乡创业的外部因素可以用"推力"和"拉力"来解读。从"推力"角度看，经济发展形势直接决定了农民工流动方向。我国农民工返乡现象呈现明显的阶段性特征：2008 年金融危机后，曾经出现一股农民工返乡热潮；2012 年以来，随着我国进入经济发展新常态，农民工返乡人数不断增加；乡村振兴战略实施以来，返乡人数逐年增长，但是在宏观经济增速放缓影响下增长速度也日趋下降。近些年，我国经济在平稳运行的同时，也存在民营企业整体发展滞后、物价全面上涨、国际经济环境较为严峻等问题，经济运行稳中有变、变中有忧。在经济结构调整阶段，实体以及加工服务行业受到挑战最大，就业问题最为明显，直接导致低端劳动力从城市就业群体中析出，农民工就业总量相应大幅下降。由于劳动力供给局限性突出，产业升级中技能型人才短缺，就业和招工两难的结构性矛盾始终无法得到解决，这些因素都导致城市就业对农民工的吸纳能力逐渐下降。当无法在短期内成为产业工人，返乡必将成为大多数农民工解决生计的唯一选择。从"拉力"角度看，国家发出"大众创业、万众创新"的号召，通过不断完善体制机制、健全普惠性政策措施，构建起有利于创业创新蓬勃发展的政策环境、制度环境和公共服务体系，以创业带动就业、创新促进发展。在国家推动创业创新过程中，各地政府颁布惠农政策，鼓励和引导农民工返乡创业就业，大力促进乡村一二三产业融合发展，这些都为农民工提供充足的创业空间和资源。《国务院办公厅关于支持农民工等人员返乡创业的意见》指出，国家要促进产业转移带动返乡创业，推动输出地产业升级带动返乡创业，鼓励输出地资源嫁接输入地市场带动返乡创业，引导一二三产业融合发展带动返乡创业，支持新型农业经营主体发展带动返乡创业，并重点健全基础设施和创业服务体系，强化政策措施和组织实施，这些都为农民工顺利返乡创业提供了保障和依托。

三、农民工返乡创业与乡村振兴

党的十九大报告提出实施乡村振兴战略，为乡村社会经济提供了新的发展契机，有利于引导各类人力资源向乡村汇聚。在推进和实施乡村振兴战略过程中，需要正视乡村劳动力流动这一现实情况，看到农民工返乡创业的积极作用。在乡村振兴背景下，通过农民工返乡创业促进城乡融合和乡村振兴是中国特色社会主义道路的创举，而现有的土地承包制度又使农民工返乡创业具备先天优势。以推动农民工返乡创业为抓手，以创业带动就业，促进乡村一二三产业融合发展，将成为实施乡村振兴战略和乡村全面振兴的一个主攻方向。

（一）发展机遇

党的十八大以来，国家大力实施创新驱动和乡村振兴战略，"三农"政策支持力度不断加大，为农民工返乡创业提供了更多的机会和要素。当前，返乡农民工规模不断扩大，创业领域已经拓展到特色种养、加工流通、休闲旅游、信息服务、电子商务等，在方式上更加注重应用现代信息技术，越来越多的工商企业下乡助力创业创新，这些都为农民工在乡村施展拳脚提供了难得机遇。乡村振兴战略的实施为农民工返乡创业提供发展机遇，主要体现在以下几个方面：首先，国家扶持力度加大，宏观政策环境改善，给农民工返乡创业带来更大空间、更好机遇，农民工利用好这些政策红利有助于自身快速积累创业资本；其次，乡村水电路气房讯等基础设施和科教文卫等公共服务条件逐步改善，现代物流向乡村加速延伸，这些设施条件为农民工返乡创业提供了良好的硬件基础和物质依托；再次，种养大户、家庭农场、农民合作社等新型经营主体规模不断扩大，农村的经纪人、供货商、分销商、共享农庄等大量涌现，这些主体可以为农民工创业提供充足的平台载体；最后，随着乡村振兴战略的不断推进，城市居民消费结构快速升级，对绿色优质农产品、休闲旅游观光、农耕文化体验等需求持续增加，为农民工返乡创业带来了无限商机。可以说，乡村振兴战略的实施为农民工返乡创业提供了更多发展机会和资源，农民工返乡创业也为农业供给侧结构性改革提供了强大动力。

（二）创新理念

在新时代背景下，农民工返乡后不能仅限于从事传统农业种养和低附加值产业，而是要树立大农业融合发展理念，不断探索新产业新业态新模式，充分利用自身发展优势，拓展返乡后增收渠道。首先，产业振兴是乡村振兴的源头和基础，乡村产业发展的关键就是要深挖农业多种功能，发展"农业＋"旅游、康养、文化、教育、休闲等多种模式，推进乡村一二三产业融合发展。创业需要融合发展理念的引领，创业过程也是营销理念更新的过程。其次，由于新兴产业多数都是产业之间的融合互补，拓展市场、树立品牌、推广营销仅靠单个主体"唱独角戏"已很难实现，需要创业者树立抱团发展理念，培养多元合作意识。通过联合与合作方式开展双创，探索合作制、股份合作制和股份制等形式，可以有效抵御创业过程中的自然风险、市场风险、质量安全风险，为创业顺利开展保驾护航。最后，农业的本质是生态产业，发展乡村产业必须树立生态绿色发展理念。农民工回乡创业，就是要通过了解分析城市消费需求，把农业的绿色价值挖掘出来，生产各种绿色安全产品，提供各类生态优质服务，进而满足市场多元需求，促进乡村生态振兴。乡村振兴发展要求农民工返乡创业必须树立创新、合作和绿色理念，而农民工返乡创业活动又不断丰富和实践乡村振兴新发展理念。

（三）输送人才

乡村振兴的关键在于人才支撑，没有充足的人力资本，乡村产业就无法快速发展。返乡农民工是乡村振兴的生力军之一，是农业农村发展的新动能，他们从城市带着资金、技术、理念回到乡村，立志在乡村广阔天地大施所能、大展才华、大显身手，他们的创业活动能够促进乡村形成人才、土地、资金等资源汇聚的良性循环。首先，农民工返乡创业可以发挥人才兴农富农作用，补充乡村人力资源存量，提升乡村实用型人才队伍科技含量和管理水平。其次，农民工返乡创业可以发挥辐射作用，通过发展产业带动农民增收致富，通过创业活动促进乡村人才培养，通过创业培植提升队伍整体档次，在自身发展的同时盘活既有乡村人才资源。最后，农民工返乡创业可以凝聚多元人才类型，将不同环节、不同领域、不同类型的乡村人才凝聚在一起，实现了乡村人才资源的科学整合与优化配置。乡村振兴必须解决人才来源问题，而农民工返乡回流恰恰为乡村输入了人才资源，补充了乡村发展的人力资本，为乡村经济进一步提质增效输入了"新鲜血液"。

（四）增收防贫

2020 年我国现行标准下乡村贫困人口全部实现脱贫，贫困县全部摘帽，区域性整体贫困得到解决，打赢脱贫攻坚战、全面建成小康社会后，就要做好巩固拓展脱贫攻坚成果同乡村振兴有效衔接工作。根据《中共中央 国务院关于实现巩固拓展脱贫攻坚成果同乡村振兴有效衔接的意见》的要求，衔接阶段主要工作内容包括建立健全巩固拓展脱贫攻坚成果长效机制、做好脱贫地区巩固拓展脱贫攻坚成果同乡村振兴有效衔接、健全农村低收入人口常态化帮扶机制、提升脱贫地区整体发展水平、加强脱贫攻坚与乡村振兴政策有效衔接等。农民工返乡创业，有利于防止返贫帮扶机制落地，有利于确保易地扶贫搬迁后"稳得住、有就业、逐步能致富"目标落地，有利于脱贫地区乡村特色产业发展壮大，有利于带动脱贫人口稳定就业。可以说，在"后扶贫时代"，农民工返乡创业在防止返贫体制机制构建过程中扮演重要角色，发挥关键作用。

四、不同类型返乡农民工的主要特征

虽然根据不同标准可以对农民工进行分类和细化，但是目前社会上主要将农民工划分为两个群体，即新生代农民工和第一代农民工。由于年龄、经历、背景、学历等不同，两个群体在返乡创业意愿上具有明显差异。2016—2019 年期间，调研组开展了针对农民工返乡意愿的跟踪调研，目的是为了进一步掌握不同类型农民工的整体特征和返乡创业就业意愿①。

（一）新生代农民工特征

新生代农民工是指农民工中的 80 后、90 后外出打工的群体，他们约占目前农民工总人数的 60% 以上。这一群体多数身在城市却难被接纳，根在乡村却无法回归。新生代农民工在城市化进程中发挥了重要作用，是城市建设者、服务提供者、创新参与者。与此同时，受到城乡二元结构的限制以及自身能力、素质、文化等要素制约，新生代农民工面临着社会排斥、空间隔离、福利缺失等问题，始终无法真正融入城市生活，是城市的边缘群体。随着乡村振兴持续推进，乡村就业环境不断得到改善，返回乡村就业创业的新生代农民工越来越多，并逐渐成为创业大军的重要组成部分。如何引导他们返乡创业，直接影响着乡村产业的发展以及今后防止返贫工作的实施效果。调查发现，新生代农民工主要有以下几点特征：

（1）返乡意愿普遍不强。新生代农民工进城从事的多是长期性工作，工作性质比较稳定。调研显示，新生代农民工在同一个岗位停留时间平均为 3～4 年，从事第三产业的比重为 72.4%，主要集中在批发和零售业、交通运输、仓储、邮政业、住宿和餐饮业（图 4-2）。调研对象中，有 84.2% 的受访者没有务农经验，72.5% 的受访者没有返乡意愿。影响新生代农民工返乡意愿的影响因素主要包括社会身份认同、社会保障水平、职业发展预期和城市归属感。多数新生代农民工没有"叶落归根"的意识，返乡的主要原因集中在工作失业、生病回乡和料理家事，多数属于被动式返乡（图 4-3）。相比第一代农民工返乡数量持续增长，通过对 2016—2019 年数据进行分析发现，新生代农民工返乡规模变化不大，中西部地区新生代农民工的返乡规模和比重要高于东部地区。有 72.4% 的返乡新生代农民工出现了再次离乡的情况，"永久性返乡型"农民工仅占返乡总人数的 15.2%。从返乡频次看，每年回乡一次以上的占受访者的 56.7%，主要集中在节假日，且多数是短时间停留。有 84.5% 的受访者有在城市安家的愿望，但市民化水平较

---

① 本研究针对全国 9 个省、29 个联系点进行了实地调研，发放问卷 382 份，有效问卷 375 份，开展半结构访谈 21 次，收集案例 33 个，样本中包含城市务工农民工和返乡农民工两类，数据时间为 2016—2019 年。

低，多数市民化的受访者属于回流型市民化，即"群体从农村到城市再回到户籍所在的中小城镇实现市民化的过程"①。

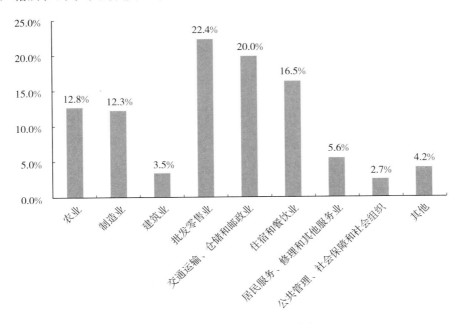

图 4-2　新生代农民工从业分布

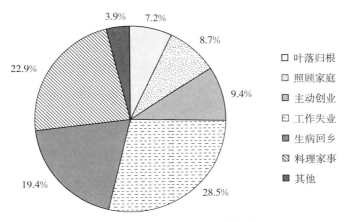

图 4-3　新生代农民工返乡原因分布

---

　　① 郑永兰，易楠. 新生代农民工生计资本对回流式市民化影响实证研究［J］. 山西农业大学学报，2020（19）：78.

（2）就业能力普遍偏低。调查的新生代农民工样本中，受教育程度为本科的仅占 5.3%，大专占 20.8%，中专占 44.8%，高中（含职高）占 20%，初中及以下占 8.8%，可见新生代农民工受教育程度普遍偏低，学历水平难以满足用工需要。52.2% 的受访者认为自己没有能力融入城市生活，39.5% 的受访者认为自己的技能水平和行为习惯难以满足岗位需要，28.6% 的受访者表示在工作中受到过不同程度的歧视。当问及技术熟练程度时，仅有 32% 的受访者认为专业技术满足岗位需求，25.3% 的受访者认为一般，29.9% 的受访者认为不熟练，12.8% 的受访者认为非常不熟练。只有 57.3% 的受访者接受过岗位培训或技能培训，多数受访者只从事简单的体力工作，没有接受过系统的培训或再教育。有 22.7% 的受访者认为岗前培训十分有效，52.8% 的受访者认为岗前培训效果一般。57.6% 的受访者对自己工作前景感到迷茫，73.1% 的受访者有更换工作的念头。在访谈过程中，多数新生代农民工在工作中的社交范围多为同乡或者其他外来农民工，很多人感觉在职场缺乏人文关怀。

（3）返乡就业非农为主。针对已返乡新生代农民工的调研可以发现，由于缺乏务农经验和长期在城市二、三产业就业的经历，大多数新生代农民工返乡后主要在非农产业就业创业，且以在附近乡镇从事服务业为主（图 4-4）。调查显示，新生代农民工返乡就业创业与外出就业行业之间具有很高的关联度，有 63.6% 的受访者在返乡后与返乡前从事类似或相关行业，仅有 29.9% 的受访者从事种植业和养殖业。有 8% 左右的新生代农民工

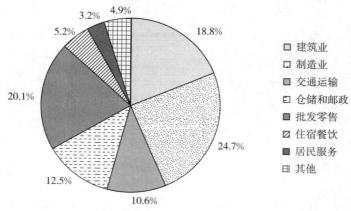

图 4-4 新生代农民工返乡后非农产业就业分布

返乡后通过土地流转，初步实现了规模经营。调查还显示，多数新生代农民工返乡后是通过强关系型社会资本实现就业创业，即基于地缘、亲缘、友缘获得就业和创业机会，其中亲属介绍占到了访谈对象总数的 47.6%。通过强关系型社会资本实现就近非农就业的占所有非农就业的 82.5%，通过政府基层组织部门和就业中介机构等实现就业创业的仅占样本的 14.6%，说明软关系型社会资本在新生代农民工返乡就业创业过程中的作用没有充分发挥出来。

（4）具备一定创业倾向。针对已返乡新生代农民工调研的数据显示，相较第一代农民工，新生代农民工更愿意接受新生事物，更具有创业倾向。在受访者中，目前已经开展创业相关活动的占总人数的 54.5%，高于第一代农民工的创业比重；未开展创业活动的受访者中 5 年内有创业打算和计划的占 76.2%。和第一代农民工相比，新生代农民工在创业主要动机、组织方式、模式选择、产业形态方面均有自己的特点。新生代农民工的创业模式偏向于机会型创业，更多是为了自身价值的实现而非纯粹的物质性回报。创业模式以模仿型创业和创新型创业为主，目前乡村的新产业新业态新模式的主要从业群体多数是新生代农民工；参与创业的主要集中在农业产业延伸创业、传统技术延伸创业和高附加值循环经济创业，从事的产业类型要比第一代农民工更加复杂。目前已创业的新生代返乡农民工中，以个体户创业、独资企业创业、合伙企业创业和有限责任公司创业的分别占总人数的 76.5%、17.7%、4.9% 和 0.9%，个体户创业是主要形式，而企业创业多数是家族企业的延续。由于目前基层创业扶持力度不足，多数新生代农民工的创业诱发模式属于市场服务模式和行为诱导模式。

（二）第一代农民工特征

第一代农民工，是指二十世纪八九十年代进入城市谋生，但户口仍留在农村的农民工，是我国经济社会转型时期孕育的一个新兴劳动群体。改革开放后，这些农民工从农村转移到城市，为我国工业发展、城市建设和农村繁荣做出巨大贡献。随着农民工代际转移现象持续发生，很多第一代农民工选择"叶落归根"，返回乡村开始新的生活。据不完全统计，目前我国已返乡的第一代农民工人数超过 1 000 万人，且逐年大幅递增。在返乡第一代农民工中，多数都具有劳动能力，拥有一定的发展资本，积累了丰富的从业经验，应当被作为乡村创业的潜在人力资源。第一代农民工是改革的新兴主体，他们把青春血汗贡献给了城市建设，是社会发展的重要依靠力量。在经历了我国工业化发展、经济体制转轨和社会结构转型的阵痛后，这一群体逐渐与新生代农民工产生了代际分化，在资本积累、生计策略和流动模式等方面逐渐呈现出自有的特征（表4-1），进而影响了他们返乡后的就业与养老决策。

表4-1　第一代农民工与新生代农民工的主要特征比较

比较特征		第一代农民工	第二代农民工
成长环境	社会环境	改革开放前	改革开放后
	家庭环境	乡土社会，多子女家庭	现代生活，独生子女或两孩家庭
个人特征	文化程度	小学和初中学历为主	初中及以上学历
	婚姻状况	多数已婚多年	部分未婚或结婚时间不长
	人格特征	吃苦耐劳甘于奉献	强调个人需求和自我价值
就业情况	打工主要目的	为家庭，求生存	追求自我生活质量的提升
	工作期望	积累更多积蓄	向往体面或接近市民的工作
	劳动供给决策	绝对收入比较	相对剥削感较强
与家乡的关系	务农经验	有比较丰富的务农经验	没有或缺乏务农经验
	与家乡的经济联系	较强，大量汇款回老家	较弱，汇款较少，自由支配
城市适应性	城市认同感	较弱，以同乡为交往圈子	较强，渴望融入城市生活
	与外界的联系	以传统口信、书信为主	以电话、网络为主
	生活方式	与传统农民接近	与现代市民接近
流动模式	流动的动力	农村推力	城市拉力
	未来期望	年龄大后返乡	期望实现市民化

（1）返乡数量不断增加。随着农民工代际转移现象的持续发生，越来越多的第一代农民工将返回故土开始新的生活。2019年课题组针对5个省开展的农民工生存状况基线调研，结果显示，45岁以上未返乡第一代农民工中，有62.5%的受访者有今后返乡就业的打算，88.4%的受访者会选择返乡养老，多数第一代农民工会将家乡作为自己人生的最后归宿。2019年针对江西、河北和新疆三地的调研结果显示，叶落归根和照顾家庭是第一代农民工返乡的主要原因（图4-5）。一些经济较为发达的地区，农民工返乡潮

已初见端倪，其中第一代农民工是返乡潮的主体。对浙江、贵州、黑龙江、陕西和山东五省调研联系点的抽样调查显示，2019 年当地第一代农民工返乡人数增速分别比上年加快 12.8、10.6、15.9、18.5、13.2 个百分点，高于全国平均水平，表明一些地区第一代农民工返乡数量正在较快增长。9 个省 29 个联系点的监测数据显示，返乡农民工中，第一代农民工占比逐年大幅提升，未再次外出务工者数量不断增长，多数第一代农民工属于"永久返乡型"农民工，已彻底返回自己居住地就业养老。随着返乡人数的大幅度提升，预计将在 5 年间将形成第一个大规模的农民工返乡潮，势必会对乡村社会产生深远影响。

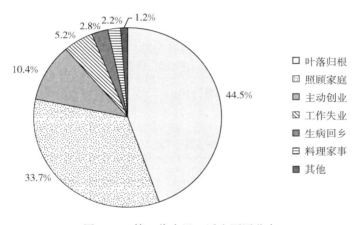

图 4-5　第一代农民工返乡原因分布

（2）无法融入城市生活。第一代农民工承受了我国初级工业化、城市化的负面影响，如今却因年龄和家庭生产周期等原因不再具有劳动竞争优势，也无法真正融入城市或实现市民化，返乡成为多数人的唯一选择，他们普遍认为"城市，留的辛苦"。调查显示，76.2% 的受访者认为自己没有完全适应和融入城市生活，62.6% 的受访者表示自己在生活方式、文化心理、价值观念、行为习惯等方面与城市居民存在较大差异，42.3% 的受访者在城市生活中受到了不同程度的歧视，多数第一代农民工对城市存在"过客"心态。和新生代农民工主动融入城市生活不同，第一代农民工并未将城市作为自己生活养老的最终归宿，94.5% 的受访者没有在城市购买过房产，购买房产的少数受访者主要以投资为主，52.5% 的受访者对自己返乡后的养老生活有了初步的规划，84.2％的受访者在老家留有房产，专门用于返乡后的养老生活。调查显示，第一代农民工在生活方式和消费理念上与城市居民存在较大差异（图4-6）。此外，第一代农民工的社交范围非常狭窄，几乎很少与城市居民来往，交往对象多为同乡或者其他外来农民工。

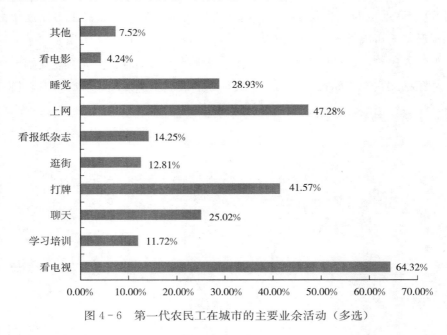

图4-6　第一代农民工在城市的主要业余活动（多选）

（3）返乡主体职业趋近。受教育水平、劳动技能和身体条件的制约，大多数第一代农民工从事建筑、环卫等重体力、低技术工作，其中建筑行业从业者占比最大，这部分群体已成为返乡农民工的主体。2016—2019年调研数据显示，在未返乡的第一代农民工中，建筑行业从业者返乡意愿更强，其中有71.5％的受访者表示会在近5年内返乡，远高于其他领域从业者（图4-7）；在已返乡的第一代农民工中，从事建筑行业者占到了42.5％，且比重还在逐年提升。与其他行业相比，建筑行业属于劳动强度大、技术含量低的工种，对农民工的年龄、体力要求更高，因此建筑行业中的年长农民工会率先面临返乡问题。目前建筑工程多数采取层层承包方式，资金链条薄弱，人员流动性大，劳动关系模糊，用人单位缴费的积极性和农民工个人参保意愿都不高。调研还发现，多数建筑行业第一代农民工返乡后还会不定期就近外出务工，再次外出务工人数占到建筑行业返乡总人数的 51.4%，远高于其他行业返乡人员比重。建筑行业是城市居民和新生代农民工不愿从事的领域，这无形中为返乡第一代农民工提供了一定的就业空间。

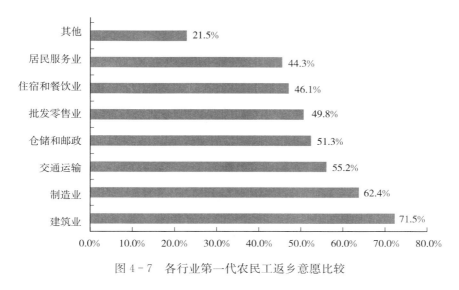

图 4-7　各行业第一代农民工返乡意愿比较

（4）多数缺乏储蓄积累。近几年农民工收入增幅呈下降趋势。2019 年监测数据显示[①]，农民工群体月均收入为 3 275 元，增速比上年回落 0.6 个百分点。调研显示，第一代农民工平均月收入为 2 854 元，低于全国农民工总体收入水平，受访者对于自身收入水平的满意率仅为 36.2%。第一代农民工青壮年时期打工所赚的钱，大部分用于子女教育、维持家庭生活开支和寄钱回家盖房，没有作为存款沉淀下来，因此年老缺乏足够的储蓄，弱化了养老的经济保障。受访者的收入中平均仅有一半形成年老的储蓄存款，主要支出集中在教育、买房和医疗等几个方面，农业生产性支出和经营性支出不到 20%（图 4-8）。86.3% 的受访者表示，为了子女孙辈生活得更好，愿意推迟"退休"而选择继续工作。目前，返乡第一代农民工的家庭收入构成主要是"务农收入＋务工收入""务工收入＋赡养费"和"务农收入＋务工收入＋赡养费"三类，年龄越大赡养费所占比重越大。调查显示，能够获得赡养费的受访者占比 60.7%，每月能够定期定额获得赡养费的仅占 38.7%，

---

① 数据援引自国家统计局 2016 年农民工监测调查报告。

多数第一代农民工返乡后难以获得稳定的外部经济保障。

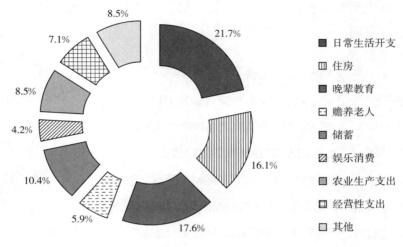

图4-8 第一代农民工主要支出结构

（5）返乡就业务农为主。第一代农民工整体文化水平偏低，返乡后务农取代务工成为其主要就业方式。调研数据显示，有81.5%的受访者具有务农经验，62.4%的受访者每年会定期返乡务农，51.2%的受访者认为自己的农业技术水平可以满足生产需要；有45.2%的已返乡受访者从事农业生产，24.3%会不定期兼业或打工，其中一兼农户占77.2%，二兼农户占22.8%；在返乡务农的第一代农民工中，有85.6%从事大田作物种植，从事劳动力密集型的设施农业种植和畜禽养殖者不到25%①，今后打算扩大种养规模的不到10%，通过适度规模经营成为新型经营主体的不到5%，多数农业生产活动规模偏小，科技含量较低。返乡务农的第一代农民工中，从事自给性为主的农业生产者占66.7%，从事商业性为主的农业生产者占23.9%，受雇于农业龙头企业、种养大户的占9.4%，加入农业合作社的占31.5%，务农活动仍以自给自足为主，市场化、合作化程度较低（表4-2）。与新生代农民工相比，第一代农民工返乡时已到"退休"年龄，无法从事正规职业，原劳动力输出地非正规就业市场容量有限，返乡就业只能局限于务农。

---

① 含同时种植大田作物和设施蔬菜的受访者。

表 4-2　一代农民工返乡就业方式

就业方式	分类指标	样本数	所占比例（%）	总比例（%）
务农	从事自给性为主的农业生产	92	66.7	45.2
	从事商业性为主的农业生产	33	23.9	
	受雇于农业龙头企业、种养大户等	13	9.4	
务工	兼业	44	58.7	24.3
	就近长期打工	31	41.3	
经营	创办企业	8	25.8	10.2
	个体经商	23	74.2	
其他	担任村干部	8	61.5	4.2
	担任基层技术人员	5	38.5	
无	赋闲在家	48	100	16.1

（6）回乡处于裸老状态。目前，第一代农民工参保率很低，基本处于"裸老"状态，很多人将面临老无所依的窘境。一方面，企业追求利润最大化、劳工费最小化，倾向于逃避为农民工缴纳养老保险的义务；另一方面，第一代农民工工作周期短、流动性强、收入不稳定，不愿意缴纳养老保险，很多受访者认为"买养老保险每月都得交钱，不如工资高点实在。"2019年，全国农民工参加城镇职工基本养老保险的比重仅为 27.8%[①]。在受访者中，参加医疗保险的参保率仅为 24.1%，养老保险的参保率仅为 20.9%，远低于同一地区新生代农民工（表 4-3）。工作流动性越强的行业参保率越低，其中吸纳人数最多的建筑行业参保率仅为 5.9%（图 4-9）。超过半数的单位只为部分长期就业员工缴纳养老保险，接近八成的单位按照最低工资标准购买养老保险。很多受访者对养老保险缺乏认识，质疑老了拿不回"收入中扣掉的 8%"，很多地区还出现集中退保现象。在曾经缴纳养老保险的第一代农民工中，有将近 24.5% 的受访者在缴纳一段时间后办理了退保手续。第一代农民工对相关养老保险政策缺乏了解，73.2% 的受访者不了解领取养老金的条件，也不知道补缴政策，很多人退休后才开始关注养老保险。在未缴纳养老保险的已返乡受访者中，有 76.5% 的受访者表示如有机会愿

---

① 数据援引自国家统计局 2019 年农民工监测调查报告。

意补缴养老保险。

表4-3　第一代农民工社会保险参与情况

保险类型	保险分类	所占比例（%）
社会医疗保险	城镇职工基本医疗保险	2.7
	城镇居民社会医疗保险	1.5
	新型农村合作医疗	30.7
	未参加任何社会医疗保险	65.1
社会养老保险	城镇职工基本养老保险	1.3
	城镇居民社会养老保险	1.5
	新型农村社会养老保险	10.5
	失地农民养老保险	8.6
	未参加任何社会养老保险	78.1

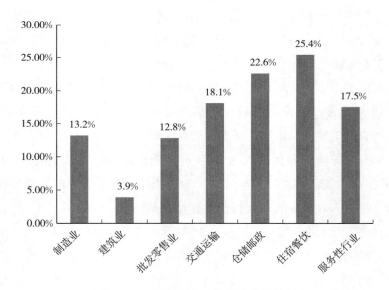

图4-9　各行业第一代农民工参保率

五、农民工返乡就业创业的障碍及影响因素

返乡农民工因就业竞争能力、身体、技能、年龄以及家庭等因素回乡工作与生活，其中仍有很大比例需要在乡就业和创业。就业机会、土地制度、

社会保障、资本获得等因素都会对农民工返乡后的生产、生活和心理产生影响。

（一）就业渠道不畅

农民工在城乡流动中经历了"农民—农民工—农民"的职业循环后，普遍有了新的技能、新的意识和新的视野，成为潜在的乡村精英和社区能人，他们完全有条件成长为懂技术、善经营的致富带头人。然而现实中，多数地区没有为返乡农民工提供有效的就业渠道，很多人回乡只能务农。调研数据显示，农民工返乡后获得工作主要是通过"朋友介绍"和"自己找"，以血缘性和地缘性为基础的社会支持网络发挥关键作用，通过公办或民办职业介绍机构获得就业岗位的不足20％（图4-10）。这种以人际关系为基础的职业获取渠道具有随意性和不稳定性，通常适合寻找类似零工、散工、混杂工等短期工作，而这些工作无法形成持久、稳定的收入。目前基层职介机构发展参差不齐，多数乡镇没有正规的职介所，就业咨询服务体系有待健全。针对已返乡受访者的调查数据显示，82.5％的受访者表示本地没有正规的就业中介服务结构，35.2％的受访者表示现有的中介机构可信度和效率都不高。由于就业渠道不畅，很多受访者难以找到合适的工作，有68.2％的受访者表示返乡后收入水平有所下降。

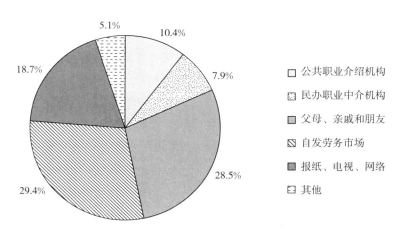

图4-10　农民工返乡后获取工作的主要渠道

（二）培训供需失衡

加强对返乡农民工的职业技能培训，是满足市场需求、提升就业机会的重要前提。目前，返乡农民工对职业技能的重要性认识不足，各地普遍没有针对这一群体开展系统的技能培训，缺乏配套的扶持项目和激励措施。针对已返乡受访者的调查数据显示，87.4%的受访者返乡后没有接受过任何就业技能培训，有16.1%的受访者由于技能无法满足市场需求而处于赋闲状态。有38.5%的受访者有返乡创业意愿，其中43.6%的受访者表示目前开办的各类培训无法满足自身的创业需求，很多地方把农技推广培训与创业培训混为一谈；79.2%具有创业意愿的受访者认为就业和创业服务分散在各个部门，没有实现有效衔接；78.4%具有创业意愿的受访者在参加完相关培训之后没有获得后续服务。当问及目前最需要的培训内容，受访者的排序依次为：专业技能→政策解读→市场动态→沟通技能→财务管理。

（三）扶持措施乏力

很多地方缺乏针对农民工返乡就业创业的支持政策，返乡农民工对现有就业创业扶持措施普遍缺乏了解。针对已返乡受访者的调研数据显示，82.4%的受访者表示自己不了解当地有关就业创业方面的项目扶持政策；81.2%的受访者不了解本地区针对返乡创业者的减税降费制度；76.5%的受访者认为目前的就业扶持措施没有起到明显的效果；65.1%的受访者表示邻近乡镇就业门槛高，农民就业和市民就业存在明显差别对待。针对目前各地扶持返乡农民工创业的配套扶持措施，有创业意愿的返乡农民工受访者认为，一些职能部门服务效率低、服务质量差，让创业农民工跑了很多来回路、冤枉路；创业园区作用发挥力度不强，辐射带动有限；农民工返乡创业项目缺乏可持续的指导，项目跟踪服务不到位；社会保险补贴力度有待提升；网络商户从业人员难以享受到各项就业创业扶持政策。由于返乡时已到退休年龄，各地在开展创业培植项目时普遍都将第一代农民工排斥在目标群体之外。

（四）就业资本不足

就业资本是指劳动力进入市场时可以用来获取工作的各种条件和资源。

根据就业资本的来源不同，可以划分为文化资本、经济资本、权利资本和社会资本。从文化资本角度看，受访者中小学文化水平占 45.2%，初中文化水平占 46.6%，返乡农民工整体受教育水平偏低，获得相关技能证书的不到五分之一。从经济资本角度看，受访者中普遍存在创业资本不足、贷款渠道不畅等问题。银行普遍对高龄返乡农民工提高了贷款门槛，贷款多以担保抵押为主，而返乡农民工普遍缺乏有效的担保抵押品。此外，由于土地资本化水平低，多数无法实现承包权入股。从社会资本角度看，返乡农民工的社会关系主要在城市，农村对很多人是陌生的，而农民工返乡就业主要通过亲戚朋友介绍，创业的起步资金也多来源于亲朋好友，人脉在农民工返乡就业中发挥关键作用。从权利资本角度看，当地政府提供给返乡农民工的权利保障比较欠缺，就近务工农民工难以享有与市民同样的工资和社会保障。虽然务农成为很多返乡农民工的首要就业选择，但是很多农村地区，人口众多，土地缺乏，人地关系紧张，在城镇化建设中大量农村土地被征用，很多地区的返乡农民工面临无地可种的窘境。

（五）创业难度较大

农民工返乡的主要目的是就业、务农或养老，自主创业意愿不强，大多数选择回乡务工或就近兼业打工的方式"赚点生活费"。调研数据显示，多数受访者认为创业投资多，风险大，回本周期长；有 41.5% 的受访者认为创业主要针对返乡青年农民工；有 71.3% 的受访者认为自己难以承受潜在的创业风险。已创业受访者中，有 72.4% 的受访者选择在二、三产业创业；65.2% 的受访者选择生存型创业，即返乡后由于没有其他就业选择或对其他就业选择不满意而不得已进行创业；80.2% 的受访者投入初始创业资金在 10 万以下；72.1% 的受访者表示创业后年收入有所下滑，创业成功难度较大。一些创业活动未能成功的主要原因包括：创业资金筹集难，创业经验不足，产品竞争力差，无法与市场有效对接，土地流转不顺畅等。由于城市和农村的创业环境存在较大区别，农民工回乡后对当地实际情况和市场需求不能准确了解和把握，导致一些地区出现盲目投资现象。比如贵州湄潭的一些受访者因为错误判断市场行情，大规模种植反季节蔬菜而出现滞销。

（六）农民工返乡创业面临问题的核心因素

农民工返乡后面临的就业、创业与养老困境是内外因综合作用的结果，既有个体能力所限，也有宏观制度制约。从更深层次看，这些困境折射出的是城乡二元体制壁垒、劳动力供需失衡、传统家庭结构瓦解和乡土文明消亡等经济、社会和文化问题。因此，破解农民工返乡创业问题，需要从体制机制全方位入手，完善顶层设计，开展制度创新，强化服务保障。一方面可以保证农民工能够长久扎根乡村，另一方面也有利于构筑防止返贫的长效机制。

（1）城乡二元体制下农民工权益的缺失。农民工表面上是一种职业，实际上更是一种制度性身份，正是我国现有的社会制度造就了农民工群体、农民工现象和农民工问题。造成目前农民工就业养老权益缺失的不是单项制度，而是一整套制度设计和安排，包括户籍制度、社会保障制度、劳动就业制度、人事制度、组织制度、人口迁徙制度、教育制度、财政制度、住房制度等。这些制度从总体上将农民工和市民分离开来，让农民工成为一个特定的社会边缘群体。这些制度共同形成了将农民工排斥在外的特殊体制，即农民工体制。农民工体制是城乡二元体制在非农领域的体现，是计划经济在改革开放中重构的产物，具有明显的排外性、封闭性、滞后性和不公平性。比如，二元户籍制度赋予每个人以户籍身份，而且几乎不能改变，这就造成农民工无法融入城市，只能在体制外生存，变成流动人口，在就业、养老等方面面临一系列难题。在户籍制度和与户籍相连的就业制度下，多数农民工遭受了职业门槛限制，被排斥到次属劳动力市场上，从事一些市民不愿意干的工作。由于农民工流动性更强、收入不固定、工作不稳定，他们拿不到"五险一金"，不享有任何保险待遇，几乎完全被排除在社会保障体制之外。在这种体制下，农民工往返于城乡之间，始终无法实现市民化，不能享受到与城市居民一样的就业养老待遇，回乡后又要面临无业与留守的困境。

（2）城镇化发展总体水平偏低且不均衡。我国农村人口流动并不总是从乡村到城市并在城市定居的单向运动，而是城乡之间的候鸟式迁徙，这种流动模式表明农民的就业生活始终无法真正脱离乡村。在现行体制下，进城落户未必一定符合多数农民工的现实需求和最大利益。与新生代农民工期盼彻底离乡进城并融入城市相比，大多数第一代农民工年老时更愿意选择返乡就业和养老，他们更具有返乡情结，更希望叶落归根。然而，我国农村就业市场吸纳大规模返乡农民工的作用有限，仅依靠"离土不离乡，进厂不进城"的农村就地吸纳模式已经无法解决农民工返乡后的生计问题。目前，我国的人口城镇化率已经过半，城镇化建设进入中高速发展阶段，更多的就业机会和便利的生活条件吸引了大量农村劳动力就近转移到乡镇，返乡农民工以乡镇为核心的就地城镇化趋势越来越明显。随着城镇化建设速度不断加快，以乡镇为核心的小城镇已经成为农民工返乡就业的新空间和养老的新归宿，农民工就地城镇化需求不断增长。但是和日渐高涨的需求相比，我国的城镇化总体水平偏低，甚至低于世界城镇化平均水平。滞后的城镇化导致大量农民工返乡后无法向城镇顺利转移，很多只能滞留在乡村就地工作和养老。从空间分布看，我国东、中、西部地区的城镇化发展水平极不平衡，较为明显的是中西部地区城镇化水平偏低，城镇化发展滞后，而这些地区反而是返乡农民工数量最集中的区域。随着我国城镇就业总量和结构性压力不断加大，中小城镇难以在短时间内承受和消化大规模的返乡农民工。与此同时，就地城镇化过程中一系列制度滞后也使大量返乡农民工无法真正实现市民化，仍要以农村土地作为最后的社会保障，就业与养老困境并未从根本上得到解决。农民工返乡将带来新的就业需求和养老需求，这将会影响到新型城镇化建设步伐，也会影响到返乡农民工安居乐业目标的实现质量。

（3）劳动力供求结构性矛盾突出。我国经济的高速增长以及城镇化的加速发展，为农村劳动力提供了很多就业岗位，增加了农村劳动力的转移就业量，经济总量增长的同时也促进了农村劳动力的就业增长。在用人需求猛增的同时，农村劳动力就业难，尤其是转移就业难的现象仍然存在。造成这一现象的原因不是因为社会没有用人需求，而是存在劳动力供需结构矛盾，即就业市场从年龄、文化程度、技术水平、工作经验等方面提出了更高要求。农民工在城市工作面临这些问题，返乡后在乡镇打工仍然要面对同样问题。因为无法满足市场需求，多数返乡农民工只能就近从事短工、零工等非正式工作。从劳动力供求结构看，中华人民共和国成立之后的鼓励生育政策造成了劳动力供给严重超过了劳动力需求，大量富余劳动力只能向城市转移。由于自身条件所限，在农民工与雇主的权益博弈中，雇主始终处于优势地位。随着返乡潮的出现，农村劳动力开始出现回流倒灌，而农村和邻近城市劳动力需求并未在短时间内扩增，这种劳动力供求结构失衡将会变得越来越明显。当前我国经济正处由高速度、粗放型增长到中速度、质量提高型增长转变，需要更多发挥科技创新的拉动力和增大科技对增长的贡献率。然而以科技创新促转型稳增长的发展道路决定了劳动力就业结构必然要经历一场调整和升级，高新技术劳动力需求不断上升，低技术劳动力将面临转型压力。对于处于弱势地位的农民工而言，无论是就地求职还是就近打工，都会受到这种转型升级的影响，仍然要面对"有人无工做"的结构性供需矛盾。

（4）家庭裂变和代际分居不断加剧。改革开放后，我国社会经济随之转型，人口结构发生了变化。自实行计划生育制度以来，农村人口生育率大幅下降，家庭丧失了家庭成员相互照顾的人口基础，使得农村"养儿防老"的养老观念不再具有人口条件。目前出现的"四二一"或"四二二"家庭结构可以形象描绘出家庭裂变对养老模式的冲击。由于农村家庭结构趋于小型化和核心化，赡养所需要的资金、精力和时间也很难满足农民工的养老需求，于是出现了"靠儿女不如靠自己"、自给性养老等现象。农民工的收入可以在"自己在城镇，家属留乡村"的条件下维持全家生活，然而随着城镇化建设和物价上涨，如今更多的农民工要养育留守孙辈，甚至还要为子女进城、孙辈上学买单，这无形中加剧了农民工的养老负担。从代际关系角度看，第一代农民工在城市务工挣钱，由于市民化程度低且"乡土情结"浓厚，年老之际多数会选择返乡就业养老；而新生代农民工进城务工或求学后，在城市文明熏陶下逐渐与乡土社会断绝了文化纽带和情感联系，开始具备市民化条件，他们多数倾向于在城市长期定居生活。于是在农民工群体中会出现代际分居，农民工返乡后长期和子女分离，家庭供养资源越来越少，导致农民工的生理需求和心理需求都难以得到满足。

（5）土地保障功能逐渐弱化。作为农业的基本生产资料，土地的生产功能毋庸置疑，但是在我国的特殊国情下，除了生产功能外，土地还具有多种保障功能，最典型的是土地还承载着农民工返乡后的就业保障和养老保障功能。通过农业养老、互惠养老和地租养老等具体形式，土地所具有的生产资料和社会保障双重功能在一定历史条件下得到了极大发挥，但是随着农业产业结构的调整、土地流转的加速，土地养老的保障功能呈现逐渐弱化的趋势：子女外出务工，老人在家务农，务农成为很多农民工返乡后的主要就业形式，家庭中也逐渐形成了"半工半耕"的代际分工模式，传统的以土地为基础的生活模式被彻底打破；由于农产品具有体积大、价值低、易腐烂、储运难等特点，加上农产品市场价格不稳定，产销信息不对称，农业生产面临风险较大；近几年，农产品价格不断走低，生产成本逐年提升，农产品经营绝对收益呈下降趋势，从事农业的比较收益越来越低；随着土地规模流转，农村出现家庭无土地现象和土地集中的规模经营趋势，土地已经不足以承担起抵御全部生活风险的重担，土地保障出现了虚化现象；土地流转下，对于失地农民工的经济补偿及其他补偿制度还不健全，失地农民的后续生活仍无法保障。代际分工现象出现、农业价格和成本双重因素挤压、土地流转提速，这些因素造成土地不再具有稳定的养老保障功能，农民工并不再是拥有一块土地就拥有一切保障，因此加重了农民的生计脆弱性，提升了农民工回乡后的返贫风险。

（七）农民工返乡创业意愿的影响因素分析

为进一步了解影响农民工返乡创业意愿的主要因素，我们选择二元Logistic 回归分析方法分析个体就业决策行为。在建立模型时，被解释变量为农民工返乡就业的意愿，只有"有意愿返乡就业"和"无意愿返乡就业"两种情况，前者的解释变量为 1，后者的解释变量为 0。二元 Logistic 回归模型的理论基础为二元选择理论，即模型因变量为非此即彼的二元变量，模型函数为逻辑概论分布函数（见公式）。公式中 P_i 为返乡者有无返乡就业意愿的概率，β 为待估计参数，X_i（$i=1$，2，……，10）为解释变量的一个向量，μ 为误差项。解释变量共有 10 个，分别为年龄、性别、文化程度、打工年收入、交际能力、经营管理能力、风险承担能力、是否具有相关就业经验和技能、对返乡创业政策环境的认知程度，解释变量均为虚拟变量（表 4 - 4）。通过对数据整理，我们用 SPSS 22.0 对样本数据进行二元Logistic 回归分析。经检验，模型的 Cox & Snell R^2 值为 0.538，拟合效果良好（表 4 - 5）。

$$P_i = F(Z_i) = f(\alpha + \beta X_i + \mu) = \frac{1}{1 + e_i^z} = \frac{1}{1 + e^{-(\alpha + \beta X_i)}} \quad (4-1)$$

$$\ln \frac{P_i}{1 - P_i} = Z_i = \alpha + \beta X_i + \mu \quad (4-2)$$

表 4-4 模型的解释变量和说明

变量名称	变量定义
年龄	20～30 岁以下＝1；30～40 岁＝2；40～50 岁＝3；50～60 岁＝4；60 岁以上＝5
性别	男＝1；女＝0
文化程度	小学及以下＝1；初中＝2；高中＝3；大学及以上＝4
打工年收入水平	2 万元以下＝1；2～4 万元＝2；4～6 万元＝3；6 万元以上＝4
交际能力	差＝1；一般＝2；强＝3
经营管理能力	差＝1；一般＝2；强＝3
风险承担能力	差＝1；一般＝2；强＝3
就业机会识别能力	差＝1；一般＝2；强＝3
是否具备相关就业经验和技能	是＝1；否＝0
对返乡就业政策环境的认知程度	不了解＝1；了解一些＝2；较为了解＝3；非常了解＝4

表 4-5 农民工返乡就业创业意愿模型

变量	回归系数	Wald 值	显著性
年龄	0.057	0.431	0.512
性别	−0.2	0.623	0.416
文化程度	0.537***	17.902	0.000
外出就业年收入	−0.682***	27.602	0.000
交际能力	0.289**	5.508	0.017
经营管理能力	1.012***	48.607	0.000
风险承担能力	0.427***	9.01	0.002
就业机会识别能力	0.413**	7.062	0.007
就业经验技能	0.427**	4.672	0.029
就业政策环境认知	1.140***	57.562	0.000
常数项	−6.251	85.245	0.000

（续）

变量	回归系数	Wald 值	显著性
样本个数		881	
X2 统计值		465.763	
Cox & Snell R^2		0.412	
Nagelkerke R^2		0.546	
预测准确率		81.50%	

通过简单的模型回归分析我们可以看出，返乡农民工的年龄和性别对其就业意愿并无显著影响，未通过显著性检验。返乡农民工的非正规就业本身对性别和年龄要求普遍偏低，因此性别差异和年龄大小对其就业、创业意愿不起支配作用。农民工文化程度在 1％的显著水平上通过检验，且系数为正，说明个体文化程度越高，返乡就业的意愿越强，也越容易找到合适的工作，创业成功率也越高。一般情况下，文化程度越高，知识积累越多，就业优势就越明显，也越能在乡镇找到工作，同时这部分人回乡后通常不会从事种养工作，在第三产业从业比重较高。打工年收入在 1％的显著水平上通过检验，系数为负，说明农民工在外打工年收入越高，回乡就业意愿越弱，会推迟回乡就业与养老的时间。农民工返乡就业选择是基于机会成本的大小，在就业收入和返乡养老之间进行权衡比较。从理性经纪人角度出发，当返乡就业机会成本过大时，农民工通常会选择推迟回乡而继续工作，这无形中会提升农民工返乡后的平均年龄。人际沟通能力在 5％的显著水平上通过检验，且系数为正，表明良好的沟通能力和充足的社会资本有助于提升农民工返乡创业意愿。经营管理能力、风险承担能力和创业机会识别能力均在 1％的显著水平上通过检验，且系数为正，表明这三个指标相较于交际沟通能力而言，更有助于提高农民工返乡创业的意愿。创业过程中需要与人交往，良好的交际能力可以促进共识和合作，为返乡成功创业奠定良好的基础；农民工只有具备一定的机会识别能力，才能够善于发现当前市场上存在的就业、创业机会，提升返乡就业、创业的成功率；经营管理能力是农民工返乡创业的基本要素，经营管理能力强的返乡农民工，其实现资源优化配置的能力就越强，返乡创业的成功率就越高；风险承担能力强的农民工大多具有一定的

资本积累，承担能力越强返乡创业意愿越强。农民工是否具有相关就业经验和技能在5%的显著水平上通过检验，且系数为正，表明拥有相关经验和技能能够提高农民工返乡就业、创业意愿。那些具有丰富专项技能和经验的返乡农民工往往创业成功率很高，在回乡后可以找到长期、稳定的工作，并且可以将创业风险降至最低。农民工对就业创业政策环境认知程度在1%的显著水平上通过检验，且系数为正，说明农民工返乡就业意愿与政策环境密不可分，有效的返乡就业支持政策可以调动返乡农民工的就业积极性，刺激返乡者的创业活力。

通过简单分析我们发现，农民工返乡创业基于个体发展资本积累情况和外部政策支持环境的优劣。由于农民工返乡时多数年龄较大，积累了一定的技能和积蓄，具备一定的发展资本。在没有外部条件激励的情况下，多数人返乡后会进入养老状态，不再外出就业；当外部条件允许，个人能力与岗位要求相匹配时，个体会积极主动选择创业。因此，为了充分优化返乡人口的劳动力结构，政府需要针对年龄较低、体力较好的农民工开展各类技能培训，提高其知识水平；引导有一定经验、一定积累的农民工就近就业创业，提升其返乡后的收入水平。政府应提高组织协调各类就业资源的水平，为返乡农民工拓展就业渠道，搭建创业平台；发展地区特色产业，加快配套基础设施建设，为返乡农民工创造良好的创业环境；扩大创业优惠政策的宣传力度，为返乡农民工牵线搭桥，拓展其发展领域，提升其社会资本，调动其就近创业积极性。

六、返乡农民工创业培植模式探索

目前，各地政府对返乡农民工创业问题的重视程度还有待提升，基层还没有针对这一群体开展具体的创业培植实践创新，政府在就业创业扶持和保障机制创新方面缺乏针对性和实效性，没有针对这一群体的差异化需求开展外部干预和政策引导。针对各地开展有关农村创业培植的具体实践，我们择其一二进行介绍，希望对今后开展农民工返乡创业培植工作提供参考。

（一）"领头雁"工程

南充市的做法是将乡镇发展与农民工返乡创业相结合，将返乡农民工的创业范围拓展到旅游服务、基础设施建设、公共服务供给等方面，有效实现了地区发展和个体发展的共赢。依托这种共赢思路，地方政府在解决返乡农民工就业创业方面更有积极性，也更容易在就业扶持方面出"实招"，求"实效"。在产业选择上，多数农民工集中在城市二、三产业，政府也主要将返乡农民工导向其熟悉的领域，这样能够快速提升返乡农民工的角色转变，使其更好地融入到既有产业发展体系中，提升其就业适应性。政府在实践中注重发挥"领头雁"的传、帮、带作用，以点带面带动返乡农民工就地就业，避免了回乡农民工再就业的无序流动，让回乡者就地扎根，就近发展。此外，将返乡农民工就业与本地基础设施建设、公共服务体系建设相结合，更有利于满足返乡农民工今后的养老需求，防止返乡返贫现象的发生。

 案例 4-6

南充市"归雁计划"

南充作为四川省第二人口大市和第一劳务大市，常年外出务工人员超过200万人。为实施"归雁计划"和壮大"归雁经济"，南充市推进以"返乡创业园、园区企业流水线、现代农业生产线、电商平台物流线、城镇三产服务线"为主要内容的"一园四线"返乡下乡就业创业引领工程，积极搭建就业创业平台，拓宽就业创业渠道，确保返乡农民工稳定就业和成功创业。全市围绕园区企业流水线、现代农业生产线、电商平台物流线和城镇三产服务线，营造"雁归故里、投资家乡、造福桑梓"的浓厚氛围，激活农民工返乡发展的内生动力。全市围绕汽车汽配、油气化工、丝纺服装、轻工食品等传统优势产业，在转型升级中发展配套产业，通过支持发展新产业、新业态、新技术和新模式，引导农民工把适合的产业、项目转移回乡。具体措施主要包括：鼓励返乡人员充分开发乡村、乡土、乡韵潜在价值，发展休闲农业、林下经济和地域特色突出的乡村旅游，把小门面、小作坊、小庭院、小种养升级为品牌连锁店、休闲观光区和农业产业园；倾力打造"互联网＋农业园＋采摘体验"模式的示范园区、示范企业和示范户；鼓励有一定资金、技术和管理经验的农民工回乡创业，支持有技术、懂经营的农民工开展农机作业、农资配送、产品加工、农技推广等新型农业产业化服务，创建农村劳务合作社、劳务服务公司等；扶持返乡农民工通过租赁、转包、入股、托管等多种方式创办农业产业化龙头企业、农民专合社、家庭农场、林场等新型农业经营主体；鼓励有条件的返乡农民工积极参与易地搬迁、乡村公路、农田改造和水库、堰塘及配套渠系等涉农项目开发；依托农村电商巨头开展电子商务进农村和交易平台渠道下沉，发展农产品销售、商贸流通等各类服务业；依托阆中古城、南部升钟湖、朱德故里等景区景点，发展线上线下"休闲南充"旅游咨询、"仙居南充"主题酒店等旅游电商平台；搭建南充"互联网＋农家乐"等休闲观光、农家宴服务平台，加大网上营销力度，促进农民工返乡创业就业；鼓励返乡创业人员从事健康养老产业，民办教育、民办医院、文化娱乐企业等，推动城镇教育、卫生、文化等公共服务产业蓬勃发展；支持返乡创业人员融入新城建设、城市扩容、旧城改造和新农村建设，创办一批在道路、桥梁、管网、房地产等领域的配套企业。（摘自调研时四川省人民政府网相关宣传材料）

（二）"一揽子"服务

多数农民工返乡时已近退休年龄，很难就地实现正规就业，多数选择务农或收入很低的临时工，要想提高收入只能在创业上做文章。和普通就业相比，创业没有对个体年龄的限制性要求，形式更加多样，能够实现发展资本的最优配置，因此很适合积累一定经验和积蓄、具备一定眼界和见识的高龄农民工。潍坊探索的"一揽子"服务模式主要针对返乡人员创业活动设计，目的是通过捆绑打包的方式将创业扶持资源和服务整合在一起，让创业培植服务更加精准高效。其探索的"自主点菜式"培训可以满足不同类型创业主体的个性化需求，相较传统技能培训更具针对性。根据潍坊实践启发，政府应针对返乡农民工自身的特点开展创业培植服务，培植对象应是那些有创业热情、具有一定积累、抗风险能力强、年龄偏低的返乡者，将优惠政策和服务采取"一揽子"方式提供，这种"服务包"的供给形式一方面可以免去创业过程中的烦琐手续和流程，另一方面可以提升创业培植服务的瞄准性。

 案例 4-7

潍坊"一揽子"服务模式

山东潍坊立足农业供给侧结构性改革新形势，为返乡农民工量身打造农村"创业套餐"，探索建立政策扶持、平台孵化、人才培养、专项活动、教育培训等"一揽子"农村创业服务模式。主要做法包括：简政放权，对从事无店铺零售业经营的个体工商户允许"一址多照"；允许物理分割地址或集中办公区登记为个体工商户经营场所；允许电商平台从业者将众创空间、住宅、公寓等登记注册为营业场所；全面实施"多证合一"登记制度，实行"一证一码"登记模式，到农村创业享受国家农业产品增值税13%的法定税率；保障返乡农民工劳动权益，按规定将返乡农民工纳入各项社会保险；各级人社部门为返乡农民工创业实体提供用工指导、员工招聘、技能培训、档案代理等基本服务；在符合规划的前提下，优先支持返乡农民工创业项目所必需的厂房、仓库、养殖场、晾晒场等设施用地。针对返乡农民工文化水平不高、技术创新意识薄弱等问题，潍坊市改变过去政府"单一配菜"的培训模式，探索实施"自主点菜式"精准培训模式，实现创业农民需求与培训内容供给的"无缝对接"。（摘自调研期间的汇报材料）

（三）"孵化点"集群

考虑到异地创业的困难，临西把创业孵化带到了家门口，让返乡农民工就地创业。返乡农民工虽具备一定的发展资本，但是个体有限的资本积累脱离其他资源支撑难以发挥效用，孵化点集群的功能就是发挥资本的集群效应，优化配置各种发展资源，形成彼此优势互补、风险共担的孵化网络。在实践中，临西推出的税费减免优惠很适合返乡农民工的需求，从农民工熟悉的种养业出发进行创业孵化也符合一部分农民工具备务农经验的特点。临西经验告诉我们，开展农民工创业培植需要从孵化开始循序渐进，通过集群效应避免"单打独斗"的劣势，实现创业资源内外整合与互补。

 案例 4 - 8

临西构建"孵化点"集权

河北临西围绕返乡农民工的多样化需求，将轴承工业园区、运河工业园区、东留善固工业园区内闲置的房屋、土地等纳入孵化基地范围，同时在 9 个乡镇增设适宜创业的孵化点，形成了贯穿全县东、中、西部，辐射 299 个村的孵化大网络。孵化基地由点及面，面积从 1 500 平方米逐步扩展到 1.2 万余平方米，可多吸纳 500 家创业团体和个体入驻。各孵化点按照统一标准、分区管理的模式进行规划，结合创业项目实施盘活，以出租、抵押、入股等形式支持返乡农民工开展项目。将创业孵化点设在离返乡农民工家门口最近的地方，可以享受与孵化基地同样的待遇。考虑到农民工群体特点，为鼓励其从事熟悉的领域、施展对口的技能，临西县决定把属于第一产业的种植、养殖业纳入扶持范围。与此同时，临西县还在减轻创业负担、激发创业活力方面下足了功夫。不断简化创业住所登记手续，允许"一址多照""集群注册"，实行"五证合一"登记制度，减轻跑办负担。对符合条件的返乡创业人员，依法落实减征企业所得税、免征增值税等税费减免政策，在各职能部门推行零收费，减轻资金负担。鼓励银行业金融机构开发符合返乡创业需求特点的金融产品和金融服务，提高返乡创业人员的金融可获得性，降低创业风险。（摘自调研期间的汇报材料）

七、保障农民工返乡创业的对策

农民工返乡后面临就业与保障诸多难题，这不仅事关个人生计保障，更影响着农村社会的稳定与发展。结合农民工自身的特点，政府应大力拓宽返乡农民工的就业创业渠道，引导就地就近务工，解决养老保险的转移接续问题，创新公共服务供给模式，让农民工返乡创业无后顾之忧。

（一）健全服务体系，拓宽增收渠道

政府应加大人力财力投入，建立可靠、有效、优质、低廉的就业创业信息服务系统，推进县乡基层就业和社会保障服务平台、中小企业公共服务平台、农村基层综合公共服务平台、农村社区公共服务综合信息平台建设，为返乡农民工就业创业提供信息与咨询。政府应鼓励引导各类劳务中介机构针对农民工年龄偏大、文化水平偏低的特点提供职业岗位、岗位培训、就业管理等方面的服务，支持企业、合作社等经营主体吸纳返乡劳动力，整合资源建立健全农民工就近进城求职服务体系；各地应逐步加大公共财政支持返乡农民工培训的力度，设立职业技能培训专项资金，根据其就业特点、需求和当地特色编制实施培训计划，采取面授、农民田间学校、专家入户指导等形式开展就业技能培训；针对返乡农民工参训积极性差、支付能力低的特点，可通过发放"培训券"等方式来调动其参训积极性；为了促进返乡农民工在城市积累的资金发挥更大效用，实现长期增值，应探索健全现代农业金融服务机制，发展农民资金互助合作组织，建立涉农贷款风险补偿制度，创新农业融资服务方式和农业保险制度。

（二）坚持双向协同，引导创业创新

要强化政府引导与市场主导的协同作用，营造第一代农民工返乡创业的良好环境，支持返乡创业企业与龙头企业、市场中介服务机构等共同打造创业生态系统。政府应引导部分能力强、资源多的返乡第一代农民工进入区域专业市场、示范带和块状经济，鼓励具有一定资金、技术和经验的农民工发展休闲农业、林下经济和乡村旅游，促进农村三产融合，将城市的发展资源转化为乡村的发展动力；要强化回乡创业第一代农民工的示范作用，通过"传、帮、带"辐射带动其他返乡农民工依托本村资源就业、创业；各地要开展第一代农民工返乡情况调研，针对总体状况和基本需求创建农民工返乡创业园，并将返乡第一代农民工作为重要的创业主体加以培植；依托基层公共平台集聚政府公共资源和社会其他各方资源，组织开展专项活动为第一代农民工返乡创业提供系统服务；要探索完善第一代农民工返乡创业社会兜底保障机制，降低创业风险，防止因创业失败致贫返贫；要引导支持本地龙头企业等经营主体建立市场化的创业创新促进机制，依托资金、技术和服务激励返乡农民工依托其产业链创业发展。

（三）完善制度设计，推进保险接续

社会保险是农民工返乡创业的安全网，要想让农民工返乡创业后衣食无忧，必须扩大其社会保险参保率，落实基本养老保险转移接续和城乡保险制度衔接。针对第一代农民工养老保险问题的特殊性，政府应该建立起一种过渡型养老补偿和转移接续制度，将其作为"一揽子工程"推进。比如允许没有养老保险和退休金的第一代返乡农民工办理保险，政府根据自身财力给予一定补助，补贴金额应高于城乡居民养老保险，低于 15 年领取养老金的缴费额；进行全国联网管理，杜绝某些人同时享有养老金和养老补偿；尽快出台建立返乡农民工社会养老保险的相关条例和办法，对统筹范围、收缴技术、缴纳标准、账户异地转移、养老金发放、基金运营管理、保障措施进行统一的规定；提高基本养老保险基金统筹层次，由县级至市级再提升到省级；要将无劳动能力、无人照料的农民工纳入社会救助范畴，通过最低生活保障制度保障他们的最低生活水平。为了让后续农民工返乡后无后顾之忧，政府应大力推动养老保险并轨，尽快推动新农保、城镇居民养老保险并轨，实现全国统筹，让返乡农民工只需要持社保卡，到哪里都能自由缴费、领取养老金。只有保障兜底，才能有效建立农民工防止返贫长效机制，防止农民工返乡返贫现象的发生。

（四）丰富文化生活，促进社会融入

要着力破解农民工的"双重边缘化"问题，促进返乡农民工的社会融入，提高其返乡后的"幸福感"和"归属感"。引导返乡农民工积极参与乡村公共服务供给决策，表达其真实需求，形成"自上而下"与"自下而上"相结合的双向互动式决策机制，让返乡农民工的文化意愿和创业诉求能得到及时反馈；加强农村公共文化服务体系建设，提升公共文化服务的有效供给，特别针对返乡农民工的特点实施各类文化惠民项目；政府部门要鼓励公共文化服务多主体生产和供给模式，形成政府与社会良性互动、共同治理的格局，引导返乡农民工参与乡村文化产业发展，依托文化搞创业；通过政府购买服务的形式，引导基层非政府组织组建志愿者服务团队，开展各种创业培植活动，整合资源助力创业活动；将农民工中的能人和精英培养成为党员，在党员能人中培养村干部，引导农民工参与村级事务管理，调动他们参政议政积极性；通过制订优惠政策引导返乡农民工投身村级公共设施建设，鼓励其投资办厂、兴建学校，强化其参与社区建设的幸福感和荣誉感。

（五）加快城镇建设，强化社会服务

依托农民工市民化，让有条件的农民工彻底脱离土地进城落户生活，是彻底解决农民工就业和养老的根本之策。在拉动内需的资金内设立专项资金，用以提升返乡农民工集中地区的中小城市及其小城镇基础设施建设水平；增加中小城市及其城镇居民社会保障方面的建设投入，为农民工进城就业创业解除社会保障方面的障碍；开展土地流转制度改革，将进城农民工从土地上解放出来，消除"一脚在城里，一脚在田里"现象，明确耕地和宅基地产权，盘活资本，增加收益；建立和完善与农民工市民化相关的制度法律体系，既要全面推进有利于农民工就近城市化的就业制度、社会保障制度、农地退出制度和住房制度改革，又要完善农民工就业、社会保障、住房和教育等方面的法律法规，使农民工就地市民化的权益合法化；各中小城镇的政府要不断提升服务返乡农民工的意识，加快新型城镇化建设，强化公共服务水平，加大对城镇二、三产业的政策扶持力度，催生更多就业岗位、创业机会。

八、小结

在"大众创业、万众创新"背景下，农民工返乡创业对于带动农村劳动力转移就业，促进农民持续增收，推进乡村振兴战略，实现新型工业化、新型城镇化和新型农业现代化的全面协调可持续发展具有重要意义。近些年，农民工返乡创业热情不断高涨，但创业过程中仍面临融资、用地、服务、人才、风险等突出问题。很多农民工返乡创业时，由于资金短缺、贷款困难、

项目缺乏、培训教育不足、公共服务不到位等原因，无法顺利开展生产经营管理活动，空有创业热情而无创业条件，严重影响了返乡创业积极性。为此，需要政府加大政策扶持力度，创新金融服务机制，搭建信息共享平台，提供创业技能培训，全面激发农民工返乡创业热情，让返乡创业农民工回得来、留得住、干得好。为了让返乡农民工能够安心开展各项创业活动，辐射带动农民增收致富，政府需要创造更多就地就近就业机会，加快培育乡村经济社会创新发展新动能，坚持盘活存量与创造新增并举，将普惠性与扶持性政策相结合，促进政府主导与市场主导协同，实现输入地与输出地发展联动。

随着时间推移，农民工群体内部出现了代际更迭，主要分为新生代农民工和第一代农民工两类。新生代农民工是为了区别传统农民工而提出的概念，是指那些 20 世纪 80 年代以后出生，生长环境在乡村，受教育程度低，身份、户籍特征是农民，20 世纪 90 年代开始离开乡村，流入城镇，全职或兼职从事非农产业，并不具备城镇居民身份、户籍，以务工工资为主要收入来源的人员。新生代农民工在年龄特征、教育程度、人格特质、工作目的、就业稳定性、务农经历、工作类别等方面都和传统农民工有很大差异。通过实证研究发现，新生代农民工中，男性农民工相较女性更愿意做出创业选择，年龄越大越倾向于选择返乡创业，已婚个体的创业意愿比未婚个体要强，受教育程度越高返乡后的创业意愿越强，风险偏好强的农民工返乡后更愿意创业。此外，家庭收入、外出务工经历、家庭耕地情况、家乡创业环境等因素与新生代农民工的创业意愿也有显著相关性。针对新生代农民工自身特点，对其开展创业培植需要强调创业培训工作的重要性，采取培训机构面授、远程网络互动等方式开展创业培训，建立健全创业辅导制度，支持返乡创业培训实习基地建设，动员知名乡镇企业、农产品加工企业、休闲农业企业和专业市场等为返乡创业人员提供创业见习、实习和实训服务。和新生代农民工不同，第一代农民工是改革开放后从乡村进城务工的，到达或者接近退休年龄的农民工。从我国农村剩余劳动力转移特征看，第一代农民工的形成主要是由城乡收入差距和工业化、城市化进程决定的，这一群体的主要特点是受教育程度低，外出打工目的单一，自我权益保障意识不强，身份认同不明确。第一代农民工返乡的首要目的是养老，由于他们在城市打工过程中积累了一定的创业资本和管理经验，因此很多第一代农民工返乡养老的过程中也开展了很多创业活动，且创业成功率比新生代返乡农民工更高。目前影响第一代农民工返乡创业意愿的因素主要包括创业资本积累、就业时间、年龄、健康状况、家庭组成、扶持政策等，其中社会保障政策是影响第一代农民工返乡创业意愿的首要因素。为了缓解第一代农民工返乡创业的后顾之忧，政府应当统筹考虑社保、住房、教育、医疗等公共服务制度改革，及时将返乡创业农民工等人员纳入公共服务范围，做好返乡人员创业服务、社保关系转移接续等工作，确保其各项社保关系顺畅转移接入，让第一代农民工可以安心在乡村养老、创业。

农民工创业保障体系应该包括服务体系、政策体系和组织体系三部分。在服务体系建设方面，政府应该加强创业服务平台建设，推进县乡基层就业和社会保障服务平台、中小企业公共服务平台、农村基层综合公共服务平台、农村社区公共服务综合信息平台的建设，使其成为加强和优化农村基层公共服务的重要基础设施；要依托存量资源整合发展农民工返乡创业园，支持和发展一批重点面向初创期"种子培育"的返乡创业孵化基地和引导早中期创业企业集群发展的返乡创业园区；强化返乡农民工创业培训工作，支持返乡创业培训实习基地建设，引导市场主体为返乡创业人员提供创业见习、实习和实训服务；依托基层公共平台集聚政府公共资源和社会各方资源，开展专项活动为农民工返乡创业提供服务；培育和壮大专业化市场中介服务机构，帮助返乡农民工改善管理、开拓市场；引导返乡创业与万众创新对接。在政策体系建设方面，政府应当深化商事制度改革，制定鼓励社会资本参与农村建设目录，取消和下放涉及返乡创业的行政许可审批事项；落实定向减税和普遍性降费政策；加大对农民工返乡创业的财政支持力度，大力发展农村普惠金融，引导加大涉农资金投放，运用好金融服务三农发展的相关政策措施；整合发展农民工返乡创业园，并以投资补助、贷款贴息等恰当方式给予政策支持。在组织体系建设方面，各级政府部门要健全工作机制，明确任务分工，细化配套措施，跟踪工作进展，及时总结推广经验；通过示范带动，探索优化鼓励返乡农民工创业创新的体制机制环境，打造良好创业生态系统；以返乡创业人员喜闻乐见的形式宣传解读好经验好做法，搭建返乡创业交流电子平台，让返乡农民工依托平台分享创业经验、展示创业项目、传播创业商机。

第五章　参与式创业减贫
与防止返贫

　　参与式减贫和防止返贫，就是在扶贫项目设计、规划、实施、监管和验收的整个过程中，采取自下而上的决策方式开展工作，将参与式理念和工作方法贯穿始终，目的是激发低收入者脱贫的积极性、主动性和参与性。外部干预者通过参与式赋权，增强低收入农民对发展项目的拥有感和归属感，让他们真正从"要我增收"转变为"我要增收"。近些年，随着"大众创业、万众创新"的不断推进，各种创业培植项目开始涌现，扶持农民自主创业成为减贫和防止返贫的新路径。将参与式理念引入创业减贫与防止返贫项目，可以提升发展策略施用的精准性，能够为扶贫监测对象提供个性化的咨询服务，最终实现创业培植项目在社区内部的可持续运行。参与式创业培植项目的实施主要分为需求调研、项目计划、组织实施和效果评估四个阶段，每个阶段都应用不同的参与式方法和工具。本章将从参与式理论出发，介绍参与式创业减贫与防止返贫的实践探索、原则理念、实施流程等，力图为参与式创业培植工作构建一个完整的理论和管理体系。

一、参与式理念与精准减贫

　　参与式精准减贫是项目工作人员将参与式理念贯穿减贫和防止返贫工作始终，广泛应用参与式方法和工具，通过让低收入农民参与决策最终实现共同治理状态。参与式理念来源于国际项目，从 20 世纪末就已经被政府接纳并应用于国内扶贫项目。参与式理念普及过程中，减贫工作已经不再是政府自上而下推动，而是转化为多元参与、自下而上的干预活动，目标是实现减贫工作的可持续与内源发展。随着"参与式"理念的引入，传统单中心治理结构开始向多中心治理结构过渡，多元参与治理成为更为合理有效的模式。

（一）参与式理论

自工业文明之光乍现，发展就成为各个国家所追求向往的目标。随着二战之后发展研究逐渐成为一种"显学"，诸多发展思想和模式应运而生。以现代化理论为代表的传统发展理论始终以"经济增长"作为发展的核心目标，其"所要求的模仿西方发达国家的核心是经济增长"[①]，希望通过经济增长使发展中国家与发达国家接轨，复制发达国家的发展之路。但是几十年的实践表明，真正能与发达国家接轨的发展中国家寥寥无几，大部分国家在获得"现代性"的同时却被"内在殖民化"和"拉美化"了。一些国家获得经济增长的同时引发了社会阶层机构的畸形，经济发展无法惠及民众，社会长期动荡不安，"并落入为世人诟病的万劫不复的锁定状态"[②]。社会学意义上的社会良性运转与可持续发展的关键是让社会各阶层都能享受到发展带来的好处，从而实现"帕累托改进"，如果以牺牲底层民众的利益换取发展限度，就会陷入有增长没发展的"内卷化"困境，这也就是为什么传统发展理论会被众多学者诟病的原因（崔效辉，2010）。

随着对传统发展理论不断的反思与批判，20世纪60年代学术界又提出了参与式发展理论，作为对传统发展实践的一种回应。参与式发展理论认为，传统发展理论忽视了具体发展环境的复杂性和异质性，"因此任何一种成功的发展模式并不能直接复制或移植到不同的环境中，而是必须因地制宜、实事求是。"[③] 发展干预的过程需要考虑社会复杂性，并对背景有一定研究和了解，任何干预模式都无法脱离现实环境，任何对成功经验的复制和移植都可能导致干预的低效和彻底失败。此外发展不能忽视"人"的重要性，必须保证发展的成果能够让利益相关者分享，让他们参与到发展干预的过程当中。参与式发展干预是一种微观发展理论，始终强调真正的发展干预

---

① 李小云. 参与式发展概论 ［M］. 北京：中国农业出版社，2001：10.
② 许前席. 作为政治问题的农民问题 ［J］. 战略与管理，2002（1）：31.
③ Vabdana D，Robert B P. The Companion to Development Studies，Oxford：Oxford University Press，1997：203.

是建立在一种互相尊重、平等协商的基础之上的，"外来者"始终只起协助作用，社区成员才是真正发展主体，只有这些成员积极、主动参与到干预过程的始终，社区才能实现可持续、有效益的发展。参与式理论本身是对发展干预者提出了新的挑战，干预者不再是干预过程的"指挥家"，而是一种辅助推动力，而"'参与'原则的提出，使'参与式发展'模式成为一种确保被干预者充分参与干预过程的制度形式，这使得'参与'概念具备了制度属性。"①

虽然我们可以从多角度理解参与式发展理论本身，但是有三层含义是基本不变的：首先是对弱势群体的赋权，引导他们参与其中并分享发展的成果，这是政治学视角下的参与式发展；其次是强调社会变迁过程中各个主体之间的互动关系，所有互动主体平等参与发展过程始末，这是社会学视角下的参与式发展；最后是强调发展干预者应该从效率视角来认同"参与"本身，这是经济学视角下的参与式发展。

（二）政府的多中心治理

提到"参与式"，不能不提到经典的多中心治理理论，这种理论是从宏观角度分析了政府"参与式"策略的供给路径和方式，并强调了策略多中心供给的重要性。集权与分权是两种看似对立的制度安排，集权制度降低了公共物品供给的转换与交易成本，增加了管理过程中的信息和策略成本，进而成为滋生寻租与腐败的温床。集权治理中，决策权是在等级制的命令链条中被组织起来，成为一种单一的终极权力中心。为了超越这个中心，Elinor Ostrom提出了多中心治理理论，并构建起多中心治理模式下的多中心制度安排。

在 Ostrom 之前，"朝仙山学会"代表人物 Michael Polanyi（1951）就首先提出了"多中心"（Polycentry）概念，目的是证明自发秩序的合理性并阐明社会管理可能性的限度。在他看来，"多中心"就是"负重框架上各顶点的相互移动"，这种相互移动状态便形成了"多中心秩序"（polycentric order)，而将现有要素进行排列组合就产生"多中心任务"（polycentric

---

① 毛绵逵，李小云，等．参与式发展：科学还是神化［J］.南京工业大学学报（社会科学版），2010（6）：69.

task）。Ostrom 强调自发秩序和自治只是基础而不是全部，从而将"多中心"理念从秩序层面上升为治理层面，并将"多中心"诠释为一种参与者互动和能力创立过程中的治理规则和形态。Ostrom 在研究小规模公共池塘资源（The common pool resources）的治理问题时将个体视为社会人和复杂人，这些人在社群习惯规则的影响下改变着现有治理规则，同时创造新规则。"在这种情况中，人们经常不断地沟通和打交道，因此他们有可能知道谁是能够信任的，他们的行为将会对其他人产生什么影响，对公共池塘资源产生什么影响，以及如何把自己组织起来趋利避害，于是人们在实践中拥有了共同的行为准则和互惠的处事模式，他们就拥有了为解决公共池塘资源使用中的困境而建立制度安排的社会资本。"[1] Ostrom 剖析公共资源治理的微观机制时，并没有将分析单位始终定格在个体，而是扩展到企业、机构、政党甚至民族国家，只要这些对象面临着相似的战略模式，并且策略是相互影响、行动是共时发生的，都可以被作为多中心治理研究的分析单位。比如分析组织关系的单位是假设的理性人，而进行社群分析时单位则转变为社会人或复杂人。此外，在多中心治理研究中，自主治理模式始终是学者探求的焦点。"多中心体制设计的关键因素是自发性，自发性的属性可以看作是多中心额外的定义性特质，"[2] 在自主治理模式下，自发秩序开始形成，而这种自发秩序即多中心秩序被界定为"在其中许多因素的行为相互独立，但能够作相互调适，以在一般的规则体系中归置其相互关系"[3] 的状态。由于多中心治理下的有序关系是自发孕育的，因此自我组织的倾向就会在不同行为层次上发生，同时决策、监督以及制度开始在社群内部形成，而导致外部权威作为一种干预力量发挥作用的前提便是适应这种内源形成的自治体制。和传统的官僚治理模式相比，多中心具有三个明显的优势：首先，多中心治理结构为公民提供机会组建多个治理当局，个体能够同时在几个政府单位中保有公民身份，而且"一个管辖单位的官员不能对其他管辖单位的官员行使上司

---

① 埃莉诺·奥斯特罗姆. 公共事物的治理之道［M］. 上海：上海三联书店，2000：275.
② 迈克尔·麦金尼斯. 多中心治理体制与地方公共经济［M］. 上海：上海三联出版社，2000：78.
③ 迈克尔·麦金尼斯. 多中心治理体制与地方公共经济［M］. 上海：上海三联出版社，2000：76.

权力，不能控制他们的职业发展，"① 于是权力流动就打破了旧有的线性科层治理框架；其次，多中心避免了公共产品或服务提供的不足或过量问题，有助于"维持社群所偏好的事务状态"②，通过多层级、多样化的公共控制将外部事务治理内部化，通过将服务或产品打包提高它的经济效益，使公共治理具有私人治理的特征，进而减少了搭便车之类的公共困境；最后，多中心确保了公共决策的民主性和有效性，使旧有决策中心下移并在多层次展开，有效利用地方性的时间、地点信息作出合理科学的决策。和传统治理模式相比，多中心治理实际上是分权行政的一种，但多中心并不代表必然的分权（表5-1）。

表5-1　四类治理运行机制的比较

| | 集权行政 | | 分权行政 | |
	官僚制	极权	多中心	分散
治理方式	制度化、层级节制	人格化、越级指挥	制度化、协商、适度竞争	无规则、过度竞争
自主性	部分	无	自主为基础	完全自由放任
适用范围	事务单一，范围大	特别时期和场合	事务多样、范围可小可大	公共悲剧
效率	有效	多无效	有效	无效

资料来源：王兴伦. 多中心治理：一种新的公共管理理论［J］. 江苏行政学院党报，2015（1）：96.

从微观角度讲，多中心治理理论始终强调公共物品的多个供给者、公共事务的多个决策者，力图在保有公共性的同时通过参与者提供同类物品，在单一部门垄断的公共事务上建立一种竞争或准竞争机制，进而实现成本降低、质量提升、回应性增强以及选择性自由。从宏观角度讲，多中心治理模式要求一种政府和市场的共同参与和治理合作的状态，既要保证政府在公共事务上的公共性和集中性，又要充分发挥市场回应性和高效性的优势，构建一种合作共治的公共事务治理新范式。该理论的核心实际上在强调政府的新角色和新任务，政府应该从传统的直接管理者退居为中介者，从直接监管转为间接监管。

---

① 埃莉诺·奥斯特罗姆. 制度激励与可持续发展［M］. 上海；上海三联出版社2000；205.
② 埃莉诺·奥斯特罗姆. 公共事物的治理之道［M］. 上海；上海三联书店，2000；46.

（三）参与式减贫与防止返贫的内涵

多中心治理理论指出，治理主要依靠处理共同事务过程中相关参与者之间的相互影响、相互协调和相互调和来运行①。多中心治理强调了权力的科学分配、政府权能下放和多主体参与，即在项目运作中应该包含所有利益相关者，并且赋予其相应的权责。但是在我国传统扶贫项目中，扶贫资源的配置具有政府主导和行政指令性特征，贫困农民在扶贫项目决策过程中的主动参与性不足，多数时候被当作策略的施用对象，最终导致扶贫项目情况摸不清、针对性不强、资金指向不准等问题。现行的减贫和防止返贫制度在设计上存在很多缺陷，很多发展项目采用粗放性"漫灌"，"扶农"而不"扶智"，帮扶资金"天女散花"式发放，以致"年年扶年年贫"。"精准减贫与防止返贫"是新时期党和国家防止返贫工作的精髓和亮点，是对传统扶贫方式的创新，是一种对低收入群体实施精确识别、精确帮扶、精确管理的帮扶方式，特别强调了帮扶对象的"参与"。

精准减贫与防止返贫的参与式治理，是指在精准减贫与防止返贫过程中，从帮扶目标确定、帮扶需求获取、帮扶对象瞄准、帮扶资源分配、帮扶方案设计、帮扶项目实施、帮扶效果评估的整个过程中，政府、社会组织、低收入农民等利益相关者都参与进来，民主决策、协同行动，形成一个帮扶与脱贫的共生系统和合作网络。这种帮扶模式强调了多元主体参与、多中心治理和农民赋权，突出表现在帮扶资源来源的多渠道性、决策形式的多样性、决策过程的民主性等特征。参与式精准减贫与防止返贫本质上是一种新型的治理结构，它赋予低收入群体更多的话语权和决定权，让众多利益相关者能够参与到和自身利益相关的帮扶决策中。参与式减贫与防止返贫治理不仅赋予了低收入农户一定的政治权利，也赋予了其经济权利、生态权利和资源环境权利，形成了一个有利于低收入群体增收的权利集，能够最大限度保障低收入农民的生存和发展权利。

21 世纪以来，我国扶贫工作的一个重要转变就是将扶贫资源的县级瞄

---

① 格里·斯托克. 作为理论的治理：五个论点 [J]. 国际社会科学杂志（中文版），1999 (1)：19 - 20.

准转变为村级瞄准，扶贫工作精确到村到户，参与式策略也开始被应用到各类扶贫项目当中并成为重要的技术手段。党中央、国务院在《中国农村扶贫开发刚要（2001—2010 年)》中就曾经强调了参与式扶贫的重要性，并引导各地采用参与式扶贫村级规划方法。各类国内外扶贫项目实践也引入参与式扶贫方法，让贫困农民通过参与和赋权实现生计可持续发展。2015 年 11 月 29 日，《中共中央国务院关于打赢脱贫攻坚战的决定》出台，明确指出"坚持群众主体，激发内生动力"，要处理好国家、社会帮扶和自身努力的关系，增强贫困人口自我发展能力。政府逐渐认识到贫困是因为缺少权力而不是金钱，赋予穷人更多的权力是消除贫困的必要条件，呼吁"不把贫困人群作为消极或被动的受助者，而是相信他们有自我发展的愿望和能力，"即坚持参与式减贫，把选择权留给民众。参与式减贫与精准减贫的关系主要体现在以下几个方面。

（1）参与式减贫是夯实精准减贫的政治基础。政府在开展扶持政策供给和资源分配过程中，始终存在与多元主体的互动关系，这就必然涉及利益和权力分配的政治过程。此时，参与式原则和理念会在两个层面发生作用：一方面是通过赋权保护个人权利，确保低收入农民的利益不被权力所有者忽略；另一方面，可以实现共同体内部在公共利益基础上对共同目标的认可，并努力实现这一目标。精准减贫通过赋权避免低收入农民被社会排斥，通过帮扶单位、驻村干部深入基层，提升帮扶政策的合法性，增进主体间的互信；通过赋权确保低收入农民的信息获取、话语表达、舆论监督等一系列公民权利的实现，能够让多元主体获得项目评估、决策、执行的自主权，实现多元利益相关者之间的权力分配的再平衡；通过赋权增进包括低收入群体在内的社会大众对帮扶政策的认可，将民意有效转化为政权合法性的规范性来源。在实践中，将参与式减贫引入到减贫和防止返贫实践中的对象摸底、入户调查、民主评议、村内公式等环节，让低收入农民了解国家帮扶政策的准入标准、主要内容、基本要求，确保他们对项目的知情权和话语权，这是项目顺利落地的政治保障；通过自建自营、联建联营、合作经营、集体托管和企业带动等多种形式，引导多元主体参与发展项目，明确不同主体的权责范围，整合优化上下游的帮扶资源，最终形成发展项目的多中心治理，这是项目顺利落地的政治前提。

（2）参与式减贫与防止返贫是促进主体合作的行动框架。参与式摒弃了传统的"协而不商、议而不决"的低效参与，目的是促进集体行动的顺利、高效开展。参与式减贫与防止返贫可以构建多元主体合作的行动框架，并从三个层面发挥作用。一是行动场域。参与式减贫与防止返贫通过构建多元主体合作的"行动场域"，拉近了不同主体之间的距离，更为他们提供了交流、协商的渠道和机会。二是协商共识。参与式减贫与防止返贫工作开展的过程也就是协商合作的过程，各类主体的交流协作都是在公共空间或场域进行，这样有助于增进互识和规范行为，促进协商共识的达成，最终形成在特定场域中的非正式行为规范和准则。三是培育能力。低收入农民在参与项目过程中可以锻炼并培育自身的信心和能力，提升权利意识，增强维权观念，强化个人素养，项目的开展也是人才开发的过程。总之，参与式减贫与防止返贫项目搭建了平等、自由、包容的行动舞台，促进了不同主体之间的协商和对话，最终形成了长期、稳定的合作关系，使项目成为实现弱势群体实质性赋权的有效路径。

（3）参与式减贫与防止返贫是确保公正公平的价值导向。参与式减贫与防止返贫和传统精准减贫的本质都是要寻找一种公平的社会发展状态，让社会中弱势群体的生活状况得到改善，实现发展资源的科学、合理分配。要实现多元主体共治和弱势群体赋权，就必然要在政策实施的过程和结果中体现出公平的价值理念。参与式的引入，可以保证精准减贫过程中各种帮扶资源不会被权力主体大量占有，克服了精准减贫过程中出现的权力排斥和侵害现象，赋予弱势群体平等参与决策的机会，疏通弱势农民传达自身意愿和建议的渠道。参与式让精准减贫树立一种有利于弱势群体的价值观，实现弱势群体与权力主体之间的公平互动。"在参与沟通、对话和协商过程中，包括权力所有者在内的参与主体，会不自觉形成一种公共价值，并以此来规范自身的行为，参与式扶贫过程中的集体合作行动，能够凸显精准扶贫政策过程中的公平价值理念。"[1]

（4）参与式减贫与防止返贫是推进信息共享的整合平台。参与式减贫与防止返贫既为多元主体提供合作平台，也为多渠道信息提供整合平台。随着

---

[1]　郭劲光. 参与式模式下贫困农民内生发展能力培育研究［J］. 华侨大学学报（哲学社会科学版），2018（8）：118 - 119.

"参与"的不断深化，各种信息开始进行整合与共享，逐渐形成了一种优化配置信息资源的内在机制。发现瞄准低收入农民、科学有效选择帮扶策略、因地制宜开展帮扶工作、实施全程监督和评估等都离不开信息的有效整合，参与式减贫与防止返贫本身就是信息资源公开和自由流动的过程。信息共享可以促进减贫项目的过程公开、政策公平，能够有效实现精准减贫"结果要精、政策要准"的要求。在信息分配过程中，有用的信息在互动对话中被加工、整合和运用，无用的信息得到筛选和过滤，各类信息实现了优化配置。

（四）参与式减贫与防止返贫的特点

同传统减贫与防止返贫模式不一样的是，参与式减贫与防止返贫更强调主体的参与、权力的分配、资源的配置和能力的激发。参与式精准减贫与防止返贫策略在施用过程中需要遵循以下特定原则。

（1）要重视农民决策参与。参与式理论强调，农民才是发展的主体，是发展项目的建议者、计划者、执行者、管理者和受益者，任何帮扶项目的实施都离不开利益相关群体的参与。在具体实践中，项目人员应该引导农民参与项目的设计、规划、实施、监管和验收全过程，并将参与式理念和工作方法贯穿始终；应尊重农民的意愿，采取措施激发农民参与项目的积极性，充分发挥农民在项目关键节点的决策作用；基层干部、外部干预者和非政府组织成员需要改变自己高高在上的定位，明确农民的核心地位，尊重农民的乡土知识，树立农民自身才是改变社区落后状态的动力来源；要加大力度培育农民的法制意识和权利精神，规范他们的参与行为。

（2）要提升农民综合能力。实践表明，作为帮扶的对象，需要具备一定的能力才有可能实现真正地参与。农民需要具备发展意愿、组织能力、专业技能、管理技巧和沟通能力等，只有自身能力水平提升，才能实现持续性脱贫和内源式发展。在具体实践中，项目人员应该认识到帮扶不能只靠金钱和物质，必须通过农民的参与改变他们的精神状态，向群体植入创业创新的理念和文化，引导他们摆脱长期以来存在的陈旧落后观念，唤醒他们的市场意识和开拓精神；要通过培训和教育提升农民自我发展的能力，尤其是培养其团队协作能力、市场适应能力、危机应变能力和风险防控能力，引导农民将本地资源优势与自我发展相结合，在分析本地区资源禀赋基础上明确自身脱贫方向和路径；要考虑农民的异质性特征，根据不同群体的能力水平制订个性化的帮扶方案。

（3）要强化农民组织建设。参与式减贫与防止返贫从输血到造血的过程，也是将低收入农民推向市场的过程，让他们在市场中增加收入，实现小农户与大市场的有效对接。但落后地区农民是呈"原子化"分布，生产分散，经营独立，竞争力不强，难以适应外部市场的变化。要想实现增收，弱势农民就必须联合起来成立合作组织，依靠团体力量获得共赢。在具体实践中，项目人员应该引导农户与新型经营主体有效对接，依靠"公司＋农户""合作社＋农户""家庭农场＋农户"等模式的引领带动，实现个体与市场的紧密对接；成立由农民组成的社区组织，发挥帮扶工作中低收入农民的主观能动性，激发他们互相帮扶的工作积极性，实现社区知识与信息的内部共享；通过外部策略干预减少减贫效益外溢，避免各类经营主体对生产价值利润过度获取，防止农民在合作过程中被边缘化。

（4）要优化项目治理结构。参与式减贫与防止返贫本身是一项具体的治理活动，同时也是一个权力分配的过程。参与式减贫与防止返贫追求权力的合理配置，主张将多元主体纳入项目，实现广泛的合作式参与。对于减贫与防止返贫工作而言，需要动员社会力量加入，补充政府在经费、人才、物资上的不足，为低收入农民提供精准服务，让精准减贫与防止返贫在基层真正落地。在实践中，项目人员应该导引多元主体参与项目工作，发挥非政府组织、公益性组织、农民自治组织、科研院校等主体在减贫方面的专业性；明确权责，赋予多元主体更多权力，实现治理结构中的权力下移，将传统政府自上而下的决策模式转换为双向反馈模式；将第三方项目绩效评估机构纳入监测评估活动中，让其依据国家相关法律法规对减贫与防止返贫项目实施效果独立评估。

总而言之，参与式精准减贫与防止返贫的特点主要包括：针对性，改变以往"就项目选项目"的方式，以村为规划单元，以户为帮扶对象；实用性，规划结合当地资源禀赋、征求农民意见等，都是实实在在的实施安排；参与性，全村农民共同参与到发展项目中，尤其关注易返贫户、妇女等弱势群体的参与，大家共谋决策，变"要我增收"为"我要增收"；公开性，为了实现参与必须确保项目全过程都处于公开状态，强化群众监督，以公开促公平，特别强调项目受益人群、帮扶资源的公开；综合性，在项目选择、规划方案设计等环节，采取自下而上到自上而下相结合的方式，既有低收入群众的经验性选择，也有相关业务部门的指导和论证，是上游政府指导与下游群众愿望的有机结合；科学性，参与式减贫与防止返贫把数据测算与群众评议相结合，把科学计算与传统经验相统一，每个环节都经过全面科学分析。

在实际工作中，要想真正实现参与式精准减贫与防止返贫的原则和目标，就需要政府、社会组织和农民等多方形成多中心治理结构，并在各自工作机制上进行创新。首先，从政府角度而言，需要加大政策支持力度，完善激励机制：一是在现有法律基础上制定社会组织参与防止返贫的管理制度，保障社会组织在减贫中的角色和地位；二是在流程环节上要重点强调弱势群体的参与，在项目开展的不同环节充分听取弱势农民的意见建议，通过各种渠道提升农民的综合能力；三是出台具体的考核指标体系，科学评估减贫与防止返贫成效，对项目的执行全程进行监管，并对参与主体的帮扶行为进行指导。其次，从社会组织角度而言，需要创新工作机制，增强减贫与防止返贫工作的专业性：一是通过定期培训、内部竞争和淘汰机制，加强社会组织自身管理和能力建设，强化组织内部的参与意识和责任意识；二是加强与政府部门沟通交流的同时，提升对弱势农民的认知水平，学会尊重农民的意见建议、乡土知识和风俗习惯，学会与农民面对面沟通，构建下情上传的渠道；三是在积极争取政府资源支持的同时，开拓多元化筹资渠道，通过社会捐助、自身产出等方式积累帮扶资本，提升自主能力。最后，从弱势农民角度而言，需要提升其参与意识，提高增收和自我发展主观能动性：一是通过村里的党员大会、村民代表大会、村组干部会议等途径了解发展项目，积极参与，主动建言献策；二是和参与意愿强的农户建立社区自治性组织，以自己的实际行动带动其他农民参与，充分发挥自治组织辐射带动农民脱贫增收的作用；三是要充分理解社区中不同成员的态度和行为方式，争取妇女、老人等弱势群体的参与，并在项目中进行重点帮扶。

（五）参与式精准减贫的具体实践

脱贫攻坚目标任务完成前，我国农村的贫困类型可以分为两种。第一种是转型贫困，即农村中的一部分农民在工业化、城市化进程中由于自身条件不足而逐渐衰落，本地大量劳动力开始外流，农民老龄化、女性化问题凸出，比如中西部地区有很多农村出现以留守人口为主体的"空心村"。第二种是绝对贫困，即因地域和资源情况导致的贫困，比如高寒地区、边远地区、少数民族地区等，这些地区因基础设施、教育水平、社会经济条件较差，加上人口整体素质偏低，导致多数贫困农民处于多维度的绝对贫困状态，扶贫难度很大。对于绝对贫困而言，传统的扶贫措施是采取政府自上而下的单项扶助，给予资金支持和政策优惠，通常情况下治标不治本。消除绝对贫困，重点在于引导贫困者的"参与"，让他们真正参与到扶贫项目中来，依靠自身努力脱贫，将外部干预策略内化为社区的自组织行为，最终实现自我发展的可持续。无论是由政府组织还是由非政府组织开展的精准扶贫实践，都越来越多地引入参与式理念和方法，在众多实践探索中，"小云助贫"是目前最典型的参与式精准扶贫模式。

 案例 5-1

"小云助贫"项目

2015 年 3 月 24 日，由我国著名发展学家、中国农业大学李小云教授创立并执行的"勐腊小云助贫"中心（简称"小云助贫"）作为社团法人在云南省勐腊县注册成立。"小云助贫"中心的成立得到了国务院扶贫办、云南省扶贫办、西双版纳傣族自治州和勐腊县扶贫办、勐腊县民政局的大力支持。作为贫困社区综合治理的一部分，"小云助贫"首先在河边村项目试点公益型社区建设，目标是增强村寨凝聚力，建设治理良好、互利合作的新型公益性农村社区。项目开始时，"小云助贫"团队与河边发展工作队一起制定河边村村规民约。村民代表实地参观了傣族纳卡村建设情况，边看边学；召开头脑风暴研讨会讨论村规民约细则，围绕文明公民、公共卫生、社会治安、乡风民俗、邻里关系、计划生育、婚姻家庭、文化教育、规划建设、土地管理、户籍管理等主题逐条讨论达成共识。村规民约设定后，"小云助贫"团队开始联合政府和社会公益性机构进行基础设施、住房改造、人居环境景观绿化、公益型社区能力建设、产业扶贫五个系统的综合改造。每个项目的启动前都设计了先行微型示范项目。如整村住房改造前,项目组先选定一户或两户做建房示范,通过聘请技术人员引导村民参与学习技能,村民通过学习开展互助盖房,节省很多外包承建费用。为了让当地农村提升自身的"造血"功能,"小云助贫"团队从进入河边村那天起就特别注重培育村民组织,引导村民通过联合的方式参与到项目实施的全过程。目前,工作组在当地创建了河边发展工作队和河边青年创业小组两个村民自治组织,由他们形成村内公益骨干力量,再调动其他村民积极参与,实现以点带面的辐射带动。发展经济首先要从产业入手,为此,"小云助贫"团队因地制宜开发河边村天然农产品,强调产品的绿色优势。比如在开发土鸡蛋产品时,调研、搜集数据、搭建微店平台、包装设计、物流及销售所有流程的实验大致花了半年时间,每个流程都注重青年创业小组的能力建设,引导农民参与网络营销。在"小云助贫"团队的指导下,完全由村民自我管理的河边村天然产品微店正式成立,在短短数月卖出了 1 678 个定价 10 元一个的土鸡蛋,实现了农民依托本地资源增收致富。在取得初步成效之后,"小云助贫"团队开始着重开发本地产业,宣传推广品牌农产品,并在勐腊县开设村店,实现"一村一店",引导每个村围绕本村特色农产品进行产业开发,按村名命名农产品。目前当地已经陆续开发了木瓜、古法红糖、柚子、芭蕉、蜂蜜等一系列天然产品,并借助微电商平台打开销路,将本土产品推向了城市。通过深入调查,"小云助贫"团队发现河边村拥有极为优越的自然环境,风景秀丽,负氧离子含量极高,同时民风淳朴,拥有独特的瑶族文化。于是,"小云助贫"团队开始瞄准本地绿色优势和文化特色,打造雨林天然休闲产业。团队引导村民在新建的瑶族木楼中,建设一间具有民族特色的舒适客房用于农家乐住宿,还在村中建设了高标准的会议中心、休闲服务中心、儿童活动中心、雨林体验中心、民族文化展览馆等多种配套设施,并提供机会让每一户瑶族妇女接受专业的服务培训。随着开发进度不断加快,河边村孕育出一个独具特色的"嵌入式"会议和休闲产业,吸引全国各地高端休闲旅游业的消费者来此消费。随着社区建设、产业开发、创业扶贫工作的不断深入,团队带领贫困村民走出"贫困陷阱",让他们依托本地绿色产业增收致富,真正成为发展的主人。

"小云助贫"实践通过微观扶贫项目的实施解决了扶贫"最后一公里"

的可持续问题，真正让优质的公益资源下移，促进了基层公益组织发育，有效瞄准目标群体施用策略，实现了贫困农民参与下的乡村永续发展。"小云助贫"实践也从另一个角度反映出公益组织在扶贫领域的重要性。现实中，公益组织的集体性缺位导致多数减贫工作都是由政府大包大揽，而政府所派遣的工作人员并非都能胜任减贫工作，在资源有限的情况下，很多工作缺乏科学论证，无法满足帮扶一线对于组织、物资和人力资源的需求。实践表明，要想实现精准减贫的"参与式"，就必须在基层减贫"最后一公里"环节有效施用参与式方法和工具，但由于政府通常很难做到精准施策，因而需要非政府组织的介入。在"后扶贫时代"，对于公益组织参与减贫与防止返贫，政府一直都是鼓励和支持的，并在经济开发政策文件中进行了明确的规定，相关机构在设置上也有协调社会减贫与防止返贫的专门功能。但是在实践中，政府减贫与防止返贫的技术问题仍然十分突出。很多政府官员认为只要有帮扶单位和驻村干部，减贫与防止返贫工作就可以顺利开展。但落后地区本身是一个十分复杂的社会系统，只有具备丰富社会工作经验和知识的专门机构才能胜任。多数公益组织本身就是以社会工作为本职，从业人员大多经过专业培训，能够熟练掌握参与式方法和工具，是基层减贫与防止返贫的理想人选。政府的思维惯性和治理模式一定程度上会阻碍公益组织实现集体性和系统性参与，导致公益资源无法融入政府的民生行动，参与式工具和方法无法有效落地。

参与式精准减贫与防止返贫需要工作人员掌握一定的技能，能够与帮扶对象面对面交流沟通，并遵循着特定流程。"小云扶贫"项目的特点就是将参与式工具和方法贯穿到扶贫工作的所有环节，包括村规民约设定、社区建设、绿色创业、验收评估等。在集体决策时，"小云扶贫"团队广泛应用诸如季节历、头脑风暴、H分析图等工具，积极开展参与式研讨，让农民的想法、建议及时收集反馈，最终融入项目决策过程中。同时，更加专业化的公益组织能够确保参与式理念在项目中得到贯彻，能够科学灵活使用参与式方法，能够让发展干预活动更加精准。

二、参与式创业培植需求调研

创业培植是参与式精准减贫与防止返贫的一种有效策略和途径，也是培育弱势农民自我发展能力的重要方式。通过创业培植，贫困农民依靠自身能力和本地资源发展经济，促进了传统生产与外部市场的有效对接，实现了自身的内源式和可持续性发展。参与式创业培植项目由多个环节组成，其中第一个环节便是创业需求调研。

（一）创业需求的内涵和意义

"发展需求"是指弱势群体在自我发展过程中的生产生活需要，具体而言就是"现状是什么"和"如何实现自我发展"之间的间距，然后据此发现并决定需求的先后顺序。所有的参与式帮扶项目都要符合弱势农民的需求，不符合农民需求的项目无法得到受益群体支持、无法调动他们的积极性，因此也无法在社区持续开展下去。创业需求往往分为不同层次，有些需求亟待满足，有些需求则非必要，项目人员在开展需求评估时必须要分清哪些需求优先满足，哪些可以稍后满足。发展需求一般可以分为产业发展需求和农民生计需求两种，前者是由产业发展规划与产业发展现状之间的间距决定的，后者是由生产生活现状和对未来期望之间的间距决定的。创业需求更多表现为一种产业需求而不是生计需求，因为创业活动本身是一种经济活动，目的是通过劳动方式的创新实现收入的快速增长。而生计需求多数是通过救济式帮扶来满足的，主要针对社区中的"老弱病残"群体。对于项目人员而言，在项目实施过程中应尽可能将这两种需求统一起来，既要满足低收入农民的基本生计需求，又要引导他们进入市场开拓创新。传统帮扶项目多数以政府需求为目标，没有考虑到弱势农民的微观需求，造成上游需求和下游需求无法有效对接，帮扶项目的可持续性大打折扣。参与式创业培植项目多数是从需求调研开始，工作人员通过了解农民的创业认知水平、创业意愿、创业管理能力、创业发展目标、创业阻碍因素、创业资源禀赋等内容，开展要素分析、策略选择、目标定位、计划制订，从而为项目开展奠定基础。现实中，政府的减贫需求和农民的脱贫需求有很多交集，很多时候政府和农户具有共同的发展诉求和生产需要，因此创业需求更多是指两者的共同需求。只有以二者的共同需求为发展目标，才能通过项目干预实现产业发展和农民增收的双赢效果。

农业创业需求不仅是减贫与防止返贫活动的出发点和落脚点，也是调动农民开展创业活动的基本前提。项目人员通过评估活动获得农民创业需求，可以据此更好设计发展项目、组织扶持活动、构建评估体系、开展效果评价。农民创业需求能否满足，是创业培植项目立项的依据，也是项目是否成功的检验标准。评估创业培植需求的意义主要表现在以下几个方面。

（1）创业培植需求是项目落地的保障。传统的减贫项目是以政府为主导，采取自上而下的方式进行的，很多时候表现为政府的发展和扶持措施，通常以制度和项目的形式体现。由于在制度和项目的设计过程中单一考虑政府层面的减贫需求，而忽略了微观层面的农户生产需求，造成减贫项目无法满足农民发展需求，最终导致减贫制度和项目无法落地，始终存在减贫与发展的"最后一公里"问题。农民想依靠创业增收致富，政府想依靠产业实现发展，这是两者需求的契合点。但是农民的微观创业需求千差万别，每个人的想法各异，政府在没有获得农民微观需求的基础上整村开展创业培植项目，很可能会造成需求和目标的错位。因而提倡在创业培植需求环节坚持"参与式"理念，就是鼓励项目人员在项目开始前深入研究农民创业需求，寻找项目目标和农民创业需求的契合点，尊重农民的创业意愿，在考虑农民异质性创业取向的基础上设计项目，这是保障项目取得成功的关键。

（2）创业培植需求是辐射带动的关键。发展项目的主要目的是实现社区农户的大范围减贫与防止返贫，那些只有少数人增收的项目并不是成功项目。开展创业培植项目，不是要求所有弱势农民都依靠创业增收致富，而是通过局部的创业活动辐射带动大面积农户发展，最终实现大家共同富裕。创业培植项目的策略就是实现创业活动的"传、帮、带"，从少数人的创业扩展到大范围的创业，以点带面形成规模效应，最终实现社区整体产业的兴旺。但是创业活动能否扩展出去的前提是创业活动本身是否满足农户的个体需求，创业活动实现大面积扩展的前提条件包括创业门槛、创业资源、管理能力、产品优势、主体能力、支持措施等。项目人员必须通过调研了解这些条件，深入分析现实情况，确定哪些创业活动能让广大农民接受、哪些创业活动的受益面积最大、哪些创业活动能够发挥本地比较优势且具有市场竞争力，依托分析结果制定的创业培植项目才能更有科学性和可行性。现实中，多数创业培植项目并不适合当地发展条件，没有考虑到农户的现实需求，往往造成发展项目只能惠及社区少数群体，创业引导脱离实际。因此，项目人员在设计项目之初需要进行创业需求调研，了解农民生产生活习惯和项目地的资源条件禀赋，进而结合当地具体条件设计扶持策略，使项目更贴合农民的实际需求，让创业活动以点带面快速辐射出去。

（3）创业培植需求是目标实现的前提。传统发展项目强调农民收入增加和地区产业发展，认为经济发展等同于农民增收。参与式创业培植项目更强调经济发展和脱贫的可持续性、赋权的实现、社区的共同富裕等内容，更注重微观层面的能力提升和权力获取。相较于单纯的收入增加，农民能力的提升和权能的增加更能保证脱贫的可持续性，因此参与式创业培植在引导农民开展创业活动的同时，注重培养农民自我发展的能力、提升其合作发展的意识、赋予其独立决策的权力，只有这样才能保证农民生计的可持续发展，实现长期性减贫，更能实现发展项目的价值和目标。项目人员应该明确自身服务人员的角色定位，在项目开展过程中积极向农户提供价格信息、销售渠道、生产指导和生活资讯等方面的服务，引导农民自主决策、独立发展。项目人员应以农民的发展需求为方向，引导农民的生产行为与外部市场有效衔接，提供多样化的个性服务满足他们的需求。

（二）创业培植的培训需求

培训是培植工作的一种有效方法，也几乎被所有发展干预项目所采用。在发展需求评估活动中，政府的产业发展需求和农民的生计发展需求往往都集中体现在农民的发展意识和知识提升方面。因此农民培训需求成为农民发展需求最重要的组成部分，也是创业培植项目开展过程中首先评估的需求类型。

什么是培训需求？简单说，一个人的培训需求就是目标行为表现与目前行为表现的差值（图 5-1）。一个人目前的行为表现是其现有知识、技能和态度的具体反映。一般来说，培训需求始于组织或个人对目前行为表现的不满足。由于不满现状，就要有一个比现在好的目标或与之比较的参照物，这就是目标行为表现。换言之，只有产生对目标行为表现的需求，才可能产生对目前行为表现的不满足。所以，目标行为表现是培训产生的内在动力。无论是个人还是组织，如果对未来的目标定位明确，同时又对目前的知识、技能和态度水平或行为表现的基本状况比较清楚，那么两者的差值就是培训需求。

$$\boxed{培训需求} \quad = \quad \boxed{目标行为表现} \quad - \quad \boxed{目前行为表现}$$

图 5-1　培训需求的确定

创业培植培训需求是指农民为了依靠创业活动实现自身发展时，目前行为表现与实现创业目标所要求的目标行为表现在知识与技能等方面的差距。创业培训需求在概念上有以下几个要点。首先，创业培训需求的间距是当前行为表现与目标行为表现的差值，主要体现在技术水平、知识结构、管理能力、沟通技巧、实操表现等，是一种综合能力，不止于技术层面；其次，创业培训需求具有异质性特点，不同农户的创业需求存在明显差异，有些和政府的产业发展需求相契合，有些则明显不同，因此培训内容有些具有普适性，有些则必须根据创业意愿的不同进行个性化设计和调整；最后，创业培训需求具有变化性，不同创业阶段的需求明显不同，具有层层递进的特点，因此需要工作人员为农民提供系统性培训，每个阶段针对不同的创业特点设计培训内容，并辅之以咨询服务。

和普通培训需求不同，创业培训需求具有三个特点。首先是显性需求少。显性需求表现为对现实生产和经营活动的基本需要，可以通过语言表达出来。但由于农民普遍受教育水平偏低，表达能力有限，且从事创业活动的经验不足，显性需求很有限。其次是隐性需求多，不能通过语言表达被识别的需求被称为隐性需求。实践中，创业需求调查评估人员不能光靠提问的方式收集农民创业培训需求，还应该结合观察和案例分析来发现农民的潜在培训需求。最后是需求局限性大。农民的创业需求是可以诱导的，由于生产环境和条件的限制，农民的创业需求往往具有局限性和不切实际性，需要评估人员进行科学引导和识别。

（三）参与式创业需求评估步骤

农民创业需求评估是指为了获得农民创业与培训需求，采用特定的调研方法，与农民面对面交流沟通获得相关数据信息，通过深入分析进而确定农民创业需求的研究过程。按照传统的工作方法，决策过程往往是自上而下的，许多决定都是在没有开展深入调查的基础上做出的，这种基于信息不足做出的决策会不可避免地带有盲目性和风险性，给培植工作带来很大隐患。因此，越来越多的人认识到全面收集信息、深入分析信息是做好一切帮扶工作的基础，必须调动农民参与需求评估的积极性，引导他们进行需求评估和研讨。为了体现参与性和科学性，创业需求评估主要应由以下几个步骤组成。

（1）成立创业需求评估小组。创业需求评估小组成员可以分为两类，一类以社区外部的人员组成，另一类由社区内部的人员组成。在组建需求评估小组时，应注意将低收入户、妇女、老人等弱势群体吸纳进来，并在评估过程中与社区群体保持密切联系。成立需求评估小组时要明确成员的权责，确定评估的流程、目标和重点，并向成员详细介绍参与式评估方法的使用方式。

（2）确定创业需求评估目标。创业需求评估的目的是为了获取需求信息、制定创业计划、提高创业意识、落实产业目标、确定创业决策、鼓励民众参与等。在开展创业需求评估时，必须确定主要目标、次要目标、近期目标、远期目标，为创业指明方向。不同的目标对应着不同的评估方法、评估模式、评估流程和评估策略，因此评估的目标要明确可行，并且具有确定的指向性。

（3）明确创业需求评估内容。需求评估活动涉及的调研内容很多，需要组织者进行科学分类。针对创业培植而言，需要调研的内容包括社区基线数据和社会资本，农民认识水平、创业偏好、资源禀赋、人力资本等。此外，项目人员还要针对不同的调研内容明确任务量、调研方法与工具、预期产出、完成时间等内容。

（4）制定创业需求评估计划。需求评估计划是一份书面的计划报告，主要包括调查对象、调查时间、调查内容、调查方法、调查路线、工具与材料的准备、交通与后勤的安排及经费预算等。需求评估计划应该明确参与主体的权责，始终强调"参与"的重要性，让创业需求调研能够按部就班进行，并确保每一个环节都有据可查。

（5）实地开展创业需求评估。开展创业需求评估就是按照计划安排实施调研活动，应用各类调研方法对农民的创业意愿进行评估，听取农民的意见建议，为之后的创业培植项目实施提供决策依据。在开展需求评估过程中应讲求评估方法的科学应用，充分发挥参与式研讨的优势，引导农民发表意见、达成共识，实现农民创业意愿与社区产业发展有效衔接。

（6）总结分析需求评估结果。需求调研结束后，工作人员需要对所有调研结果进行汇总、分析。需求分析的外在表现是一份完整的需求评估报告，通常包括项目目标与农民发展目标比较、农民创业 SWOT 分析、农民创业需求认知水平分析、不同类型农民需求比较分析等。工作人员需要对不同类型农民的创业需求进行分类，寻找出共性的创业需求，明确不同群体个性化的创业需求，并分析产生此类需求的原因。为了依托社区人际网络发挥创业的示范效应，报告还应该对社区人际关系和社会资本积累情况进行分析。

在开展创业需求调研和分析过程中，扶贫工作者需要做好以下 5 个关键环节。

（1）调研准备。有效的创业需求调研需要充分的前期准备作保障。调研的准备活动主要包括参加调研人员组成；调查区域范围的确定；调查计划的制定；调研时间、内容、方法及工具的明确；二手资料的收集与整理；被调查对象的确定；调查材料的准备；通知调研村等。

（2）资料分析。农民的创业需求离不开既定的生产环境，因此对当地资源与主导产业的分析是开展创业需求分析的基础。当地资源和主导产业发展的信息主要通过收集和分析二手资料的方法获得，也可以通过机构访谈获得。通常情况下二手资料包括：调研村基本情况（地理交通条件、人力资源、土地资源、产业结构、人均收入及主要来源、乡村组织建设等）、产业基本结构和收益情况、农业生产资料供销情况、农产品市场销售情况、农业推广与培训情况、乡村未来发展规划等。在收集完二手资料后，需要进行二手资料分析，主要包括三方面内容：进行主导产业分析，明确区域发展规划；进行市场需求分析，了解产业市场情况和供求关系；确定调研村开展调研，具体调研点的数量依据实际情况而定。

（3）制订计划。创业需求调研计划的制定包括调研内容计划和调研工作计划两类，前者是指调研什么，后者是指如何调研。调研内容计划是指提前计划创业需求调研所涉及的内容，要提前明确调研什么、思考什么、讨论什么、回答什么。一般调研内容应该包括被调查者基本信息、产业结构、主导产业发展现状、推广培训情况、农资购销现状、产品销售情况、技术引进情况、创业意愿、个人发展问题和建议等。为了保障获得的信息更加精准，需要基于调研内容设计调查问卷，并保证一定数量的样本和弱势群体的参与。此外，作为问卷的重要补充，还要采取半结构方式制订访谈提纲，涉及的内容应该包括农户基本情况、主要农事活动、农户收入来源、家庭收支情况、生产生活障碍、主要生产问题和次要生产问题、发展资源禀赋、创业意愿和方向、创业资金积累情况等。调研工作计划是指开展调研的想法和具体工作安排，一般涉及的内容包括调查目标、调查地点、调查时间、调查组织、调查方法、调查人员、调查物资、调查经费等。创业需求调研的目的主要是获得基线数据，了解农民的创业意愿和资本积累情况。

（4）调研实施。创业需求调研实施就是按照计划安排开展具体调研活动，主要包含创业发展问题分析和问题分析结果反馈两类活动。创业需求调研实际上就是对社区产业发展和农民创业意愿的调查和分析过程，只有深入了解社区产业发展和个体自我发展中的存在问题，才能实现宏观经济发展和个体创业发展的有机结合。产业发展和创业需求的数据信息主要通过农民小组访谈和典型农户访谈获得的。农民小组访谈是将受访农户组成一个小组，通过可视化的工具开展问题分析活动。一般情况下，调研人员会将准备好的卡片分发给每个受访者，受访者在不商量的情况下写出自己认为的主要问题；调研人员收集每个人的意见，确定主要问题，并在主要问题中确定核心问题；分析核心问题的成因和影响，商讨潜在的解决办法；通过投票方式确定符合农民意愿的帮扶活动，针对具体项目开展创业技能间距分析。在与农民进行有关产业发展和创业意愿的问题分析之后，调研人员将可视化材料带回办公室，对材料进行进一步的归纳、整理和总结，形成文字材料。问题分析结果反馈是指调研人员将可以通过创业培植项目解决的问题与通过创业培植项目不能解决的问题分开，明确核心问题、主要问题和次要问题，并依此提出解决问题的对策措施。调研人员完成分析之后，还需要将分析结果以可视化的方式带到社区与农民进行小组讨论，核实结论的真实性。

（5）报告撰写。在收集农民反馈信息、进行创业需求分析基础上，调研人员开始进行方案设计。调研人员要进行项目间距分析，确定推广的技术、服务的内容、培训的方式等能否支撑农民创业活动，进而制订培训和服务计划，确定创业扶贫项目的范围、领域、目标、步骤、周期、经费等内容。当调研人员完成所有步骤后，应将调查和分析资料整理成报告，呈交上级有关部门。

（四）参与式创业需求分析步骤

在创业需求调研的各个环节，需求分析是最重要的一环，直接决定着创业培植项目的成败。创业需求分析一般要重点明确五个方面的内容：社区农民是否广泛具有创业的意愿、农民的创业方向与本地产业发展是否一致、创业资本是否可以满足农民的创业需求、农民是否可以承担创业风险及哪些途径可以支持农民创业。在开展创业需求分析时，需要首先对创业目标群体进行定位。目标群体是指项目人员根据创业培植目标选定的一类具有相同特征、机会和能力的人们，他们可以获得项目机构所提供的统一信息、物品或服务。并不是所有农民都适合进行创业，抗风险能力低的农户不应作为创业项目的目标群体。调研人员在选择目标群体时，应该挑选那些具有一定经济基础和物质积累、有生产和经营经验、接受新生事物较快、人脉较广的个体，他们一般具有较高创业成功率，并且可以将创业活动辐射带动给别的农户。通常情况下，返乡农民工、返乡大学生、社区精英、社区能人都是最优的目标人选。在确定目标群体后，就需要开展目标群体分析。目标群体分析是指调研人员中按照一定目标选择，识别和确定工作对象的分析过程。目标群体分析活动的实质是将社区中所有农民按照某些共性特征划分为多个目标群体，然后分别制定与这些同质性目标群体的特征和条件相匹配的帮扶策略。目标群体分析的步骤顺序为农村人口访谈→产业结构分析→农村人口分类→农民需求调查→推广项目分析→目标群体定位。

确定目标群体并进行分析之后，就要针对分析结果开展创业需求分析。首先，调研人员要明确目标群体的主要特征，结合这些特征分析他们的创业活动能否有效利用本地资源优势，所生产或提供的产品能否在市场上具有竞争性，并进一步分析创业培植项目开展的可行性；其次，结合不同目标群体的创业需求特点，选择不同群体的创业培植策略，并明确哪类群体优先创业，哪类群体辐射带动；最后，要将创业培植策略分为创业激励策略、创业保障策略、创业辐射策略、创业服务策略、创业培训策略等几个类型，并明确每个类型所应用的方法与工具。

三、参与式创业培植计划制订

创业需求调研完成后，项目进入计划制订阶段。创业培植项目计划的制订依据应该来自对农民创业需求评估分析所获得的结果，因此计划制订与需求分析两个环节紧密相连。计划是实施的前提条件，科学有效的计划能够保障实施工作顺利开展。参与式创业培植计划制订强调农民的主体作用，力求让项目人员与农民一同研讨确定每一工作环节的内容，全程都广泛使用参与式工作方法。

（一）创业培植计划的内涵和意义

创业培植计划是项目机构或人员预先拟定的创业培植工作的具体内容和步骤。参与式创业培植计划应当参考前期需求调研的结果制定，要符合当地资源禀赋和社会发展条件。由于创业活动具有时效性和不可控等特点，因此创业培植计划的制订要以项目目标为导向，这就需要我们制定计划时要使用目标计划方法。目标计划法出现于 20 世纪 70 年代，其指出目标设定与活动之间紧密的逻辑关系，强调计划设计之前要有明确的目标指引，所有项目活动都应该围绕特定的目标开展。比如创业培植项目在制定计划之前要明确近期目标、阶段目标和远期目标，根据不同目标的内容设计不同阶段的活动。目标计划法的核心在于相关管理的规范化，其内部指标的逻辑关系可以形成一个完整的矩阵框架（表 5 - 2）。

表 5 - 2　创业培植逻辑框架矩阵表

层次	内容描述	可验证指标	指标出处	重要假设	计划内容
短期目标	创业发展资源整合	投入方式 资本总额 创业政策 产业方向等	政策导向 个人意愿 项目预期	创业产业符合个体意愿和地区产业发展规划	目标 成果 活动 监督

（续）

层次	内容描述	可验证指标	指标出处	重要假设	计划内容
中期目标	实现创业的收支平衡	收支情况 营业内容 社会资本 规模效益等	个人意愿 项目预期 群体意愿	创业可以实现收支盈余，收入可以维持创业者生计	目标 成果 活动 监督
远期目标	实现创业的可持续发展	融资情况 发展前景 生态维护 资金运转等	个人意愿 群体意愿 发展规划	创业活动在现有发展资本支持下可以持续进行	目标 成果 活动 监督

创业培植目标层次主要由目标、成果、活动三个模块组成，其中目标又可以分为总目标和项目目标。三个模块之间的关系为：项目"活动"的完成表明项目"成果"的实现；项目"成果"的实现表明达到了项目"目标"；项目"目标"的实现为"总目标"的实现做出了贡献[1]。创业培植活动计划是为了达到项目成果和目标所制定的具体实施方案，需要针对具体活动措施及实施步骤加以描述。一般创业培植活动计划涉及的内容包括创业培植活动内容、创业完成时间、帮扶活动所需资源、项目负责人等。

（二）参与式创业培植计划的方法

和普通帮扶计划相比，创业培植计划的设计难度更大。一方面，创业具有一定的不确定性，农民创业方向的选定需要考虑个体资源禀赋、本地产业规划、市场需求总量、新产业新业态新模式发展情况、政策支持情况、创业园区建设情况等内容。另一方面，创业培植计划要遵循科学性、参与性、整体性、可行性、连续性等原则，需要项目人员进行大量的前期调研，具备创业和扶贫的理论知识，善于与农民沟通协调。制定创业培植计划需要使用的方法很多，其中大部分都是参与式调研常用的方法。

（1）问题分析。问题分析就是通过小组研讨，在很短时间内与参加研讨的农民对某一特定问题的原因、导致的结果等方面进行深入分析，并按照一

---

[1] 王德海. 参与式农业推广工作方法［M］. 北京：中国农业科学技术出版社，2013：89.

定的逻辑层次加以整理、归纳，最终确定项目需求达到的各类目标。通过小组访谈，有创业意愿的农民能够更好、更快地认识到自身生活的窘境以及创业的重要性，从实际情况中总结出开展创业的机遇与挑战，最终集体达成共识，确定创业面临的主要问题、中心问题，造成这些问题的主要原因、次要原因，进而通过共同研讨和交流确定解决问题的途径和所需要的外部资源。比如开展创业培植计划时，邀请潜在的创业农民针对如何依靠创业实现自我发展进行研讨，并分析当地山林陡峭、基础薄弱、交通不便、土地荒芜等问题。通过研讨确定当前的主要问题是基础设施落后导致当地特色农产品运不出去、农民生产结构松散无法拧成一股绳，次要问题是农产品价格低、农产品附加值低、农产品品牌化建设滞后。针对研讨中农民指出的主要问题和次要问题，在制定创业培植计划时，就应该优先加强基础设施投入，重点加快公路建设进度。在基础条件完备时，通过"互联网＋乡村众创＋精准帮扶"的创业培植模式，成立合作社把农民聚拢起来，通过众创整合创业资源，依托互联网畅通销售渠道，延伸加工链条增加产品附加值。在进行问题分析时需要注意，一是要把问题描述成不利的状态方便农民理解；二是剔除那些无法解决和无关紧要的问题，重点对主要问题进行分析和研讨；三是提醒农民对不同层次上的问题、原因、结果进行逻辑分析与表达，避免以偏概全；四是引导农民填写卡片，用大白纸展示研讨成果，项目人员发挥引导作用；五是尊重每一个农民的观点，不加以否定，鼓励农民表达自己真实的想法；六是在对问题分类分层的基础上制作问题树，上层树枝是主要问题，下层树枝是次要问题，树枝关联表现问题之间的逻辑关系。

（2）目标分析。在问题分析基础上，项目人员要根据分析逻辑将问题树转化为目标树，并将既有目标进行分类分层。制作目标树的主要目的是要明确各类问题之间的关系，以及问题对应的不同层次目标之间的关系。制作目标树流程比较简单，基本是按照问题分析的流程进行。一是将问题树上的不同类型问题转换成相对应的目标；二是检查目标与问题之间的关系是否正确与完整；三是将创业与增收的因果关系转化为手段与目标的关系。比如针对发展落后地区的增收致富这一目标，将问题树中基础设施建设存在问题转化为通过项目投入强化基础设施建设的目标，将农民组织化程度不高的问题转化为建立农民合作社的目标，将农产品销路不畅的问题转化为通过网络营销和品牌化建设促进销售的目标。问题树与目标树中，主要问题对应着主要目标，次要问题对应着次要目标。

（3）策略分析。策略分析是指对目标树分支的选择，也称为替代分析。选择适当、可行的策略方案，既是对项目提出的实施措施，也是对项目规模、投入等进行最后的定向分析。策略分析的目的主要是选择一个或多个可能作为项目实施的潜在帮扶方案，找出针对主要问题和次要问题的解决途径，最终确定实际采用的发展项目方案。策略分析的步骤包括：一是将一些不切合实际的问题剔除。比如经济落后地区的主要问题是天气湿热导致农产品质量不高，转化为目标就是改善天气条件以符合作物生长。这样的目标没有任何意义，针对目标也没有切合实际的实施方案，因此可以作为无效问题剔除。二是标出各种手段之间的逻辑关系，明确各种策略之间能否捆绑实施。比如为了提升农业经营的信息化水平，政府可以开发网上信息平台或者研发手机 App，也可以培养村级信息员。这些策略既有区别也有交集，可以捆绑成一个大策略加以实施，在节约人力物力的同时最大限度整合发展资源。三是用号码或者标题标出不同的策略，以更好识别有效策略。因为针对一个问题的解决路径往往有很多，有些路径只能解决部分问题，有些路径在解决一个问题的同时也可以解决另一问题，这就需要我们对策略之间的关联进行研究分析，识别它们是分析的基础。四是评价策略。在评价和选择策略时要考虑帮扶策略的优先顺序，项目的技术、物资和人力条件，投入和产出的经济效益，时间的可持续性，其他项目参与机构的竞争与合作等。五是确定最佳项目方案。对不同创业扶持方案进行成本收益分析，在尊重农民意愿的基础上，通过集体研讨选择最优创业培植方案。

（4）指标分析。项目指标是指达到总目标、项目目标和项目成果的具体标准，一般被用于监测和评价目标取得的程度和进度。项目指标包括参加创业活动的农民数量、创业产出的质量、创业维持的时间、创业辐射带动的范围、创业服务的目标群体、产业发展的周期、开展创业的地点等。一个好的指标应该包括准确性、目的性、独立性和可检验性等特点。进行指标分析时，应首先明确主要目标、目标群体等指标，将这些指标进行分类排序；检查所确定的指标是否达到所要取得目标的要求，对所选指标进行精简；描述指标的出处来源，确保指标的科学有效。

（三）参与式创业培植计划的步骤

创业培植本身是一个系统的工程，其计划制订通常不是一次性完成。制订计划环节主要由 6 个步骤组成。

（1）确定创业培植项目目标。创业培植项目目标通常包括发展目标和创业目标两类，前者是针对政府和项目实施主体而言，后者是针对创业农民而言，两个目标之间既有相同也有差别。比如对于项目管理者而言，发展目标可能是优化当地产业结构，挖掘特色产业，整合产业发展资源，提升农民收入水平、构建生态宜居环境；而对于创业农民而言，最直接的目标是改善生活水平、收入能够支撑子女教育、移居到城市等。有时候发展目标和创业目标可能会发生矛盾，比如农民想过度开发环境搞旅游，而政府则希望保持原始生态风貌。在每一个目标下还会有不同阶段需要实现的子目标，这些子目标的内容更加具体，操作性更强。在制订计划时，需要项目人员和创业农民对项目目标有一个清晰的认识。

（2）确定自身资源禀赋。受制于自然环境、资金数量、农民受教育程度、交通状况、政策支持水平等的影响，一些目标可能在项目周期内无法实现，这就需要项目人员对目标进行取舍。比如在产业项目实施前，项目人员要明确产业面对的客户群、市场竞争主体、创业农民自身经营管理能力水平、创业优惠扶持政策等，通过分析这些创业前提条件确定计划实施的步骤和重点。

（3）开展创业活动分析。在进行项目计划设计过程中，项目人员要引导农民创业的方向、产业形态和服务类型、目标市场和客户群、创业模式和形式等，据此设计项目的环节、流程、方式等。比如开展生态环保扶贫，需要先确定当地的重大生态工程、围绕生态建设可以衍生出哪些岗位和机会、开展绿色创意产业需要的人力物力来源、可以合作的旅游开发公司、可以争取的创业基金支持等，根据分析结果设计创业扶持流程。

（4）进行创业培植规划设计。创业培植项目规划在设计过程中要通过小组访谈和参与式调研将创业农民的真实意愿采纳进来，切勿闭门造车。创业培植规划需要明确目标、方式、流程，不需要过于具体，要为今后计划的调整留出空间。规划内容应包括总体要求、地区发展形势、帮扶指导思想、创业培植目标、产业培植策略、创业培植工程、任务完成进度、成本收益预估、项目验收方式等。

（5）计划的反馈与完善。参与式理念强调任何项目计划都需要向创业农民进行反馈，收集农民对计划的意见建议，并对规划设计进行再完善。任何帮扶计划设计都不应是一次性完成，而是要和农民进行反复沟通，需要农民参与审核和校验。很多规划之所以在实践中难以落地，主要原因就是计划脱离实际，一些计划内容无法付诸实践。为了解决创业培植计划落地"最后一公里"问题，需要项目人员加强同创业农民的沟通，深入基层了解有关创业活动的开展情况，有针对性地对规划内容进行调整完善。

（6）风险防范与流程监督。创业本身是一项风险性极高的活动，其成功率并不高，因此在创业计划设计时需要考虑风险防范问题。对于农民而言，创业失败可能会导致破产和返贫，因此需要预设一些风险防范措施，比如政府托底、保险、赔偿等。此外，为了保证项目顺利实施，需要定期进行检查监督，以便对项目不同环节出现的问题能够及时发现和纠正。监督活动可由第三方承担，但一定要将创业农民纳入监督主体，培养其主人翁意识。

四、参与式创业培植工作实施

扶贫计划制定完成后，项目开始进入实施环节。在我国，减贫项目实施遵循着七个流程，即省下达资金计划→县制定项目申报指南→乡镇申报项目→县级部门初选项目→县扶贫开发领导小组研究确定项目立项→项目申报单位编制项目实施方案→县批复项目实施方案后下达项目资金。项目批复和资金下达后，项目正式进入实施阶段。项目实施主要遵循计划安排，是计划在项目点的落实。和普通减贫与防止返贫项目不同，参与式创业培植项目提倡对创业农民的赋权，将创业农民作为项目实施的主体。

（一）参与式创业培植实施的内涵与意义

和传统减贫与防止返贫模式相比，参与式减贫与防止返贫强调帮扶资源主导权的下沉，让农民自己主导自己的命运，让经济落后地区能够实现自我造血。早在 21 世纪初，我国就与世界银行合作，在很多贫困地区推广社区主导型发展扶贫模式，并取得了显著的成效。社区主导型发展扶贫项目将扶贫资源的使用权和控制权以及决策权交给社区，通过民主选举社区项目组织和民主遴选项目，确保贫困农民的决策权；通过公示投诉机制和监督小组的建立，确保民众的监督权；通过民主讨论制定项目评选、实施、监督和财务管理等制度，确保民众的参与权。实践表明，社区主导型发展扶贫项目中，由村民自主讨论决定项目工程的预算单价，比国家定额预算的单价低 1/3 以上，比以往政府主导的项目节约投资成本 2/3 以上。创业培植和传统扶贫不同，它更强调个体能力的提升和生计可持续发展，更注重创业农民的主动参与和自我造血。如果农民参与性不高，创业培植项目多数会以失败告终。因此，在创业培植实践过程中，需要特别要强调参与式理念和策略的引入，发挥创业农民自身创业潜能，引导农民群体自我独立可持续发展。参与式创业培植实施的内涵主要强调以下三点。

（1）合作关系。创业培植项目在实施过程中需要处理好多元主体之间的关系，整合与创业相关的社会资本。项目实施中政府应发挥指导和监督作用，在执行过程中将权力下放给创业农民、合作组织、扶贫企业和社会机构，并明确各主体的职能和权责。项目实施中的合作关系主要有三种：第一种是创业农民合作。在政府引导下，创业农民围绕本地主导特色产业合作进行创业，可以依托合作社，也可以通过众筹入股等形式。由于这种合作关系是零散农户的简单集合，产业关联和分工不紧密，创业活动具有不稳定性，经济风险很高。第二种是政府引导合作。通过政府提供的直接就业机会实现自身创业，比如一些与"扶志扶智"相结合的"爱心超市""公益性岗位""委托代理"等。从目前项目实施情况看，单独依靠政府扶持农民创业的模式几乎很难保证创业成功，创业可持续性不强，一旦政府停止资助或者项目周期完成，创业农民返贫机率大幅提升。第三种是多主体合作实现"农民＋"模式。该模式在实践中通过农民与合作社、家庭农场、企业、非政府组织合作，依托经营主体或社会组织资源开展创业，是避免创业高风险的一条有效路径。农民可以借助组织的资源、经验、渠道进行创业，无形中发挥了组织的辐射带动作用。

（2）赋权于民。参与式的核心是赋权，将发展权力交付给农民。项目人员要以权力赋予、公正平等观念作为项目的指导思想，激发农民自身潜能，鼓励农民表达心声，赋予农民发展能力，让农民成为项目的主体。项目实施过程中，政府及项目单位要加强参与式管理，营造善治氛围，并将很多事务下放交由经营主体去管理。从赋权角度看，创业培植是通过激发具有潜在创业意愿的农民的积极性，使其为谋取市场利益而自发完成的精准减贫与防止返贫工作，创业项目会提供一系列资源以支撑其各类创业活动，同时会通过参与式工具的使用赋予创业农民知情、参与、监督等各项权力。

（3）精准施策。参与式创业培植本身也是一种精准减贫与防止返贫方式，即在精准减贫与脱贫过程中，从项目目标的确定、帮扶需求的测定和帮扶对象的瞄准，到项目资源的分配决策、项目方案的规划设计，再到项目方案的实施运行和取得相应的培植效果，最后到项目效果的反馈和评估，政府、社会组织、农民等利益相关者都不同程度参与进来，民主决策，在达成共识的基础上协同行动，从而形成一个帮扶与发展共生的系统和协作网络[①]。对于创业农民而言，参与式引导下的精准减贫与防止返贫本质上就是一种权利结构的改变，从政府单方面无差异的撒网式扶持，过渡到赋予贫困农民在客观认识自身发展状态和需求基础上主动参与资源分配、项目实施和产业开发等行动的权利，这些权利包括政治权利、经济权利、生态权利和资源权利，是一个体现生存与发展诉求的完整权利集合。由于具有很强的瞄准性，因此参与式创业培植本身就是精准减贫与防止返贫的一种形式。

（二）参与式创业培植实施的方法

在具体开展创业培植项目时，需要应用一系列方法措施支持创业农民开展各类经济活动。这些方法措施主要包括政策支持、咨询服务、创业培训、园区建设、产业对接、资金扶持等。

（1）政策支持。我国减贫与防止返贫项目在政策设计上始终坚持以产业扶贫、易地扶贫搬迁、教育扶贫、生态保护扶贫、兜底保障为主的"五个一批"扶贫模式以及健康扶贫等多管齐下的扶贫方式。从减贫政策设计上，大体可归为三类：一是对已有扶贫攻坚战略的细化补充；二是体现政府、智库

---

① 范平花. 贫困减缓与教育发展：一个参与式治理的精准扶贫视角［J］. 贵州财经大学学报，2017（4）：105.

和民间理论及实践探索的扶贫新思路;三是不断修正和完善已经实施的扶贫政策。和传统扶贫政策不同,当前的减贫与防止返贫政策在设计上更多考虑多维贫困问题、生计脆弱性与返贫、新技术与精准识别、"五个一批"项目评估等。实践中,减贫与防止返贫政策体系中较为常见的减贫政策是整村推进扶贫政策、产业扶贫政策、易地搬迁扶贫政策、劳动力转移培训扶贫政策等,其中创业减贫政策中最常见的是产业减贫政策和劳动力转移培训减贫政策。产业减贫是以市场为导向、以经济效益为中心、以产业发展为杠杆的减贫开发模式。产业减贫是一种内生发展机制,通过实现农民与区域协同发展,最终将外生扶持力量转化为内生发展力量,激发创业农民自我发展的积极性,有效阻断贫困发生的各类动因。产业减贫的路径主要有两条,一条是扶持地区特色优势产业,引导创业农民对产业实行专门化经营;另一条是发展特色旅游业或"农家乐",利用区域旅游资源实现个体创业。劳动力转移培训减贫主要是通过培训推进地区富余劳动力向非农产业转移,按照"政府主导、市场运作"原则,坚持以实现农民转移就业为根本目的,针对低收入人口开展各类技能培训,其中会有相当数量的学员开展创业活动。我国最著名的劳动力转移培训减贫项目是"雨露计划",该项目以政府为主导,以社会参与为特色,以提高素质、增强就业和创业能力为宗旨,以职业教育、创业培训和农业实用技术培训为手段,以促成转移就业、自主创业为途径,帮助贫困地区农民解决在就业、创业中遇到的实际困难,最终达到发展生产、增加收入的目标。完善的减贫与防止返贫政策是发展项目顺利实施的前提条件,在政策设计上,应保障农民的参与,一切围绕农民的现实诉求,明确目标原则,强化保障措施,科学精准施策。

(2)咨询服务。多数创业农民都是单打独斗的"散户",信息资源不对称、政策扶持不知晓、创业方向不明确,需要项目人员有针对性地开展个性化创业咨询服务。实践中,一些地区为了解决服务落地问题,专门设立了农民创业公共服务中心,定期提供创业专家"坐诊服务"和上门服务,为有志创业的农民开辟"一站式"服务通道。个性化咨询服务是精准帮扶的前提,也是实现参与式发展的基础。创业培植项目应为农民提供创业能力测评、创业政策查询、创业专家指导、创业园区推荐、项目申请辅导等一系列创业咨询服务,随时解决农民在创业中遇到的问题和障碍。创业培植咨询服务在实施过程中可以采取各种方式，比如引入社会上的专业咨询服务机构开展创业帮扶工作，针对法律、税务、市场营销、人力资源等主题整合成咨询服务包，深化服务内容和形式；打造网络信息平台，在线向创业农民提供创业指导、政策咨询、资源对接、成果交流等服务，并适时发布市场最新信息和专家分析；依托"信息进村入户试点工作"支持创业创新农民依托网络平台发展电子商务；通过公开征集、资料审查、现场陈述、专家评审等程序，挑选出一批企业公司作为农民创业"孵化器"，在带动农民创业同时为农民提供各种市场信息和经营服务。由于每个创业农民的发展资本各异，从事的工作性质不同，咨询服务应该体现精准化和个性化特征，要将农民作为独立人格而不是接受救济的对象，依照农民意愿不断调整服务内容和形式。

（3）创业培训。创业培植项目可以根据农民创业意愿和市场需求举办创业培训，同时不断创新培训形式、优化项目开发、加强师资配置、提升培训质量。鼓励通过项目制方式，整建制购买职业技能培训或创业培训项目，为创业农民免费提供培训。项目还可以依托就业见习实习、创业孵化实训基地建设，鼓励培训机构与企业联合开展定向、定岗、订单式就业创业技能培训。和传统培训形式不同，参与式创业培植培训要求创业师资必须应用参与式创业培训方法，具体有以下几种。一是角色扮演。角色扮演是指学员在创业培训过程中扮演假设的或实际生活中人际关系的某些角色，以表达某些概念或说明一些问题的培训方法。角色扮演的目的是让学员提前进入工作状态，模拟工作环境和情境，创业辅导员可以根据角色扮演中出现的问题进行点评和讲授，目的是让培训内容更加生动直观。比如一些创业农民希望依托当地旅游资源担当景区导游，创业辅导员就可以让一个学员扮演导游，其他学员扮演游客，现实模拟导览过程，并通过学员提问互动发现创业农民知识储备和人际沟通方面存在的漏洞和不足。二是小组讨论。小组研讨是学员为了解决某个问题而面对面交换观点和意见的过程，一般分为结构化研讨和非正规化研讨。小组讨论的主要目的是沟通经验、交流观点、分享乡土知识、共同寻找解决问题的路径。比如依托当地特色产业开发产品，创业辅导员可以组织学员就本地资源禀赋、产业优劣势、产品性质、品牌建设、销售渠道等问题进行研讨，最终在创业方式上达成初步共识。三是案例分析。案例分析是指在培训过程中将一个实际或模拟的案例提供给学员进行研究分析的一种培训方法。创业辅导员在教学过程中收集整理一些创业案例进行展示和点评，案例可以是成功经验，也可以是反面教材，最终目的是让学员能够通过创业案例获得启发，取长补短。四是实地考察。实地考察就是带领学员到现场了解工作环境、设备和具体实践操作的过程。创业本身不能坐而论道，而是需要到创业现场体验和观察。创业辅导员可以带领学员到创业园区、创业企业、创业平台参观学习，亲身体验创业氛围、创业文化和创业流程，可以请创业者现场讲解，分享自己的创业经验，和学员深入交流创业想法，并对学员的创业计划提出宝贵建议。五是游戏。这里所说的游戏不是儿童娱乐方式，而是一种参与式培训形式，目的是提升学员的政策分析、沟通交流、团队建设水平。创业农民的创业活动通常无法完全依靠单打独斗，而是表现为组织化建设和团队行动。为了能够让学员之间加强合作、达成共识，可以通过拓展训练、团队建设、多人游戏来提升学员合作意识和能力。六是课堂讲授。创业培训是一个系统工程，在课程设计上应当循序渐进，可以少安排理论讲授，多安排务实课程，比如围绕发展设施农业、规模种养业、农产品加工业、民俗民族工艺产业、休闲农业与乡村旅游、农产品流通与电子商务、养老家政服务、生产资料供应服务等农村一二三产业等方面的经验模式，安排资金管理、电子商务、品牌建设、政策宣贯、风险防控方面的课程，并重点就产业策划、营销渠道、创新技术、市场趋势、领导能力等内容进行讲授。课堂讲授不一定限定在有围墙的教室，也可以在田间地头或者厂房车间。实践证明农民田间学校是一种很成功的农民培训形式，可以参考借鉴。七是示范带动。示范是指创业辅导员将某项技术或某种模式通过展示、演示等方式呈现给学员，引起他们的兴趣，并鼓励敦促他们效仿的培训过程。无论是一项具体的新技术，还是创新的营销思维和行动，都可以通过示范辐射带动其他学员效仿，起到创业行动以点带面发展普及。

（4）园区建设。农村创业创新园区（基地）是依托各类涉农园区（基地），通过政策集成、资源集聚和服务集中，融合原料生产、加工流通、休闲旅游、电子商务等产业，集见习、实习、实训、咨询、孵化等服务为一体，具有功能定位准确、管理规范、示范带动能力强等特点的农村创业创新服务平台，是支持农村创业创新的重要载体。加快农村创业创新园区建设，有利于整合市场准入、金融服务、财政支持、用地用电、创业培训、社会保障、信息技术等政策措施，有利于聚集土地、资金、科技、人才、信息等资源要素，有利于开展见习、实习、实训、创意、演练等实际操作，形成统一的政策服务窗口、便捷的信息服务平台和创业创新孵化高地，吸引更多的有一定资金技术积累、较强市场意识和丰富经营管理经验的创业农民依托园区基地开展生产经营活动。应当依托创业培植项目，建设标准高、服务优、示范带动作用强的创业园区，实现政策、资源和要素的集成整合，推动形成以创新促创业、以创业促就业、以就业促增收的良性互动格局。2017 年，农业农村部曾经发布《促进农村创业创新园区建设的指导意见》，对园区建设的意义、要求、任务都有明确的规定。今后在扶贫项目实施中，要依托众创空间、创业园区等为创业农民提供投融资、众筹、孵化等服务，全方位开展项目洽谈、投资融资、市场推广、产品展销、技术交流、人才招聘等活动。

（5）产业对接。实践证明，没有产业带动，农民就没有创业依托，经济落后地区就很难持续性脱贫。产业对接，就是创业农民利用地区资源优势发展特色产品种养殖、生态高效农业和农产品加工业，延伸农产品价值链，并通过合作组织、家庭农场、公司企业的辐射带动实现就地创业增收。由于文化水平低、创业资本不足、销售资源匮乏、管理能力欠缺、市场信息滞后等问题，农民依托产业散兵作战的失败率很高，需要在创业培植项目引导下与经营主体紧密对接，依托经营主体的"传、帮、带"作用实现创业共赢。与经营主体的产业对接方式很多，比如与创业示范户对接，发挥示范户的能人效应和辐射带动作用，在示范主体自身扩大生产经营规模的基础上实现群体性共同富裕；与企业合作，发挥企业对创业农民的扶持作用，形成紧密的产销关系，引导创业农民进入市场风险大、技术水平高、专业分工细、资金技术密集的产业领域；与科研院校合作，应用院校研发的新技术、新品种、新设备，以创新带动创业，引导创业农民进入投资少、见效快、覆盖广的新型种养殖业和加工服务业；加入本地合作组织，与其他农民抱团发展，实现群体创业的群众性、专业性、互利性和互助性，通过组织化建设提升创业资源自给水平；与专业市场建立联系，通过与商品生产基地、产品收购市场、专业批发市场、产品集散中心对接，畅通销售渠道，扩大市场货源，降低流通成本。创业培植项目在实施过程中，要善于引导创业农民与市场主体、研发主体对接，发挥多元主体辐射带动作用，整合创业资源，降低创业风险。

（6）资金扶持。金融支持是精准减贫与防止返贫大背景下重要的减贫模式之一，利用金融产品对农民进行扶持和帮助，发挥金融产品的减贫作用。要促进农村地区的金融服务优化，可以借助商业性金融、合作性金融和政策性金融的力量，扩大金融扶贫的范围，打造科学帮扶模式。"后扶贫时代"，我国金融机构开始瞄准欠发达地区，根据区域差异、行业差异、发展程度差异等，制定、出台一系列金融帮扶政策，推出多种金融产品，创新金融服务手段和方式，广泛动员社会力量开发金融支持创业的新模式。在创业培植项目实施过程中，创业农民可以通过创业扶持基金、市场经营主体贷款、抵押担保等形式筹集创业资金。比如国务院办公厅印发的《关于有效发挥政府性融资担保基金作用　切实支持小微企业和三农发展的指导意见》，对降低小微企业和三农综合融资成本、完善银担合作机制、融资担保和再担保机构建设、社会信用体系建设、差异化监管措施等内容提出了要求。为了鼓励创业农民利用金融优惠政策积累创业起步资金，创业培植项目应当针对申请登记、资格认定、调查与评审、担保与放贷对创业农民进行宣讲和指导。

（三）参与式创业培植实施的环节

和传统扶贫项目不同，参与式创业培植项目在开展流程上更多考虑到引导创业农民参与项目活动，而不是被动接受项目人员的安排。创业培植强调精准、参与和可持续，项目在开展过程中必须体现和贯彻这些原则。创业培植项目除了遵循传统扶贫项目的开展流程和步骤，在实践中还会根据具体情况增加一些环节以保证农民的参与和决策。参与式创业培植活动主要由以下五个环节组成。

（1）确定创业主体。传统扶贫项目是将农村社区或农民群体作为干预对象，没有考虑到农民个体意愿和行为的异质性，有时无法精准到人。创业培植项目的扶持对象是创业者个人，必须针对"人"来精准施策，这就需要项目人员在开展项目前明确扶持对象，确定创业主体。项目人员在确定扶持对象前需要确定标准，比如要求有一定的发展资本、具有一定的从业经验、年龄不能太大、在村中具有一定威望、积极主动性较强、有承担创业风险的能力等。其中有几项指标尤为关键，比如需要具有一定的创业资本，这些资本不仅指积蓄，还包括劳动能力、受教育程度、社会关系网络等，这些生计资本要素直接决定着创业成功率；需要有一定的社会威望和感召力，族长、精英、能人、大户在开展创业活动时具有很强的辐射带动性，能够在创业成功后带领其他农民致富；具有创业、从业经验的人群更容易提升创业成功率，那些返乡农民工在外出务工阶段积累了一定的资金、经验和人脉，可以在创业过程中缩短创业周期，提供创业资源，保障创业可持续性。在确定创业主体时，项目人员要有一定的性别敏感性，保证一定比例的女性农民参与；要特别关注弱势群体的利益，选择条件基础好、年龄结构合理的农户参与项目，而不是让资源集中在村中的权力拥有者手中；要考虑创业农民的辐射带动性，项目不是为了少数农民获利，而是要通过个体创业带动群体就业，如果因为项目实施拉大了社区的贫富差距，那么项目本身不能称之为成功。

（2）分析资源禀赋。虽然项目人员在需求调研和计划设计阶段会进行社区资源禀赋分析，但是都属于项目批准前的活动，此时经费、政策和人员还未落地。在项目审批通过之后，项目人员还要再次带领创业农民进行资源禀赋分析，对现有的创业资源进行整合。创业农民进行创业时需要具备一定的外部资源和内部资源。外部资源包括项目供给、优惠政策、社区环境、人际关系、创业基地、带动主体；内部资源包括个体现阶段所拥有的自然资本、物质资本、人力资本、金融资本和社会资本。创业活动要想取得成功，必须具有某些关键性的创业资源。比如社区开展乡村特色旅游，首先需要本地有一定的旅游资源，自然环境良好、交通便利等是开展旅游产业的基础条件；其次需要有优惠政策和发展项目支持，比如前期投入、基础设施建设、民居修缮建设、产业专家指导等，项目要保证给予社区长期人力物力支持；最后需要引导农民依托产业创业，让小农户真正参与到市场经营活动，比如生产销售手工艺品、开展民俗节庆活动、从事餐饮民宿经营等，都需要创业农民具有一定的发展资源作为创业基础。不同产业需要的创业资源和发展资本的种类、数量不同，需要项目人员和创业农民集体进行分类、归纳和计算；不同阶段需要的资源总量存在差异，需要对既有创业资源进行科学管理；不同农户资源禀赋不同，需要在公平公正基础上对既有创业资源进行合理分配。

资源分析和分配都应建立在创业农民共同参与基础上，任何对资源利用的决策都需要达成群体共识。

（3）围绕产业扶贫。农民创业的核心是要围绕产业发展，无论是就地就近创业还是易地搬迁创业，都离不开一定的产业基础。任何创业培植项目都不能脱离社区的优势产业，那些脱离实际的产业扶持项目多数都以失败告终。在开展创业培植之前，需要立足当地资源优势，尊重农民种养传统，瞄准具有区域资源禀赋、人文内涵和民族特色的优势产业；需要发展市场需求潜力大、竞争优势强的产业，同时兼顾自给性产业发展；需要实现产业连片规模化、集约化发展，强化产业链建设和产业整体开发力度；需要依靠科技进步改造传统生产经营模式，增强特色产品品质优势；需要在发展产业的同时兼顾民生，促进农业农村生产生活条件改善。实践中，产业扶持的具体实施流程应包含以下六个方面。一是开展创业培训。项目初期针对不同类型的农户开展不同内容的创业培训活动，让参与项目的创业农民有一技之长，管理能力能够有所提升。二是选准产业类型。遵循参与式的原则确定产业类型和衍生创业空间，明确不同产业模块之间的关系，预支产业发展的经费，找准重点，持续发力。三是建立产业园区或者创业基地。建设标准高、服务优、示范带动能力强的创业示范基地或产业园区，为农民创业提供集中的场所和高效便捷服务，依托园区基地加强与金融部门和创业基金、风投公司等主体的合作，联合搭建创业支撑对接平台。四是组织专家入村进行指导和咨询。定期组织专家学者到园区基地和农户家中开展指导和咨询服务，发现创业过程中存在的问题，提出推进项目实施的建议，并对不同环节的创业活动进行系统评估。五是招商引资带动农民创业。当农民创业活动达到一定规模并可以稳定维持生计之后，可以采取招商引资方式吸引客商在产业园区建厂，不断延伸产业链条，依托外部资源带动大规模农民创业。六是强化品牌建设。要在发展产业过程中时刻树立品牌意识，不能就产业论产业，而是要迎合市场打造精品，树立品牌知名度，围绕品牌做优产品，不断提升产品附加值。

（4）搭建服务平台。要想提升创业成功率，创业培植项目需要借外部资源力促内部发展。由于经济落后地区留守农民在观念意识、思维理念、管理能力等方面偏于落后，无法快速接受新生事物，不能抵抗创业失败打来的风险，引导本地农民直接开展创业通常无法快速取得成功。而返乡人员具有在城市工作的经历，拥有一定的资金、技术和管理经验，因此应当成为农村创业主体的主要组成部分。因此优先培植返乡人员创业，再由返乡人员带动其他农民创业，是一条绩效比最优的路径。创业培植项目应鼓励已经成功创业的农民工把适合的产业转移到家乡进行再创业、再发展；鼓励积累了一定资金、技术和管理经验的返乡人员回乡带动农民创业致富；鼓励返乡人员发挥其既熟悉输入地市场又熟悉输出地资源的优势，通过对少数民族传统手工艺品、绿色农产品等输出地特色产品的挖掘、升级和品牌化，实现输出地产品与输入地市场的对接；支持新型农业经营主体带动发展返乡创业。鼓励返乡人员开展创业发展乡村产业的前提是创业培植项目必须提供完善的服务平台，从各方面为创业人员提供各项服务，以解除回乡创业者的后顾之忧。为此，项目应本着"政府提供平台、平台集聚资源、资源服务创业"的思路，依托基层公共平台集聚政府公共资源和社会其他各方资源，为创业人员提供服务。比如，推进县乡基层就业和社会保障服务平台、中小企业公共服务平台、农村基层综合公共服务平台、农村社区公共服务综合信息平台的建设；培育专业化市场中介服务机构，提供市场分析、管理辅导等深度服务，帮助返乡创业人员改善管理、开拓市场；引导大型市场中介服务机构跨区域拓展，推动输出地形成专业化、社会化、网络化的市场中介服务体系；引导社会资本加大投入，建设发展市场化、专业化的众创空间，促进创新创意与企业发展有效对接，市场需求和社会资本有效对接。

（5）探索长效机制。任何创业培植项目都具有周期性，项目在结束的时候需要面对如何保障今后创业活动的成功开展、如何延长创业活动的可持续性、如何确保农民脱贫不返贫等问题，需要项目人员在帮扶过程中构建长效发展机制。参与式减贫与防止返贫的最终目标是实现农民的自我管理、自我经营、自我发展，让农民成为社区发展的主体。为了保障项目长效机制的构建，需要在实施过程中提升创业农民独立自主经营管理的能力，加强农民组织化建设，实现"抱团发展"。探索"公司＋农户＋基地＋市场"的创业模式，形成产业发展体系内的自我运转和内部循环。农民合作社是市场经济发展的产物，是在农村家庭联产承包经营的基础上，由同类农产品的生产经营者或服务的提供者、利用者联合成立的互助性经济组织。当前的农民合作社在提高农业专业化水平、提升农民组织化程度方面发挥了较大作用，凸显了较强的集聚效应，为创业农民提供了发展空间，成为农村创业的组织载体①。在创业培植活动中，项目人员要引导创业农民组建农民合作社，整合创业资源，发挥合作组织在创业领域的辐射带动作用，让创业扶持工作能够依托合作组织长期在社区存续下去。项目人员还要通过引入参与式方法，实现农民培训、创业规划设计、民主决策等活动在社区内部的自我运行，将创业支持活动的管理权移交给农民。此外，按照多中心治理理论的要求，项目应该引入多元主体参与，当项目周期完成后，政府可以将项目后续工作交托给第三方组织继续运行，比如非政府组织、科研院校或者企业等，由非政府主体继续开展服务工作，实现创业培植的市场化运作。

五、参与式创业培植绩效评估

创业培植项目结束后，需要对创业培植的过程和效果进行系统评估，总结经验，查找问题，提出建议，目的是为了今后对项目进行不断的完善和创新。参与式创业培植绩效评估就是通过应用参与式评估工具调查、收集各种项目信息，在广泛动员创业农民参与的前提下，运用科学的方法对培植项目的各个环节进行观察、衡量、对照、检查和考核，判断创业培植项目是否达到了预期目标和标准。

（一）创业培植评估的内涵和意义

十八大以来，我国扶贫开发事业取得了显著成效，开创了新局面，取得了新进展，特别是在扶贫治理方面有了创新和突破。为了确保扶贫工作落到实处，我国在扶贫开发过程中首次引入了第三方评估机制，实现精准扶贫工作成效第三方评估，成为世界上规模最大的扶贫评估活动，也是我国扶贫开发工作的一大创新，对保障脱贫质量、促进目标实现具有十分重要的意义。2015年底印发的《中共中央国务院关于打赢脱贫攻坚战的决定》也明确指

---

① 赵晓峰. 农民专业合作社：青年农民创业的组织载体 [J]. 中国社会科学报，2012（9）：120.

出，要开展贫困地区群众扶贫满意度调查，建立对扶贫政策落实情况和扶贫成效的第三方评估机制。此后，《省级党委和政府扶贫开发工作成效考核办法》《关于建立贫困退出机制的意见》等文件相继出台，对第三方评估的组织实施、评估方式、评估内容等具体工作进行了具体、明确的部署。2016年，中央层面启动中西部22个省（自治区、直辖市）党委、政府扶贫开发成效第三方评估，相关各省启动市、县扶贫开发成效第三方评估，评估结果均被作为党政领导班子和干部履职考核及问责的重要依据。第三方评估的主要内容包括三方面。一是建立和完善扶贫评估指标体系。构建科学、全面的评估指标体系，明确定性与定量两类指标，实现彼此之间的相互印证。二是组织一支熟悉扶贫工作的评估人才队伍。在委托专业评估机构开展评估工作同时，吸收有经验的基层干部采用地区交叉的方式参与到评估工作中，避免因主体单一导致误判。三是以评促改。通过第三方评估更好改进和巩固扶贫效果，在注重结果的基础上注重过程，确保实现"精准评估"的目标。第三方评估是参与式减贫与防止返贫工作评估的一种，其主要功能在于督促地方政府更多关注弱势群体诉求，形成防止返贫工作民主治理新机制，深化对中国特色扶贫开发路径的认识。参与式创业培植绩效评估本质上就是一种多中心治理结构下的多元参与模式，除了委托第三方评估机构进行评估外，最重要的是将创业农民纳入评估活动中，给予受益群体意愿表达的渠道。参与式创业培植评估的主要意义在于，一是将自上而下的内部评估转换为自下而上的外部评估，将评估工作交由专业机构和受益群体，既可以避免地方政府利用信息优势弄虚作假，搞形式主义，做表面文章，也可以强化参与农民的主人翁意识，培养其参与项目的管理能力和创新意识；二是多元主体参与为评估机制的构建提供了中立性、科学化、接近实际的新视角，为上下游开通了传递信息的新渠道，让评估活动可以反馈创业农民的真实诉求，让创业培植项目实施更加科学有效；三是构建项目的民主治理机制，让项目实施者将创业农民的意愿和偏好作为决策的依据，在设计项目的时候考虑多元主体的参与和民主决策机制的构建，实现项目上下游的双重管理监督。无论是第三方评估的引入还是参与式理念的植入，都是建立在"创业农民—地方政府—中央政府"三方关系上，能够让创业农民的利益诉求得到充分表达，也能够使中央政府的意志得到贯彻实施，还能够为地方政府留出因地制宜的必要空间，是中国特色民主治理机制的重要表现形式。在第三方评估过程中使用参与式工具，可以促进创业群体的广泛参与，保障对弱势农民的全面赋权，实现项目框架下权力资源的再分配。

（二）参与式创业培植评估的原则

在对创业培植项目进行监测评估过程中，人们也必须共同遵守一些行为规范，即创业培植评估原则。这些原则主要是为了保障评估过程能够真正对受益者实现赋权。参与式创业培植评估的原则主要包括 6 项。

（1）以人为本原则。创业培植项目的主要目的不仅仅是为了增加产量、提高收入、扩大影响，更应成为一种人力资源开发手段，核心是为了人自身的可持续发展。因此，创业培植项目监测与评估的目标应该包括创业农民观念的更新、素质的提升、技能的完善和身心的健康。比如创业意识的培植、创业能力的增长、创业水平的提高等。在开展创业培植项目评估时，应考虑帮扶工作开展给所有利益相关者带来的影响，在评估工作中要吸收有关管理人员、帮扶对象和相关专家的意见，充分考虑培植工作的公平性、持续性、精准性和公益性。总而言之，评估创业培植工作成效的主要原则不是指标数量上的简单提升，而是让个体获得利用发展资源实现个人可持续发展的能力。

（2）依规评估原则。创业培植工作涉及的相关法律法规很多，包括《中华人民共和国农业法》《中国农村扶贫开发纲要》《关于创新机制扎实推进农村扶贫开发工作的意见》等。减贫与防止返贫项目评估工作要以法律法规为准绳，同时还要符合诸如《精准扶贫工作成效考核评估规范》、国家精准扶贫工作成效第三方评估要求等，是一项合法依规的系统工作，需要在制度框架内执行。

（3）整体性原则。开展对创业培植项目的评估，必须注意项目的系统性和全面性，考虑项目的执行对其他相关要素的影响，比如对创业的经济效益、社会效益和生态效益给予综合评价。在对一项创业培植项目进行绩效评价时，不能只看数字的简单增长，还要以地区经济和社会发展目标为依据，考虑创业活动对当地生态环境、社会环境和总体经济发展带来的综合影响，考察项目的各类效益能否有机统一。比如一项旅游创业活动虽然可以短期提升农民的收入，但是却造成了生态环境的恶化，这种创业活动也是不可持续的，很可能今后因环境恶化导致农民收入持续下降。

（4）参与式原则。参与式创业培植项目的核心就是赋权，因此项目全程都要贯彻参与式理念。传统的扶贫项目评估通常是由政府官员和技术专家来实施，政府是评估的主体，很多时候是"自己评估自己"。创业培植项目参与式评估是按照多中心治理理论的要求进行设计，强调项目的载体和受益人群是农民，他们在项目实施过程中应扮演重要角色，他们对培植工作是否成功、效益如何有着切身的体验和感受。开展创业培植项目评估应该有创业农民的参与，应当赋予他们参与权、发言权和决策权。参与式创业培植评估是管理者和创业农民共同对帮扶活动的信息进行系统记录及阶段性分析的过程，是对创业活动的成果、影响和问题进行综合评价。这些活动应该由项目人员及受益群体共同完成，评估指标的设定、评估工具的选择、评估流程的确定和评估结果的公布应该体现受益群体的真实意见。

（5）策略适用性原则。创业培植策略是一系列帮扶方法、工具、技术和流程的总合，只有这些策略相互适用、相辅相成，项目才能发挥作用，快速实现预期目标。所谓策略的适用性，主要是指创业领域的选择不仅要适应当地的自然条件，也要适应社会经济环境，不可脱离实际凭空设计。创业培植项目引导的方向、设立的目标、推广的技术、提供的服务、传递的信息、使用的方法必须符合当时当地的实际情况，需要考虑创业农民的乡土技术和乡土知识，不能单纯追求创业工作的高大上，不能让培植工作脱离实际。创业培植评估主体必须认真分析评价对象的各个方面，对所掌握的信息和资料进行细致的比较、鉴别，确保培植策略在经济上、社会上和文化上都能适应当地的发展需要，能够满足创业主体的多样化诉求。

（6）性别关注原则。边缘弱势人群主要分布在偏远地区，那里消息闭塞、传统观念根深蒂固，特别是农村女性的地位普遍不高，很多创业活动将女性排除在外。参与式创业培植评估强调对社会性别的关注，主张要将女性归入创业群体，认为她们有自我发展的权利，是农村创业活动的主力军和实践者。无论是扶贫对象的选择，还是发展资源的分配，再或者是创业效果的评估，都需要保证一定比例的女性创业者参加，她们应该受到与男性同等的对待。

（三）参与式创业培植评估的方法工具

参与式创业培植评估需要强调多元主体的参与，并将不同方式方法统一使用，目的是最大限度保证受益群体的深度参与，并将专业评估主体纳入评估活动中，避免政府一家独大。参与式创业培植评估方式主要包括创业主体自我评估、创业主体反映评估和外部专家评估三种，每种方法的评估主体和评估环境均有一定差异。

（1）自我评估。自我评估是项目实施主体及创业服务人员根据评估目标、原则及现有资料，对自身开展的项目工作进行自我审视和诊断的一种主观评价方式。这种评估方式的优势主要包括：一是项目实施主体和创业服务人员对项目开展情况了解得更多，更熟悉项目实际运作流程；二是积累了丰富的一手资料，对数据掌握更加全面，对创业活动的总体情况认识更加充分；三是因为本身是评估主体，评估工作投入量较低，可以最大限度节省时间、资金和人力。这种评估方式存在的问题主要包括：一是由于项目人员主导评估工作，评估结果难免偏主观，对于创业农民在创业过程中存在的一些隐性问题往往容易忽略；二是注重创业前后的纵向比较，而忽视创业者之间的横向比较；三是受评估主体自身素质的影响较大，评估结果的客观性取决于评估主体自身能力水平。自我评估是传统扶贫项目普遍采用的评估方式，评估主体通常为政府机构和项目管理机构，由于采用自上而下评估方式，评估视角偏行政化，有时会忽略创业农民的真实诉求。

（2）反映评估。反映评估是指通过研究创业群体对待创业培植工作的态度和反映来评估创业扶贫项目完成情况的评价方式，通常采取工作小组的形式开展，是参与式评估的主要方式。反映评估的实质是引导创业农民参与到项目评估活动中，并成为评估的重要主体，一切评估活动都围绕创业农民的需求间距展开。反映评估的主要优势包括：一是创业农民的反馈更加客观，更贴合实际情况，他们的建议更有价值；二是鼓励创业农民参与创业培植项目评估活动中，更能激发创业农民参与意识，调动他们的主观能动性；三是更增加了创业农民与评估人员之间的互动，有利于建立信息双向反馈的沟通模式，让信息流动更加顺畅有效。反映评估存在的问题包括：一是受限于农户自身知识水平和认知能力，可能会造成评估结果与实际效果存在偏差；二是由于创业农民首次接触参与式方法和工具，因此在应用过程中会导致效率不高，需要项目人员在开展评估前让创业农民事先了解评估的方式和意义，知晓评估流程；三是对评估人员应用评估方法的熟练程度提出了很高的要求。反映评估通常采取小组的形式进行，需要使用的评估方法主要包括问卷、半结构访谈和观察记录。

（3）专家评估。专家评估就是聘请有关项目专家、管理人员、研究学者等组成评估小组对项目开展评价活动。为了客观、公正地对政府的项目成绩进行评定，我国探索出了第三方评估方式，以提高扶贫政策的精准有效性。第三方评估方式的引入，改变了传统扶贫项目"说的比做的好"的现象，让评估工作更加客观、真实、科学。专家评估的优势主要包括：一是外部专家具有丰富的理论知识和实践经验，能够更加科学、客观地评价项目实施效果；二是外部专家能够通过熟练应用各种评估方法和工具，获得更多、更有价值的信息和数据，能够在评估过程中发现隐性问题；三是外部专家能够根据评估结论提出完善项目的建议，建议的可行性和实操性更强；四是评估活动实施效率高，节省时间。外部专家评估存在的问题包括：一是成本较高，需要具有充足的评估活动经费支持；二是专家在扶贫项目评估过程中容易与创业农民之间产生沟通障碍，专家掌握绝对话语权，创业者的信息反馈容易被专家的意见和看法所取代；三是专家评估活动通常局限于可行性评估和效果评估，无法评价整个项目流程和各个实施关键环节，因此具有局限性。

参与式创业培植评估是以上三种评估方式的总合，需要将管理人员、创业群体和扶贫专家等多元主体引入到评估活动中来，同时强调对创业农民的赋权。在开展创业培植项目的评估时，还需要采用定量评估方法和定性评估方法，以确保评估的科学性和有效性。定量评估方法是指评估者借助于对事物的经验、知识和对事物的观察、了解，科学地进行分析、判断，并将分析结果量化表示的评价方法。运用这种方法可以确定创业培植项目的成效和问题，比如创业农民的投入产出比、创业成功率、创业资源使用效率、创业回报率、创业劳动力投入、脱贫率等。创业培植量化评估方法主要包括比较分析法和综合评价法两类。比较分析法是一种常用的直观分析方法，是将不同的空间、时间、项目和对象等因素或不同类型的评估指标进行比较。比如项目前后创业农民收入变化、项目村和非项目村人均收入比较、技术引入前后的农作物产量变化等。这种方法逻辑严密、操作简单,可以直观地反映创业培植项目所发挥的作用。综合评价法是一种将不同性质的若干评估指标转化为可度量、可对比的综合指标进行评价的方法。综合评估法种类很多,主要包括关键指标法、综合评分法和加权平均指数法。关键指标法是根据一项重要指标的比较对全局做出总体评估;综合评分法是指选择若干重要评估指标,根据评估指标确定的计分方法对实际完成情况进行打分,根据各项指标的实际总分做出全面评价;加权平均指数法是指选择若干重要指标,并将实际完成情况和比较标准进行比较,计算出个体指数,同时根据重要程度规定每个指标的权重,计算出加权平均数,以平均指数值的高低做出评价。涉及排序、赋值、均分的方法都可以被视为综合评估法在实践中的应用。定性评估法是指把评价内容分解成多个项目,再将每个项目划分为多个等级,按照重要性设置权重作为定性评价的量化指标。评估人员对于每个评估项目进行打分,然后计算平均分数。这种评估方法可以定性评价项目效益、研发能力、方法应用、人员素质、扩散机制等内容,比定量评价更加全面真实。比如创业人员素质的提升、创业活动对自然环境的影响、创业活动引发的生计多样性、示范户的辐射带动水平、新技术的普及效果、市场信息发挥的功效等都需要用定性评价获得。由于定量评估方法和定性评估方法优势各异,评估人员通常需要将两种方法整合在一起使用,以达到取长补短的效果。

边缘弱势农民通常受教育水平不高,文盲比重很大,采取传统的评估工具无法保证他们全程参与评估活动,因此在选择评估工具的时候要考虑农民的接受水平和认知方式。参与式评估工具通常都用直观生动的方式展示,目的是让创业农民在开展评估活动时能够快速理解、掌握和应用评估工具。参与式评估工具按照类别可以分为访谈、分析、排序、展示和会议五大类,每次评估活动都需要从中选择几种最优工具进行组合使用。探讨创业前后社会经济、文化变化发展的方法主要有直接观察法、资料回顾法和分析法等,主要用于协助评估者对项目点的历史和现状有一个大致的了解;探讨创业空间结构和背景的工具主要有社区图、资料图、剖面图等,主要用于分析项目点的自然资源、发展资本和社会经济状况的空间结构变化;探讨创业活动时间变化的工具主要有大事记、季节历、农户日记图、趋势变化图等,主要用于分析与创业农民的生产、生活有关的事物随时间的变化趋势,以发现创业前后生产生活方面的差异；探讨创业资源流动水平的工具主要包括物资流动图、资金流动图、信息流动图等，主要用于分析创业农民在创业活动中物资、信息、资金的流动范围、数量和影响因素；探讨与创业活动关系的工具主要包括组织机构关系图、因果关系图和问题树等，主要用于分析创业农民与利益相关者之间的关系，以及创业活动的因果联系；探讨分类和排序的工具主要包括排序打分、矩阵打分、贫富分级等，主要用于分析不同类型创业农民的分类分层。在实践中，评估人员在评估创业活动时经常应用的分析方法包括 SWOT 分析和主要问题分析；排序类工具包括简单排序和矩阵排序；展示类工具包括展示板、壁画、墙报、录像带等；会议类工具包括村民大会和小组会议。

（四）参与式创业培植评估的步骤

开展参与式创业培植评估的步骤因扶持项目的不同而有所变化，但基本步骤是固定的。和传统评估流程不同，由于参与式评估强调多元主体合作开展评估工作，因此需要认真制定评估计划、开展集体行动、使用参与式方法和工具，保证评估工作的顺利实施。开展评估时主要有以下 5 个步骤。

（1）制定工作计划。由于开展创业培植评估工作的资源有限，创业农民所关心的问题各不相同，各个阶段的项目目标存在差异，因此评估人员需要首先制定一个科学的评估工作计划。评估计划应回答将要如何开展创业扶持，为什么要依靠创业活动帮助农民持续性脱贫，以及如何通过创业活动提升农民收入和能力。在创业培植评估工作计划中，一般要首先确定评估所用的指标，明确衡量创业活动或实施情况的计量尺度，例如农民创业收入增长情况、农民创业辐射带动范围、农民发展资本积累情况等。除了确定评估指标和建立完善的评估指标体系，还要选用有效的评估方法，比如要确定所用数据收集方式、运算公式、检验流程等。

（2）回顾培植项目计划。创业培植评估是对创业培植项目计划的完成情况的评价，需要对原来的项目计划进行回顾。回顾项目计划并非是简单回忆，而是要进行系统科学的分析。比如要确定参与回顾和讨论的主题，要设计选择激发回顾的方法，要确保回顾的真实性和有效性，要对回顾的内容进行甄别。回顾培植项目计划需要有专门的管理人员负责组织实施，要在项目接近完成时着手进行准备。回顾的内容要精简，不能是漫无目标的空谈，而是要有针对性地反映项目的完成情况。回顾培植项目计划的最终目的是要和目前完成情况进行比较，确定项目是否如期按计划完成，是否达到了项目的预设目标。

（3）设计评估框架。评估工作框架是在评估工作计划的基础上对工作思路进行逻辑化的分析和安排，目的是将项目评估工作的内容模块化、条理化和可视化，让评估各个环节直观易懂。评估工作的框架可以被绘制成一个可视化的图表，从中了解评估工作的总体思路、逻辑顺序、工作分类和阶段划分，整个框架应该是线性、直观和可操作的。一般情况下，项目评估人员在完成回顾环节后，需要依托获得的回顾材料着手设计评估工作框架，细化评估内容，选择评估工具，明确工作权责。

（4）开展评估工作。开展评估工作包括实地调查、分析材料、提出结论。实地调查是指针对创业培植项目实施效果进行实地走访，开展访谈、调研和参观等活动，摸清项目运作的总体情况，了解项目实施的总体效果。为了强调多元主体的参与性，开展实地调查通常选用参与式调研方法，运用参与式调研工具。在实地调查完成后，评估人员开始对调查获取的材料和信息进行分析整理，甄别有用数据，汇总意见建议，研究问题产生原因，分析培植流程。经过材料分析，可以依托数据分析结果和研究结论，对创业培植项目的总体开展情况有一个科学评判，并对今后如何进一步完善创业培植项目提出意见建议。

（5）撰写评估报告。评估人员通常都会在评估工作完成后撰写一篇评估报告。一般评估报告的内容应该包括开展项目的背景介绍、创业培植项目的实施目标、创业培植项目的实施流程、创业培植项目的实施环节、不同创业培植环节的评估效果、创业培植取得的成效、创业培植过程中存在的问题、改进完善的建议等。评估报告要力求语言平实、言简意赅、有针对性。

在以上五步中，设计评估工作框架最为重要，它决定了评估的内容、目标和进度。通常情况下，一个完整的评估框架应该包含评估指标、主体关系、实施步骤等内容。和传统评估方法不同，参与式创业培植评估工作要将项目利益相关者全部纳入考评体系中，尤其强调创业农民在评估工作中的主体地位。图 5 - 2 就是一个典型的参与式创业培植项目评估框架，框架中包含了所有利益相关者，分别对农户层面、社区层面和机构层面开展有关效果和影响评价。

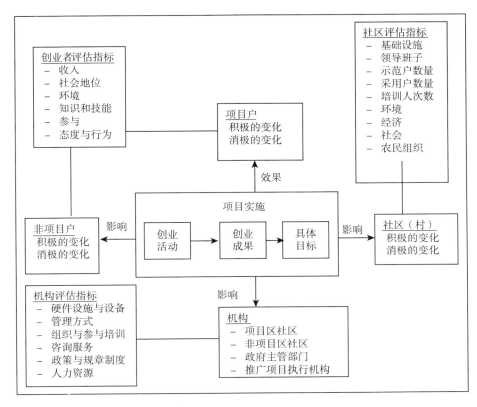

图 5-2 创业培植项目评价框架

六、小结

农村发展应该是内生性的，而不是完全依靠外部的输血式救济。传统项目通常是采用完全意义上的外部干预策略，没有将扶持措施内化为农民自身的发展动力，因此项目完成后，农村又恢复到过去的贫穷状态，农民返贫比重大，扶贫效果差。参与式减贫与防止返贫主张"赋权于民"，让农民成为项目的"主人"。参与式创业培植目标是为了从根本上治理贫困，由政府从财政拿出一定数量资金用于创造更多创业致富机会，并赋予边缘弱势农户应有的知情权、参与权和监督权，鼓励他们参与农村发展项目决策、实施、监督和验收的整个过程，提升农村边缘弱势农民自主脱贫和自我发展能力[①]。和传统扶贫项目相比，参与式创业培植更强调将项目资源的使用权和控制权以及决策权完全交给农民，通过民主的方式制订计划、开展工作，并在整个发展项目中引入多元主体，从而提高帮扶培植工作的效率，增进社区内生发展动力。农民自身发展与当地产业发展实现有效对接，政府组织农民利用本地资源优势，通过创业方式脱贫致富，农民在参与社区经济建设过程中与现代市场实现了有效对接，通过发展新产业新业态新模式寻找致富新路径，进而在整合内外发展资本的基础上实现自我发展。参与式创业培植本身也是一种有效的精准减贫与防止返贫方式。从目标确定到方式选择，帮扶培植施策讲求个性化、差异化、精细化，确保减贫与防止返贫工作能够到户到人，并实现外部发展干预策略与内部创业活动的对接互动。由于精准减贫同参与式减贫与防止返贫具有内在一致性，因此两者都可以被视为边缘弱势农民对发展决策的介入和对项目资源的控制。这种介入与控制不是强调对弱势群体一味简单赋权，而是重视这种权利行使状态的持续性，要求政府部门、市场主体和社会力量在一定资源投入的基础上，为弱势群体生活状态的改善提供有力的保障和支持。这种支持应该可以长期维持农民的创业活动，能够实现弱势群体自我能力的提升和生计状态的转变，这种脱贫效果应该是可持续的，并且与社区整体的发展相融合。基于"参与"的丰富内涵，我们需要重新审视在减贫与防止返贫工作中"参与"的真正意义[②]。为了更好在创业培植中体现参与式理念，参与主体需要从几个方面进行调整与创新：政府应加大政策支持力度，完善激励机制，强化监管职能；社会组织应创新工作机制，增强项目实施的专业性，积极开拓多元化筹资渠道，加强与政府部门的沟通交流；社区组织应强调村民参与的重要性，提高弱势人群自我发展主观能动性，引导农民瞄准产业进行小规模创业活动，并采取先富帮后富策略。

本章重点介绍了参与式创业培植规划的制定流程和方法。一般情况下，

① 李兴江、陈怀叶. 参与式扶贫模式的运行机制及绩效评价 [J]. 开发研究，2008（2）：127.

② 孙德超、白天. 精准扶贫视阈下参与式帮扶的内在机理和实现路径 [J]. 社会科学，2018（8）：42.

参与式创业培植工作主要由需求调研、计划制订、扶贫实施和监测评估四部分组成。在需求调研阶段，项目人员需要应用参与式工具开展基线分析，明确农民的创业意愿、社区创业资源禀赋、地区产业发展总体情况、创业农民社会资本积累情况等。项目人员需要构建评估指标体系，科学识别帮扶对象、确定需求调研点、开展创业需求研讨、整理产业发展基线数据，最终形成一份创业需求调研报告。在计划制订阶段，项目人员需要结合需求情况制订项目实施计划，明确项目不同阶段的目标，确定每个环节使用的帮扶培植策略，形成完整的项目计划书。计划应该由项目人员与农民共同参与，通过不断听取农民的意见建议，由项目人员对计划进行修改完善，保证计划能够顺利实施。在创业培植实施阶段，项目人员需要针对创业农民开展创业培训、提供咨询服务、强化政策宣传、建立孵化基地、进行风险防控等工作，同时要考虑到不同创业类型的个性化需求。在实施创业培植过程中，项目人员要尽力将多元主体纳入项目中，实现多中心治理结构，并以服务包的形式提供服务产品。在监测评估阶段，项目人员需要构建完整的评估指标体系，对整个项目的运行过程进行全程监控，并对创业培植的实施效果进行适时评估。因为创业活动本身具有一定风险，因此评估活动不能只局限在项目实施后，应该贯穿创业培植项目的始终。

第六章 依托创业培植构建
防止返贫新机制

    2020 年，人类历史上规模最大、力度最强、惠及人口最多的脱贫攻坚战取得全面胜利，我国现行标准下近 1 亿农村贫困人口全部脱贫，832 个贫困县全部摘帽。但是脱贫攻坚的胜利并不意味着贫困的彻底消除，脱贫攻坚只是消除了现有的绝对贫困，今后可能会有部分脱贫人口重新返贫，一些因为代际传递等原因新增的贫困人口可能出现。除此之外，即便我们消灭了绝对贫困，相对贫困仍然会长期存在。当前，我国的扶贫工作将由解决绝对贫困过渡到解决相对贫困，在此基础上还要力争解决发展差距问题，防止两极分化，实现共同富裕。因此，扶贫工作不会停止，扶贫工作永远在路上。为了防止乡村贫困再发生，消除农民相对贫困，需要探索具有可持续性的农民增收渠道与模式，构建起防止返贫长效机制，彻底解决脱贫的脆弱性问题。农民创业培植工作可以通过"授人以渔"的造血方式强化农民自我发展能力，实现乡村社区发展资源的优化配置。此种工作方式有利于构建基于乡村产业的防止返贫长效机制，从而确保扶贫效果的持续性和稳定性。

一、返贫问题相关理论

    返贫是经过政府、社会、个人的努力已经脱离贫困的人们，因为不确定性因素的发生，使自身的脆弱性受到冲击，重新陷入贫困的状态①。返贫的

---

    ① 史浩阳. 后脱贫攻坚时期防止返贫的实践逻辑 [J]. 胜利油田党校学报，2020 (5)：62.

类型有很多，比如因病返贫、因学返贫、因婚返贫、因疫返贫等，它们在"后扶贫时代"将会长期存在。在研究贫困问题之初，学术界就开始关注返贫问题，并且从理论层面解释了导致"扶贫—脱贫—返贫"反复的原因，很多理论对之后防止返贫工作的开展以及防止返贫体系建设都具有指导和借鉴意义。

(一) 贫困陷阱理论

发展经济学认为，贫困一旦形成就会持续恶化，并呈现恶性循环。当贫困现象出现，减小贫富差距的理想途径就是通过各种方式及早脱贫，避免陷入贫困陷阱。从本质上讲，贫困陷阱强调了贫困个体寻求自我发展的急迫性。贫困陷阱关于个体发展的理论机制表现在两个方面。一方面，在比较优势约束下，贫困个体一般选择简单体力劳动，富裕个体一般选择复杂脑力劳动。在劳动力市场上，越简单的劳动竞争力越大，财富积累速度越小，可以被随时取代和淘汰。由此穷人越来越穷，富人越来越富，贫富差距固化并快速扩大。这一现象导致短期贫困演变为长期贫困，甚至是跨代贫困。另一方面，穷人的职业选择具有很强的路径依赖，一旦选择固化就很难摆脱贫困状态，导致深陷贫困陷阱而无法自拔。比如日本学者 Matsuyama (1995) 就指出，穷人因自身财富匮乏而受到保险约束和信贷约束，从而长期陷入贫困状态，很难短时间避免或跳出贫困陷阱。贫困陷阱的形成机制主要包括以下三类。

(1) 门槛效应机制。无论是地区还是个人，都存在门槛效应，即任何发展资本只有达到一定门槛，经济正向机制才会起作用，才能彻底脱离贫困陷阱，否则任何扶持和投资都是无效的。这一门槛的高度取决于制度、经济、文化、资本等诸多要素。由于门槛效应的存在，导致经济发展存在多重均衡，不能在市场上获得充足发展资本的个体将深陷贫困陷阱。经济学家Azariadis (2006) 指出，导致门槛效应存在的原因是资本市场本身。长期看，投资获利和收入增长的机会是存在的，但个体由于不能在资本市场获得充分发展资本，因而会陷入贫困陷阱。如果发展资本只能由富人获得，那么穷人就很难摆脱贫困陷阱，社会的贫富分化将会越来越严重。从创业培植防止返贫角度而言，政府的扶贫措施发挥了很大作用，让贫困农民短期脱贫。但是这种脱贫是依靠外力强力推动的，一旦政府中断扶贫资源供给，农民返贫机率就会增加。为了防止已脱贫农民返贫，政府会通过发展乡村产业引导已脱贫农民创业创新，但是这部分农民在创业过程中会面对创业资本匮乏等难题。如果创业资本不能快速获得，他们就很难摆脱门槛效应，反而再一次步入贫困陷阱，导致扶贫努力前功尽弃。返贫最严重的后果就是陷入贫困陷阱，一旦因创业资本不足陷入贫困陷阱，个体就很难短时间脱贫，很多扶贫减贫策略也因此而失效。根据门槛效应机制的内容，要想引导农民通过创业创新自觉走上发展道路，将返贫可能性降至最低，就需要政府和市场在短时间内给予创业农民充分的创业资本，让创业农民在政策措施支持下将创业规模发展到一定程度，越过"门槛"而步入创业发展的良性循环，从而彻底摆脱贫困陷阱的束缚。总之，发展资本供给水平是决定创业规模的基础，一定规模、一定强度的创业培植是杜绝农民返贫的重要前提。

（2）制度失灵机制。发展经济学的很多学者认为，制度规定了社会激励机制，影响着市场资源的配置，其本质上就是权利集合，目的是减少人类活动的不确定性，同时也减少人的选择范围，降低制度的机会成本。制度约束下的权利不公平分配会使资源向少部分人集聚，而无法获得资源的群体将陷入贫困陷阱，这就是所谓"制度性贫困"。有效的制度能够防止农民返贫，而无效的制度则会导致农民长期贫困。设计失败的制度会引发市场失灵、秩序混乱、策略失效，且这种制度有自我强化的机制，由此产生长久性的路径依赖现象。人们在经济、政治、组织和社会各领域中所选择的最佳战略相互依赖，会呈现制度之间的互补性，说明任何制度安排都不能仅依靠一种制度来实现最优状态（青木昌彦，2002）。制度失灵机制告诉我们，防止返贫的前提是拥有完善的制度体系。防止返贫工作在开展过程中，不仅需要继续坚持原有的扶贫措施，同时还要对原有制度进行完善和再创新，防止因制度缺陷导致农民"制度性返贫"；依托创业培植防止返贫工作需要多种制度共同发挥作用，比如土地制度、农村财税制度、社会保障制度、户籍制度等，仅仅依靠一种制度是无法帮助农民摆脱贫困陷阱；防止返贫制度、创业培植制度和社会保障制度需要进行有效整合，防止返贫制度对返贫现象进行识别与干预，创业培植制度引导农民通过创业活动实现可持续脱贫，社会保障制度为创业农民提供基础保障，只有三种制度合力发挥作用，才能有效避免制度路径依赖。

（3）邻里效应机制。邻里效应是指群体内个体之间相互影响的行为，主要包括同龄人效应和榜样效应。同龄人效应是指同质个体之间的相互影响，这种影响通过互动进行扩散，个体在群体行为的影响下保持与群体一致的行为模式。榜样效应是指优秀人物通过示范效应产生由点及面的辐射带动，其他个体为了与榜样的行为一致从而进行学习和模仿。任何群体都存在内部个体之间的互动关系，这种关系既有正向互动，也有负向互动，任何互动都可能会产生影响别人思想行为的激励效应。研究表明，负面的激励会导致群体的持续贫困和集中贫困，从而引发群体陷入贫困陷阱。贫困会影响群体意识和行为，引发群体对生活和工作产生消极态度，进一步加剧贫困状态，导致群体生活状态步入恶性循环。集体效能下降以及犬儒主义的增加将导致邻里贫困的增加，延伸了邻里之间长时间、反复的负效应（Sampson & Morenoff，2006）。低水平教育、落后文化、落后技术、传统的乡风民俗都会导致邻里之间的负效应，使整个群体步入贫困陷阱。创业活动本身就是一种典型的邻里效应，可以通过榜样效应引导其他个体模仿学习，最终辐射带动群体实现减贫。失败的创业活动也会产生邻里负向效应，导致其他农民缺乏信心，惧怕失败，担心风险，不利于在社区培养和普及创业创新文化。为了帮助农民摆脱邻里效应产生的负面影响，营造艰苦奋斗、催人奋进的创业氛围，政府应该广泛宣传创业致富的先进事迹和典型经验，辐射带动更多农民参与创业活动；加强农业技术推广和管理技术培训，增强农民的创业信心；为创业失败的农民提供帮扶和优惠政策，提升农民再创业的积极主动性；开展易返贫群体的筛查和分类，采用参与式创业培植方法，强化弱势群体的项目参与，培养农民参与创业培植的主人翁意识。

（二）贫困疲劳理论

返贫是已经脱离贫困人口重新进入贫困的状态，是一种长期持续存在的现象。而当返贫持续发生，就会出现破坏效应。贫困疲劳是指已脱贫人群由于长期暴露在贫困环境中，因为各种原因使其再度陷入贫困，进而产生消极自卑、不思进取、懈怠麻木的心理疲劳状态。贫困疲劳理论是建立在多维度贫困测量和贫困脆弱性程度测量基础之上的。多维度贫困测量是指以多个指标体系对贫困程度进行科学评估，当测量指标达不到规定标准时会认定农户为贫困户，达不到规定标准的指标数量越多，贫困持续时间越长，返贫发生频率越高，我们就可以认为农户的贫困脆弱程度越高。贫困脆弱性程度测量是指通过建立指标体系来评估农民返贫的概率，农民获得的生计资本减少、缺乏持续性收入来源、自身能力有限等因素都会提升农民贫困脆弱性，增加其返贫可能性。虽然农户脱贫意味着他的各项评估指标已经达到相关规定，但其脆弱性程度也许与脱贫前一样，仍需要外部扶持和保障。贫困疲劳理论的核心在于强调返贫现象的发生主要是由于在各种发展资源不足的情况下存在大量生计脆弱的农民，他们缺乏维持生计的能力，面临返贫的风险很高。贫困疲劳理论告诉我们，农民长期返贫会无法挣脱贫困陷阱，最终形成长期贫困；农民会产生贫困疲劳，最终放弃脱贫；政府也会产生贫困疲劳，不断降低贫困标准，减少发展资本供给。贫困疲劳最终会形成恶性循环，导致所有的减贫措施和策略失效。为了防止贫困疲劳产生，需要政府通过各种措施杜绝返贫现象发生，构建防止返贫机制以减少返贫概率；通过创业培植、就业帮扶等措施持续性增加脱贫农民的收入，形成脱贫增收长效机制；增加农民的生计资本和发展资本存量，减少脱贫农民的生计脆弱性；脱贫攻坚完成后，政府可以适当提升贫困标准，精确开展贫困测量，重点监测已脱贫但不稳定的建档立卡贫困户以及收入略高于建档立卡贫困户的边缘户。

（三）减贫瓶颈理论

瓶颈理论又称短板理论，是指一个系统中必然会有一个"约束"制约系统实现更高目标。这个"约束"决定了整个系统的有效产出，是系统运行的瓶颈。为了突破瓶颈，就必须重新设计资源供给方式和管理模式，采取最有效的方法扬长避短，并最终带动短板的提高。减贫瓶颈理论的要点主要包括：一是贫困现象本身是一个"链条"系统，内部各发展要素之间是紧密耦合的，存在因果逻辑，只要寻根朔源，就可以找到贫困存在的原因和减贫的方法，通过打破制约发展的瓶颈来撬动整个乡村系统的良性运转；二是减贫瓶颈理论的目标是识别、补齐短板，增加系统内发展"链条"的长度，让防贫策略发挥最大效用；三是减贫瓶颈理论要通过提升发展短板，进而突破减贫瓶颈，这些短板通常会有很多，可以分为主要短板和次要短板。防贫减贫工作的重点就是要识别和提升主要短板，通过弥补主要短板来带动解决次要短板，消除引发贫困的所有隐患。根据减贫瓶颈理论，任何贫困的发生都会存在某些决定性原因，比如地质灾害频发、产业基础较差、硬件设施薄弱等，政府在开展减贫和防止返贫工作中要分清主要矛盾和次要矛盾，识别影响地区发展和农民致富的关键因素，采取各种措施突破瓶颈，推动发展。比如，政府在开展创业培植过程中，需要优先确定制约产业发展和影响农民创业的主要因素，这些主要因素可能是资金、气候、基础设施、市场渠道等。政府需要整合各种措施突破瓶颈，引导农民创业活动走上可持续的发展道路，实现乡村创业创新良性循环。

二、防止返贫机制的内涵

我国脱贫攻坚已取得决定性成就，乡村贫困人口实现全面脱贫。由于多方面原因，一些脱贫人口存在返贫风险，一些边缘人口存在致贫风险，需要我们把防止返贫摆到更加重要的位置，构建科学有效的防止返贫长效机制。2020 年国务院扶贫开发领导小组专门印发了《建立防止返贫监测和帮扶机制的指导意见》，特别明确了防止返贫监测和帮扶工作的各方面要求，为今后的防止返贫工作指明了方向。

（一）机制构建原则

构建防止返贫机制的主要目标，就是统筹政府、市场和社会三方面资源，建立防止返贫的监测和帮扶体系。当前，我国已经进入"后扶贫时代"，步入脱贫过渡期。在这一阶段，由于部分地区脱贫成果尚未稳固，产业基础薄弱，脱贫人口收入不稳定，仍存在返贫风险和隐患。因此在过渡期内，政府必须继续实行"四个不摘"[①]，以发展、动态的眼光看待贫困问题，责任

---

① "四个不摘"：摘帽不摘责任、摘帽不摘政策、摘帽不摘帮扶、摘帽不摘监管。

落实到位，政策扶持到位，帮扶精准到位，监管永不缺位。政府在制定宏观政策时，也必须保障后续帮扶工作的资金支持和资源投入，强化贫困人口自我脱贫的能力建设，探索个性化的精准帮扶模式，进一步巩固脱贫成果。防止返贫机制的构建需要满足以下几点原则：一是要将事前预防与事后帮扶相结合。只有提前发现和识别返贫致贫风险才能真正防止贫困的发生与蔓延，因此事前预警与事后帮扶必须紧密结合，一旦发现贫困现象就要有针对性地采取帮扶措施，精准施策。政府要将贫困人口及时纳入建档立卡，让其享受脱贫攻坚相关政策。二是兼用开发式帮扶与保障性措施。政府要将开发和保障相结合，对有劳动能力、发展潜能的监测对象，选用开发式帮扶措施，鼓励其通过创业、就业增加收入；对于无劳动能力的监测对象则给予更加综合性的社会保障兜底。三是要在政府主导基础上引入社会力量。防止返贫工作仅仅依靠政府是远远不够的，必须将政府力量与社会参与结合在一起，发挥多元主体参与防止返贫工作的作用，在强化政府责任的同时优化配置市场与社会的发展资源，实现多元主体协同发力，形成防止返贫工作合力。四是在外部干预扶持基础上激发监测对象的主观能动性。政府要在开展外部帮扶、兜底保障基础上，激发监测对象自我发展的主观能动性，鼓励监测对象依靠自身努力实现再脱贫，通过宣传勤劳致富典型营造创业创新氛围，通过创业培植、技能培训、就业服务提升监测对象自我发展能力与意愿。防止返贫工作的本质在于构建长效稳定的脱贫机制，将脱贫攻坚成果巩固下去，最终彻底消灭绝对贫困。

（二）机制组成内容

防止返贫机制主要由监测机制和帮扶机制组成，前者主要是指对潜在贫困群体进行监测，及时识别返贫人员，开展相应的贫困状态评估与调查工作；后者在于及时开展扶贫干预，采取各类扶持策略与措施帮助监测对象再脱贫，通过整合市场与社会资源构建长效脱贫帮扶机制，在消灭绝对贫困人口的同时采取措施减少相对贫困人数。根据目前脱贫攻坚效果，我国的防止返贫机制应该包含以下组成部分：一是监测预警。监测预警的作用是对贫困进行多角度多层次多形式精准监控和识别，第一时间发现贫困苗头和返贫隐患。主要工作内容是政府对已脱贫群体进行周期性调研评估和跟踪回访，了解监测对象的生产生活状态，重点掌握不稳定脱贫户、边缘户目前生产生活存在的问题，并结合实际情况建立预警信息反馈体系，进而科学选择干预策略和帮扶方式。二是政策保障。在"后扶贫时代"，政府还要构建防止返贫政策体系，在保证现有帮扶政策不缺位的基础上，设计出更有效的防止返贫制度。相关配套政策应包含两部分，一部分是原有的政策不缺位，建档立卡脱贫户可继续享受原有脱贫扶持政策，原有保障政策长期有效；另一部分是新增的防止返贫政策，比如对"后扶贫时代"驻村工作队增加新的职能要求、防止返贫政策措施和指导意见、贫困状态监测评估指标体系等。防止返贫政策体系一方面要将延续的政策加以明确细化，另一方面还要创设一批相关的配套政策，最终形成完善的防贫减贫政策体系。三是多元参与。防止返贫工作不是政府的单打独斗，而是政府主导下的多元参与活动，是政府资源与社会资源的有效配置，因此要明确和细化各主体的权责与分工。比如鼓励龙头企业、农民合作社、家庭农场等新型农业经营主体带动群众致富等。多元参与机制的核心是通过优化配置市场和社会资源实现防止返贫工作有效落地，目的是构建稳定的利益联结机制，在助力农民增收同时实现各方利益最大化。四是激励约束。为了实现防止返贫工作高效有序进行，需要建立健全激励约束机制，严格考核制度，杜绝弄虚作假，健全贫困人口与贫困县的验收退出制度。为了推进减贫工作的持续进行，需要继续坚持已有的考核验收和退出机制，制定对干部参与减贫的激励、奖惩制度，引导社会力量广泛参与防止返贫工作，营造全社会共同参与防止返贫工作的良好氛围。五是项目整合机制。为了实现监测对象彻底脱贫，大幅降低返贫概率，防止返贫工作应与扶志、扶智工作相结合，注重不同扶持项目整合发力。比如做好对落后地区干部群众的宣传、教育、培训、组织工作，开展针对这些地区的技术推广、创业帮扶、信息宣传、服务咨询等项目，引导各类项目资源向具有返贫风险的地区和群体汇聚。在防止返贫工作中，重点整合教育、文化、卫生、科技等项目资源，优先向西部地区倾斜，依托项目把先进理念、优秀人才、先进技术、发展经验等要素配置到点，落实到位。防止返贫机制包含内容多，涉及范围广，需要提前谋划设计，统筹协调安排（图6-1）。

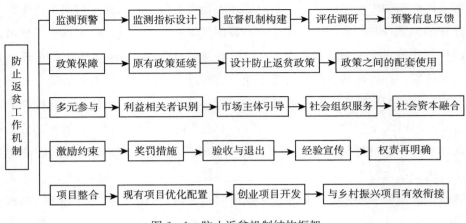

图 6-1 防止返贫机制结构框架

（三）机制运行措施

根据《建立防止返贫监测和帮扶机制的指导意见》的要求，目前政府主要采取的防止返贫措施主要包括五种。一是产业帮扶，即针对具备发展产业条件的监测对象，提供技能培训和信贷支持，广泛动员各类新型经营主体带动其发展生产；二是就业帮扶，即对有劳动能力的监测对象开展劳动技能培训，依托劳务协作、公益岗位、乡村项目多渠道安置监测对象；三是综合保障，即对无劳动能力的监测对象给予低保、医疗、养老保险和特困人员救助供养等综合性社会保障，对因病、因残、因灾等意外变故返贫致贫家庭落实健康扶贫和临时救助政策；四是扶志扶智，即引导监测对象通过创业和就业脱贫致富，对稳定脱贫致富的监测对象给予物质奖励和精神激励，营造良好的乡风文明；五是包括帮扶基金、金融保险、志愿服务在内的其他帮扶措施。总的来说，虽然防止返贫的措施有很多，但主要依靠的是发展产业、加强教育和强化保障三种，因为这些措施更能够确保监测对象长期、可持续脱贫的实现。

从防止返贫措施看，引导监测对象创业是一种有效的防止返贫途径，不仅可以激发他们自我发展的主观能动性，还可以形成增收致富的长效机制，减少返贫概率。创业培植实质上就是通过产业帮扶和就业帮扶实现人力资本的优化配置，远比综合保障、扶志扶智和其他方式更加快速有效。一些地方产业发展存在着与市场规律相悖、后续发展动力不足等问题，这些都会提升创业失败风险，不利于创业活动的稳定开展，还可能会出现创业致贫返贫现象，需要决策者提高警惕，通过各种措施引导当地产业发展摆脱分散化、同质化困境，形成区域产业优势。

三、创业培植下的防止返贫机制框架

防止返贫机制构建需要多个环节的协同运作，既包括监测预警，也包括后续服务，目的在于通过各种外部策略的干预，阻断返贫风险，为农民提供可持续的增收保障。引导农民创业是一种风险较大的脱贫方式，据不完全统计，依靠特色产业成功创业并实现稳定发展的只占创业者的30%。由于农民素质普遍偏低，管理能力不强，加之市场风险的不确定性，依靠创业增收难度较大，需要在外部扶持和政策优惠的同时，还要有相关保障机制托底。这就需要我们针对农民创业活动构建完善的防止返贫机制，实现监控、指导、管理、评估、服务等工作的有机整合。

（一）监测预警机制

和其他致贫原因不同，创业致贫有以下特点。一是不确定性，有些是因为创业者能力问题，有些是因为自然灾害，有些是因为技术条件和设施条件所限，还有些则是因为市场行情所致；二是随机性，创业失败随时都有可能发生，无法精确预测，无法及时干预，尤其是对于小规模经营模式而言随机性更加明显；三是致贫性，一旦创业失败，不仅大概率会让农户返贫，负债、赔偿等还可能会加重贫困状态，提升脱贫难度；四是传导性，由于创业活动多数是区域内的群体性活动，创业失败可能会蔓延传导给其他农户，从而产生大面积农户返贫，增加政府扶持保障难度。基于此，对农民创业活动的监测和预警显得尤为重要。脱贫攻坚结束后，要进一步构建多角度、多层次、多样化的监测预警机制，对创业农民实行全方位、全过程、全阶段的监测与回访，开展基线与需求调研，及时掌握创业农民在创业活动中取得的成效、面临的问题和意见建议，尤其针对那些不稳定边缘户、脱贫户的创业活动进行动态监测，发现问题及时解决，力争将返贫隐患消灭在萌芽状态。要建立并完善预警反馈机制，整合返贫预警管理数字化平台资源，将因病、因灾、因市场等不稳定因素导致的创业失败情况及时登记在案，找出创业失败原因，设计创业帮扶措施，了解农户后续创业意愿，最大限度帮助农户挺过危机。政府需要构建防止返贫大数据平台，实行静态展示、动态管理、实时比对，及时发现创业风险苗头，杜绝已有创业风险的进一步蔓延；要重点针对脱贫不稳定户、边缘易致贫户以及收入骤减户的监测，及时开展调研、分析原因、找准病灶，提前采取针对性的创业帮扶措施，确保创业活动及时得到帮扶和保障；要严格实行县级数据汇总、深度分析和综合研判，形成季度监测报告，并呈报县、市相关部门，以供决策参考；要将返贫监测预警工作与当地的创业培植工作紧密结合，建立创业过程中的风险分担机制，发挥市场机构和科研机构在风险预警方面的优势，及时向创业农民反馈各类信息。

（二）创业帮扶机制

通过创业培植可以短时间让农民增加收入，获得创业活动带来的收益，快速摆脱贫困状态。但由于创业活动是一种市场行为，会受到市场环境的直接影响，具有很强的不稳定性，因此创业失败会导致更严重、更大范围的返贫。为了防止创业返贫，有关部门应当给予农民长期的创业扶持，构建可持续的创业培植服务体系，制定指导创业、防止创业返贫的综合性帮扶政策。比如及时向创业农民发布市场行情信息，帮助农户拓宽销售渠道；健全土地流转制度，盘活农村集体资产，不断增强创业农民的资产性收益；经常性开展技能培训，组织专家开展创业辅导，提升创业农民的经营管理水平；完善信贷风险补偿体系，强化农险扶持力度，通过制度创新解决创业农民的贷款难问题等。创业帮扶机制由三部分组成，贯穿农民创业活动的始终。首先是创业前扶持。前期扶持包括需求调研、创业辅导、市场准入和金融服务。在这一阶段，政府应当鼓励和引导农民结合自身优势和特长，根据市场需求和当地资源禀赋，利用新理念、新技术和新渠道开展创业；应当开展农民创业需求调研，了解留守农民、返乡农民等不同类型创业者的创业需求，掌握阻碍农民开展创业活动的主要、次要因素；实行简政放权、放管结合，优化行政审批制度，设立"绿色通道"，实行税费减免优惠，提高农民创业的便利性；采取财政贴息、融资担保、扩大抵押物等措施便利创业农民融资，推进农村承包土地经营权抵押贷款试点，鼓励银行业金融机构提供符合创业农民需求的信贷产品和服务模式；引导各类园区、星创天地、农民合作社、中高等院校、农业企业等建立创业创新实训基地，针对创业农民开展创业培训和指导。其次是创业中指导。创业指导包括跟踪服务、信息支撑、模式创新等。在这一阶段，政府应当引导创业农民通过承包、租赁、入股、合作等种形式创办领办家庭农场、农民合作社、农业企业、农业社会化服务组织等新型农业经营主体；帮助创业农民在创业过程中与其他经营主体合作组建现代企业、企业集团或产业联盟；引导创业农民发展农村电商平台，开展"互联网＋"网上创业；引导创业农民发展合作制、股份合作制、股份制等形式，构建创业共同体；引导创业农民发展优质高效绿色农业，通过产加销一体化运作延长农业产业链；把创业农民开展农业适度规模经营所需贷款纳入农业信贷担保体系，落实定向减税和普遍性降费政策；针对创业农民开展创业培训，开展财务管理、市场营销、风险规避、技术创新、物流配送等内容的专题辅导。最后是创业持续服务。当创业步入正轨实现持续性增收后，还需要政府提供更加有效的后续服务，比如不断提升创业农民的规范化、组织化、品牌化及市场化水平，引导创业农民提高产品附加值；继续开展创业能力提升培训，将劳动力水平作为巩固脱贫效果、阻断贫困的重要工作来抓；持续开展创业扶持资金运营情况监督，强化农民工返乡保障服务，实时解决其政务办理、权力维护等问题。

（三）设施保障机制

创业活动是一个持续性行为，需要一定的物质条件给予支撑。加大乡村基础设施建设力度，提升基础设施水平，是防止返贫的有效措施。道路、电力、饮用水、住房和人居环境等不仅是保障生活水平的基础条件，也是创业农民开展生产经营活动的必需。越是偏远、落后的地区，乡村设施条件就越差，而设施条件长期得不到提升会严重影响农民创业质量，不利于产业发展和乡村建设。因此，在防止返贫机制构建过程中，需要强化设施条件供给和维护，形成有效促进当地产业发展的设施保障机制。比如，要继续缓解返乡农民工创业用地难问题，通过调整存量土地资源支持农民扩大经营规模；根据本地实际完善管理办法，支持创业农民依托自有和闲置农房院落发展乡村旅游和民宿；基层政府在年度建设用地指标中专门为创业农民建设农业配套辅助设施设列指标，引导创业农民与农村集体经济组织共建农业物流仓储等设施；鼓励农民创业中充分利用"四荒地"和乡村废弃地，并完善这些废弃地的基础设施条件；农民在发展特色农业产业过程中的用电，应给予更多优惠；加快改造建设乡村旅游路、产业路、资源路，优先改善自然人文、少数民族特色村寨和风情小镇等旅游景点景区交通设施；通过创业的带动使乡村在发展经济基础上形成自我造血功能和自行进行公共投资能力，实现基础设施建设和人居环境完善的内部建设与良性循环发展；加快乡村医院、学校、娱乐设施等硬件条件升级换代，解决创业农民尤其是返乡农民工的基本生活需求。完善的基础设施不仅是基本民生保障，也是乡村产业发展的先决条件和创业服务水平提高的重要环节，越是在脱贫攻坚刚刚结束、扶贫成果有待巩固的特殊时期，越要加强乡村基础设施建设，千方百计杜绝因创业返贫的现象。

（四）依赖制约机制

减贫工作中经常会出现"福利依赖"现象，表现为贫困光荣感、福利需求黑洞化、福利评选过程中的策略性表演等。学者一般会从两个方面对"福利依赖"进行阐述："一方面，将福利依赖归结为个体心理与行为，如懒惰、逐利动机等；另一方面，从福利制度本身进行解释，如制度的筛选机制不完善、监督机制不健全等"[①]。脱贫攻坚时期，我国投入了大量资源开展精准扶贫，学术界也开始关注大规模福利供给所引发的贫困群体"福利依赖"问题，指出扶贫过程中产生的福利依赖现象既与福利制度设计本身有关，也与贫困者意愿、贫困文化、贫困理念密切相关。福利依赖会造成农民的"授之以鱼"式的心理依赖，形成"等、靠、要"式贫困文化，无形中弱化了扶贫工作的效用，增大了返贫的可能和长期福利下降的隐患。一旦形成福利依赖，任何的减贫策略都无法发挥持久效用，扶贫项目结束后会发生大面积返贫现象。防止返贫工作的重要内容之一就是消除现有的福利依赖，避免在脱

---

① 袁小平. 福利传送中的文化、制度与福利依赖［J］. 学习论坛，2020（6）：80.

贫攻坚向乡村振兴过渡中出现大规模返贫现象，提升农民自我发展、独立发展的意识。为了构建福利依赖制约机制，需要完善分级评估标准，健全帮扶资源分配制度，杜绝贫困户"全有"、临界贫困户"全无"的分配形式；要从文化角度对乡村的福利文化进行引导，广泛宣传创业增收的先进做法和典型事迹，积极营造通过自主创业增收致富的意识和观念，逐渐形成创业发展观和勤劳致富的理念；在通过创业培植防止返贫过程中，加强创业培训、创业资金、创业咨询等服务的供给力度，在策略选择上以"扶"为主，打破对福利依赖的反向强化链条。

（五）社会防贫机制

脱贫攻坚后的防止返贫工作，不能仅依靠政府帮扶，还要动员和引导社会力量共同参与。社会力量、民间资本是防止返贫和发展产业的重要依靠力量，应充分发挥政府和社会两方面作用，在政府开展监测的基础上，将后续创业帮扶工作交托给社会和市场主体，形成专项防贫、行业防贫、社会防贫互为补充的防贫大格局。社会防贫机制构建原则是强调主体多元化、资源多渠道、方式多样化，注重调动社会资源、民间资本、市场资本，让更多的资源向农民创业领域倾斜和汇聚。在"后扶贫时代"，我国应该建立多元主体协同的防止返贫工作机制，在机制运行过程中通过制度设计，避免基层政府执行力弱化、市场力量介入不足、第三方组织作用发挥不明显、多元主体间存在信息壁垒等问题，实现上下游防贫减贫资源的整合和科学配置。依托产业发展和创业创新构建防止返贫机制，就是要发挥政府和市场两只手的作用，促进政府主导下多元减贫主体积极参与。政府是今后防止返贫工作的主要监测者和管理者，社会力量是防止返贫工作的有益补充。在"后扶贫时代"，政府将大量人力物力投向乡村振兴，对于减贫工作的投入相较脱贫攻坚时期会有所下降，因此要动员社会力量参与到防止返贫工作中，形成"政府主导、社会参与、自力更生、产业防贫、全面发展"的新局面。在防止返贫机制建立过程中，政府的角色要重新定位、策略要重新调整。一方面要制定好扶持创业的优惠政策，鼓励新型经营主体引导农民创业；另一方面要拓宽防止返贫工作的参与渠道，增强企业、社会组织以及农民自身的社会责任感，形成发展合力。为了更好发挥市场调节作用，通过创业培植形成长期稳定的增收渠道，政府要推动市场的积极参与，和市场主体通力合作，构建政府主导下的市场防止返贫机制，最大限度提升防贫强度和减贫效率。脱贫攻坚后，政府要将政策扶持重点由扶贫转向扶持产业发展，在对乡村营商环境进行优化升级的同时，降低新型经营主体的运营成本，打造市场主体与农民双赢的合作关系，增强农民参与市场活动、开展创业经营的持续性。今后，政府的很多防止返贫工作可以交由第三方负责执行，加大对第三方的培育力度，如为第三方创造参与防止返贫工作的渠道；加大对第三方参与防止返贫工作的支持力度；对第三方进行规范、引导和监管等。

四、防止返贫保险

受制于发展脆弱性、致贫因素各异、内生发展动力不足、政策落实不到位等原因，很多返贫风险无法及时识别和提前预防，这就为保险介入减贫工作提供了开口。为了实现欠发达地区持续发展和低收入人口持续增收，乡村贫困治理应该和乡村振兴工作同步推进，不断巩固拓展扶贫成果，实现扶贫赋能与兜底双轮驱动。保险可以发挥有限资金的杠杆效应，在增信、融资等方面发挥作用，可以说保险在减贫防贫以及乡村振兴工作上大有可为，还能够进一步助推创业活动有序发展，让农民创业后顾无忧。

（一）创业者的生计风险

乡村创业的基本目标是要解决创业者的生计问题，而一切创业培植策略都要围绕提升生计水平、降低生计风险这一目标实施。生计是"一种谋生的方式，该谋生方式建立在能力、资产和活动的基础上。"[①] 生计的本质在于"它直接关注资源和在实践中所拥有的选择之间的联系，而在此基础上追求创造生存所需的收入水平的不同行动。"[②] 农户是乡村社会的基本生计单元，个体生计水平影响群体的社会与经济行为。维持稳定的生计水平需要具备一定的发展资本，而根据英国国际发展部设计的可持续性生计分析框架，生计

---

① Beck，Ulrich. Risk Society. London：Sage Publication，1986：75.
② 许汉石，乐章. 生计资本、生计风险与农户的生计策略 [J]. 农业经济问题，2012（10）：100.

资本可以分为人力资本、自然资本、物质资本、金融资本和社会资本五种类型。农民的任何创业活动都离不开生计资本的支持，生计资本禀赋直接决定着个体或群体创业的模式、内容、效果和可持续性，是创业活动开展的基础与核心。任何创业活动都是一个周而复始的循环过程，这一过程的任何环节和阶段都可能要面对风险的冲击。创业者通过创业活动提升生计水平、实现自身再发展，在这一过程中不能依靠单一的生计资本类型，而是要通过对不同类型生计资本的优化配置来助力自身创业活动的持续稳定运行。根据目前比较通用的风险与脆弱性分析框架（Dercon，2001），农户在创业过程中所遇到的风险可以包括资产风险、收入风险和福利风险。从资产角度分析，创业者的生计风险主要来源于人力资本、土地资本、物质资本、金融资本、社会资本和公共物品六个方面；从收入角度分析，创业者的生计风险主要来源于创收活动、资产回报、资产处置、储蓄投资、转移汇款和经济机会六个方面；从福利角度分析，创业者的生计风险主要来自营养、健康、教育、社会排斥和能力剥夺五个方面（图6-2）。根据创业者风险与脆弱性分析框架，农户开始拥有的五大生计资本直接决定着创业活动能否顺利开展以及能否可持续进行。创业者在获得创业收入后，生计资本不断积累，在此基础上就可以提升自身的生计水平，增加社会福利，进行扩大再生产。在创业者开展创业、持续创业、获得收益、扩大规模这一循环过程中，风险几乎无处不在，任何一个环节出现风险隐患，都可能会影响创业资本拥有量，增加创业活动的难度，降低创业成功率。农民在创业过程中面临的风险包括自然灾害、价格波动、市场变化、身体疾病、能力缺失、资金短缺等，不仅类型多样，而且不同环节面临的主要风险各异，防控难度不一，有些可以通过创业者自身努力加以规避，有些则需要外部扶持和社会保障兜底。根据创业者风险与脆弱性分析框架，农民在创业过程中面临的资产风险只能通过资本积累规避，资本存量越多，风险越低；农民在创业过程中的福利风险则需要通过基本保障措施加以规避，比如农村医疗保险、特困救济、技能培训、生活保障金等，社会福利水平越高、保障措施越完善，风险越低。收入风险是农民在创业过程中面临的主要风险，发生频率高，保障难度大，直接影响着创业能否取得成功。多数收入风险是难以依靠创业者自身规避的，需要通过各类政策性保险和商业性保险加以保障，将经济损失降至最低。因此，金融保险不仅可以作为保障农民创业活动的有效工具，还应该成为乡村防止返贫机制的重要组成部分。

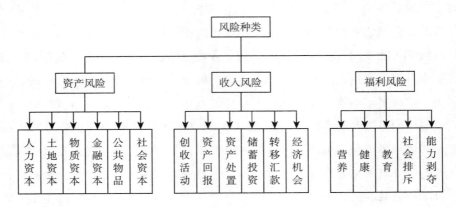

图 6-2　创业者风险与脆弱性分析框架

（二）防止返贫保险的内涵与措施

扶贫研究认为，导致贫困的风险与脱离贫困的状态所面临的风险并非完全一致。比如有些风险事故发生后，农户进入贫困状态，但要帮助农户脱贫，需要面对的风险与之前处于非贫困状态的风险有本质区别。"消除致贫的风险只是试图规避贫困的发生，而解决好脱贫过程中的风险才是扶贫开发工作的重点和重要抓手。"① 根据可持续性生计分析框架，减贫策略的选择应当侧重解决贫困人口在相对风险较高环境下如何增加生计资本和能力，以及采取何种生计策略。要在减贫过程中实现可持续生计良性循环，就必须考虑脱贫增收过程中的各类风险，通过风险管理提升生计水平，降低返贫概率。创业培植是一种有效的减贫策略，但是创业活动面临的风险要比其他策略更加复杂，且主要以资产风险为主。比如，在人力资本风险方面，创业者患病、用工不足、劳动力素质偏低、工伤等风险都可以直接中断创业经营活动；在自然资产风险方面，洪水、旱灾、冰雹、雪灾等气象灾害风险，地震、山体滑坡、泥石流等地质灾害风险，病害、火灾等意外事故风险都直接

① 潘国臣，李雪. 基于可持续生计框架的脱贫风险分析与保险扶贫 [J]. 保险研究，2016 (10)：72.

影响创业所需的生产条件，延缓创业活动的进程；在金融资本风险方面，信用风险、投资失败、无力还贷、无法抵押等风险使很多创业活动得不到充足的资金支持和金融保障，只能止步于初期；在物质资本风险方面，装备落后、物质稀缺、产能不足、设施有限等风险不仅包括物质自身的损毁灭失，还可能衍生出各种连带风险，给创业者带来沉重的财务负担；在社会资本风险方面，社会资本积累不足、社会关系网络简单、社会关系层次较低、社会信用水平较差等社会资本短缺风险对于创业者的创业活动具有显著的制约作用；在生计资本风险方面，市场价格风险、产品质量风险、产品责任风险和农业技术风险四类风险直接影响着农户的生计策略，决定着创业活动的方向和产出水平。上述各类风险对于创业活动具有明显的干扰与破坏作用，有些风险可以在防止返贫工作中得到控制，但大多数风险则无法通过现有的保障手段有效应对，因此需要借助市场工具进行调控。保险是一种通过互助共担实现风险分散转移的机制，这种处理风险的方式在现代社会已经得到了广泛应用。具有返贫风险的对象主要是小农户，这类群体保险意识不强，保险需求不高，参保率普遍偏低。现实中，小农户与保险有着联结的必要。一方面，政府要稳定农业生产，确保粮食安全，促进农业产业升级，实现乡村振兴，就必须引导小农户参与保险，将风险损失降至最低；另一方面，小农户是重要的农业生产主体，是主要粮食供给力量，却最容易受到各类风险冲击，有必要依托保险为其提供保障。目前我国针对农民生产活动的保险主要是农业保险，局限于保生产。但是小农户致贫返贫原因千差万别，现有的涉农保险无法涵盖所有类型。因而当前保险业发展仍需突破"最后一公里"：一是保险公司与小农户供需的"最后一公里"；二是小农户与大市场有效对接的"最后一公里"；三是公益性与盈利性寻求平衡点的"最后一公里"。

保险作为分担风险的专业工具，对于防止返贫具有天然的优势。贫困县摘帽后，如何确保脱贫成果经得起历史检验，如何防止返贫和新贫困现象发生，如何建立防止返贫长效解决机制将防止返贫工作与乡村振兴工作有机衔接起来，仍需要我们在发挥好既有扶贫经验的基础上，将各项扶贫政策执行好、延续好。习近平总书记在决战决胜脱贫攻坚座谈会也指出，要保持脱贫攻坚政策稳定，过渡期内主要政策措施不能急刹车，要加快建立防止返贫监测和帮扶机制，对脱贫不稳定户、边缘易致贫户以及因疫情或其他原因收入骤减或支出骤增户加强监测，提前采取针对性的帮扶措施。防止返贫机制的构建，不能简单依靠行政力量干预，必须建立市场参与的长效机制，保险应该在其中扮演重要角色。随着保险业的发展，保险保障功能的作用也不断扩大，通过大力发展农业保险、社会救助保险、医疗补充再保险等产品，可以为农户创业活动撑起"保护网"，有效解决脱贫户返贫的后顾之忧，为巩固脱贫成效增加了一道安全有效的保障线。由于致贫风险的多样性，防止返贫保险本身应该是一种综合险，其主要特点包括以下几个方面。一是责任范围广泛。保障范围包含疾病、灾害、生产经营等多个方面，涉及多个险种，是一种服务包式的服务供给方式。二是覆盖人群全面。被保险人为当地涉及乡村振兴、扶贫开发的政府机构，保障群体为非高标准脱贫家庭或人口、非贫低收入家庭或人口，也包括已经脱贫但脱贫成果不稳定和不在贫困序列但贫困发生风险较高的农户。三是支持产业发展。防止返贫保险需与当地产业发展深度融合，应当作为农民就业创业的有益补充，与当地产业扶持项目形成"补血＋造血"的发展机制，夯实稳定脱贫的基础，助力农民各类创业活动。四是业务模式多样。根据各地发展需要不同，采取的模式可以多种多样，比如采购模式、央企扶贫模式、慈善扶贫模式、保险公司主导模式等，目的是按当地实际需求提供个性化的保险服务，整合各种资源形成保障资本。五是可供推广借鉴。虽然在保险责任组合上可根据不同地区和不同人群特点进行调整，但是保险参与防止返贫机制构建需要具有可复制、可借鉴性，能够为更多的脱贫地区解决各类返贫问题。保险在农民创业过程中可以发挥巨大作用，为创业过程中遇到的痛点和难点提供有效的解决方案，在帮助农户就业创业中守住返贫的底线，也为创业者安心发展生产、开展经营织起一张"安全网"。为了更好实现保险业支持农民创业，需要落实以下几点原则。一要政府主导。政府在保险公司与创业农户对接过程中扮演纽带和桥梁作用，政府应发挥主导作用，加大对防返贫保险模式的支持与投入。二要建立普惠体系。防返贫保险必须要考虑创业农户的异质性，强调小农户参与，形成利益制衡与协调机制，在支持农民发展生产的同时建立普惠性的防返贫保险体系。三要分类设计。要关注已创业农民的不同创业发展需求特点，不断进行产品创新，提供个性化保险服务，丰富保险种类。四要构建体系。把综合保险纳入防止返贫机制和创业培植项目中，在建立监测、预警、利益、激励、评估机制的同时，将保险服务作为助力本地产业发展的重要内容。五要立体布局。分析具体创业失败原因，打造服务包式保险供给模式，在保险发挥保障的同时增加咨询和培植服务功能，为创业农民提供更加丰富的金融服务产品。六要产业带动。发挥好产业振兴的"补血""造血"功能，聚焦自身独特的区位优势和产业优势，不断探索乡村产业融合发展的新途径、新模式，构建依托大众创业万众创新的产业发展新格局。七要模式多样。要不断因地制宜创新保险模式，政府找到保障方式，公司找到盈利模式，最终实现多元参与，多方共赢。八要示范推广。对现有的保险支持产业发展和农民创业的主要模式进行跟踪观察及宣传推广，总结归纳和大力推广好经验好做法，力求探索出保险参与防止返贫工作的长效机制。

 案例 6-1

中国大地保险"防返贫卫士"
筑牢"防返贫"保障功能

中国大地保险充分利用保险保障优势，在全力做好汛期灾害事故保险应急处置工作的同时，坚持统筹兼顾，最大限度防范化解因灾致贫、因灾返贫风险，落实"防返贫保险"为核心的精准防贫工作措施。近期，我国华南、西南等地区暴雨明显增多，多地发生洪涝地质灾害。中国大地保险充分利用保险保障优势，在全力做好汛期灾害事故保险应急处置工作的同时，坚持统筹兼顾，最大限度防范化解因灾致贫、因灾返贫风险，落实"防返贫保险"为核心的精准防贫工作措施。在江西九江，中国大地保险当地机构针对此次洪灾开通绿色通道，并现场核查"两易户"（易致贫低收入户和易返贫脱贫户）家庭成员因灾伤亡、种植养殖项目受灾并造成家庭财产及生产资料生产设施设备的损失。对承保大地防返贫保险因灾损失的农户，第一时间进行理赔，并将理赔款给付到受灾的"两易户"手中，减小灾害损失，尽快恢复生产。在甘肃静宁，因降雨量导致房屋受损、道路水毁、农作物倒伏、自来水管网破裂、果园内涝等灾害，造成 18 个乡镇共计 150 余户农户房屋财产受损，预计损失金额达百万元。灾情发生后，中国大地保险当地机构第一时间联系静宁县金融办向各乡镇发出"防返贫保险"参保农户报案的通知。同时，抽调全辖区理赔骨干，组成 7 个工作小组，开通绿色理赔通道。公司迅速对此次暴雨受灾"三类户"（脱贫监测户、贫困边缘户和未脱贫户）财产损失开展实地摸排工作，确保让保障对象尽快获得救助补偿。在贵州黔东南州，施秉县牛大场镇金坑村因连续强降雨天气影响，导致钟德付家侧房因滑坡后树木倒塌造成房屋损坏，中国大地保险接到报案后迅速赶赴现场查验屋内设施受损情况，办理理赔程序，第一时间将赔款支付到老百姓手中。据了解，为巩固脱贫攻坚成果，有效化解边缘户和脱贫监测户等困难群体返贫致贫的风险，中投公司为帮扶的施秉县购买了大地防返贫保险，保障金额 4 000 万元，累计覆盖人群 44 715 人，覆盖户数 12 973 户。面对洪灾，中国大地保险充分发挥保险保障优势和"防返贫"保险功能，坚持防汛与防因灾致贫返贫两手抓、两不误，为贫困户脱贫后增加一道安全有效的保障线（来源：新华网）。

（三）防止返贫的农业保险种类

农业保险是指专为农业生产者在从事种植业、林业、畜牧业和渔业生产过程中，对遭受自然灾害、意外事故及疫病、疾病等保险事故所造成的经济损失提供保障的一种保险形式。近年来，农业保险充分发挥其经济补偿、资金融通和社会治理功能，在稳定农业生产、增加农民收入、助力农民创业等方面发挥了积极作用。在脱贫攻坚阶段，农业保险在为农民提供农业生产保障，为产业扶贫项目提供农业贷款保证保险产品服务等方面扮演着越来越重要的角色。为了发挥保险支持农民返乡创业的作用，《国务院办公厅关于支持返乡下乡人员创业创新促进农村一二三产业融合发展的意见》明确提出要加大对农业保险产品的开发和推广力度，更好地满足返乡下乡人员的风险保障需求。为了更好扶持农民创业，发挥保险保障作用，需要我们积极探索开展价格指数保险、收入保险、信贷保证保险、农产品质量安全保证保险、畜禽水产活体保险等创新试点，更好为农民生产经营提供金融服务。

（1）价格指数保险。农业是一种弱质性产业，易受自然灾害影响。传统农业保险是以农产品产量为保障对象，对农产品遭受灾害和事故所造成的损失提供保障。随着我国农产品市场化程度越来越高，农产品贸易一体化逐渐形成，农产品的市场风险逐步取代自然风险成为生产者面对的首要问题。农产品价格指数保险就是指"以约定的农产品目标价格作为理赔触发点，当农产品到期销售价格低于目标价格时，保险公司与投保的农业生产者签订保险合同达到理赔标准，保险公司对保险人因实际价格同目标价格的差价，按约定承担保险金赔偿责任的保险业务"[①]。市场风险已经成为影响农民创业的重要影响因素，如果价格得不到保障，农民创业的风险就会持续增加，创业积极性就会减退。实践证明，农产品价格指数保险可以有效促进农业生产，稳定农产品市场价格，保障农民创业活动，应该成为培植农民创业、开展防止返贫工作的重要金融工具。在现行的农业保险政策框架内，指数类保险还没有列入中央财政补贴范围，而很多农产品价格风险很高，费率也高，依靠创业者自筹难度较大。因此需要政府出台相应的农业保险补贴政策，把价格指数保险作为农业保险补贴制度的组成部分，为农民开展创业活动保驾护航。

（2）收入保险。收入保险是一种兼顾自然风险和市场风险的保险产品，是以某种产品或者某个区域的多种产品的毛收入作为投保对象，根据市场行情、产量水平、合同规定的保障水平来确定保险金额。农民根据自己的需求选择保险产品，保险人按照保险合同事先的约定对农户收入水平低于约定标准进行赔付。2018年，财政部、农业农村部和中国银行保险监督管理委员会共同印发了《关于开展三大粮食作物完全成本保险和收入保险试点工作的通知》，在目前农业保险保障种子、化肥等物化成本和地租成本的基础上，进一步增加劳动力成本至覆盖全部农业生产成本或直接开展收入保险，由"保成本"向"保收入"过渡，促进了农业保险产品的转型升级。农民创业最关心的是收入，而影响收入的因素又非常复杂且难以控制，收入保险为农民提供了亟需的自然风险保障和市场价格风险保障，促进农民生产活动的有

---

① 王克，张峭，等. 农产品价格指数保险的可行性 [J]. 保险研究，2014（1）：40.

序进行，是我国减贫模式的有益探索。收入保险保障更全面，能够与创业者的实际需求更加贴近，通过风险管理机制稳定创业农民生产预期，有效鼓励创业农民对生产增加投入，进一步促进创业农民经营规模的不断扩大，最终形成稳定的生产经营状态。对于农产品而言，农产品价格系统性风险强，但价格风险对于商业保险市场而言又属于不可保范围，只有产量波动属于可保风险。收入保险则综合了产量波动的风险，使之比价格保险更具有可保性，因此具有替代传统农业保险的优势。

（3）信贷保证保险。信贷保证保险是以生产者的信用风险为保险标的的保险形式。信贷保证保险的被保证人是生产主体，受益人则为债权人。对于创业农民而言，最急需的信贷保证保险类型便是贷款保证保险。贷款保证保险是指生产主体在申请贷款时，通过向保险公司投保，银行以保单作为担保，从而向投保人发放贷款，当贷款人未按合同约定履行还贷义务并在等待期结束后，由保险公司按照相关约定承担贷款损失赔偿责任的保险业务。近年来，政府高度重视发展贷款保证保险，国务院及多部委也提出要积极发展扶贫性质的小额贷款保证保险，为贫困者发展经营提供充足的资金支持。信贷保证保险可以在一定程度上缓解农民创业的贷款难问题，有效促进了农民开展创业和扩大规模，是农民创业培植不可或缺的金融工具。在"后扶贫时代"，应以县市区为单位，以自愿为前提，选择在现代农业、规模化种养、特色产业发达地区推行创业信贷保证保险，重点扶持那些具有规模化发展前景的农民创业项目，并积极探索"政农保""企农保""银农保"和"收益保"等业务类型。

（4）农产品质量安全保证保险。在当今农产品质量安全、食品安全事件频发的背景下，农产品质量安全问题已经引起了全社会的关注。除了立法和执法层面加强监督管理，商业保险也可以作为对农产品质量进行商业规范的有效金融工具。质量安全保证保险可以分散生产者、销售者因为产品质量安全引发的责任风险，同时也可以保障消费者的权益，是一种应对创业安全隐患的有效手段。为创业农民提供农产品质量安全保证保险，可以形成共管共治的社会治理模式，缓解政府的农产品质量安全监管责任，提升创业者信用，为农产品品牌化建设提供背书支持，最终形成"主体承诺质量、政府监管履职、社会保险防范"的农产品质量安全监管格局。同时，政府应当积极引导，补助保费，鼓励创业农民参加保险，增强创业抗风险能力；应在尊重市场规律的基础上，坚持市场化运作，充分发挥保险机构风险防控优势，通过保险产品创新，化解农民创业过程中的产品质量安全风险，有效支持农民创业活动的稳定开展。

（5）畜禽水产活体保险。畜禽水产活体保险是指以养殖过程中的活体动物为保险标的，以养殖或者运输过程中可能遭遇的某些风险为承保责任的保险品种。畜禽水产活体保险是以有生命的动物为保险标的，在被保险人支付一定的保费后，对饲养或流通期间遭受保险责任范围内的自然灾害意外事故和疫病所引起的损失给予补偿的保险。畜禽水产活体保险可以有效化解养殖户的风险，为其开展创业活动提供风险保障。此外，创业者开展畜禽水产养殖之初信贷资金需求巨大，但缺乏合适抵押物而导致的资金短缺则严重阻碍了创业活动的有序开展和经营规模的扩大，在这种情况下，可以引导保险公司为抵押的活体动物投保进行风险防范，再根据保险价值进行银行授信，探索"畜禽活体登记＋保险保单＋银行授信"的活体抵押贷款业务。活体抵押贷款业务以活体动物作为抵押物，以活体动物的保险价值确定贷款金额，根据其生长情况、出栏期限、市场价值、风险状况等确定贷款期限。这种贷款业务可以解决养殖户融资难题，应当作为依托养殖业开展创业培植和防止返贫工作的重要工具加以应用。

（四）优势特色农产品保险

近年来，各级农业部门扎实推进农村创业创新，通过抓政策、育主体、建机制、搭平台、搞服务，为农村双创提供了良好环境。各地主要采取的双创典型模式包括特色产业拉动型模式、产业融合创新驱动型模式、返乡下乡能人带动型模式、创业创新园区（基地）集群型模式及龙头骨干企业带动型模式，其中尤以特色产业拉动型模式最具有代表性，也是其他几种模式发展的基础。特色农业是指将农业资源开发区域内特有的名优产品转化为特色商品的现代农业。发展特色农业是我国农业结构战略调整的要求，是提高我国农业国际竞争力的要求，是增加农民收入的迫切需要。脱贫攻坚之后，发展地区特色优势农产品将成为农民创业稳定致富的产业基础。农业农村部发布的《特色农产品区域布局规划》对优势特色农产品进行了定义，指出优势特色农产品需要满足三个标准，即品质特色（品质和功能独特）、规模优势（产业可延伸性强，经济开发价值高）、市场广阔（市场竞争优势明显，具有明确的市场定位）。在界定特色优势农产品标准的同时，还划定了特色农产品优势区，对优势区的生产条件、产业基础、区域分工提出了较高要求。可见，并不是任何农产品都可以被称为优势特色农产品，也并不是任何特色农产品都具备被保险的属性。

随着市场经济的发展，农民普遍面临"两头挤压"的困境。一方面粮食价格不断下跌，农民增收遇到天花板；另一方面农业生产成本不断上涨，附加值低的大宗农产品利润空间不断被挤占。为了实现产业振兴，促进农民增收，发掘优势特色农业产业是今后农业发展、农民增收的重中之重。此外，在现有农业保险大面积推广的同时，我国财政保险补贴也逐渐从大宗农产品转向支持地方优势特色农产品，这不仅有利于地方产业的发展，更有助于农民依托特色产业开展创业活动。传统落后地区尤其是深度贫困地区，多集中在偏远地区，农业发展滞后，但是却具有特色农业资源，发展优势特色农产品潜力巨大。探索地方特色新产业新业态新模式，可以真正激发这些地区的创新活力，将劣势转化为优势，助力农民可持续增收。目前，我国中央财政保费补贴集中在 3 大类、16 个品种的大宗农产品，稻谷、小麦、玉米三大主粮作物保费补贴覆盖面达到了 70％以上，内蒙古、辽宁、浙江、安徽的覆盖面已经达到了 100％。在政策性保险涵盖大宗农产品的同时，数量更多的地方优势特色农产品保险却没有完全纳入中央财政补贴的范围。相比美国将 150 多种农作物纳入联邦作物保险支持范围，我国中央支持的农业保险品种涵盖范围仍然十分有限。从 2015 年开始，中央 1 号文件连续多年对地方优势特色农产品保险政策进行了宏观部署，各地也开展了积极探索与实践，保险机构根据基层需求开发的各类保险产品已经超过 800 多个。可以说，优势特色农产品保险"中央有要求，地方有实践，农民有需求"。和大宗农产品相比，优势特色农产品的开发与营销难度更大，业态从培育到成熟需要漫长的过程。这类农产品虽然市场化程度高，但经营过程中不确定性强，风险更高，需要保险产品介入给予支持。2019 年，财政部开展中央财政对地方优势特色农产品保险奖补试点工作，选择 10 个省（区）进行保险探索，对各省（区）引导小农户、新型农业经营主体等开展的符合条件的地方优势特色农产品保险，按照保费一定比例给予奖补。政府在给予保险补贴的同时，体现奖励的激励原则。此外，政府要承担主要的保险补贴责任，打破了"中央保大宗，地方保特色"的传统保险补贴格局。试点过程中，各地对已纳入中央财政保费补贴范围的保险标的进行保险产品创新，探索价格保险、收入保险，中央财政给予奖补；在补贴比例上，突出地方主责，中央财政补贴力度低于大宗农产品，比如对中西部地区补贴30％，对东部地区补贴25％。2020年底，财政部对全国首批地方优势特色农产品保险奖补资金绩效进行了评估，结果表明保险奖补政策实施取得了良好成效。比如山东省在试点工作中进行了大胆的尝试，济南6个县开展了棉花目标价格保险试点，利用"保险＋期货"方式化解市场价格下跌风险；烟台尝试海洋牧场保险试点、苹果"订单＋保险＋期货"模式；日照开展了茶业气象指数保险试点。目前，山东46个地方险种已经纳入省级财政对地方优势特色农产品保险奖补范围，实现了农业保险由"保成本"向"保收入"的转变。2020年，保险试点已经扩大至20个省份，并且由奖补并行转向以奖代补。推广普及优势特色农产品保险，有利于我国形成"大宗农产品＋地方优势特色农产品"的完整农业保险保费补贴品种体系，发挥了地方政府对农支持作用，调动新型经营主体发展特色农业产业的积极性，有利于实现小农户和大市场的有效对接。随着国家对优势特色农产品的支持力度越来越大，地方购买相关保险的热情越来越高，保险公司应该深挖潜力，做好服务，做大蛋糕，争取地方政府的支持，通过保险产品创新满足基层多样化需求。为了更好支持农民创业，推广特色产业拉动型创业模式，政府应将更多优势特色农产品纳入补贴范围，用好经营管理费补贴、再保险补贴和税收优惠政策，丰富目前农业保险补贴政策工具箱；加大对地方特色农产品保险支持力度，拓展保险产品范围，引导商业保险发挥生产销售保障机制作用。保险公司应该通过制度创新规避逆向选择和道德风险，通过信息化建设降低保险审核查勘成本；推广特色农产品优势区集体风险保险计划，对于风险很高的地区可以将巨灾风险作为辅助；为不同地区提供个性化的农业保险产品和服务模式，开发价格保险、产量保险等新险种，形成"政策性保险＋商业性保险"的格局；创新天气指数保险、目标价格保险等，鼓励市场经营主体开展互助保险，鼓励农业再保险；针对贫困地区，可以将优势特色农产品保险和防返贫保险捆绑在一起，发挥农业保险增信功能，提高农民信用等级；积极争取地方政府支持，推动国家奖补政策落地，引导保险公司和政府形成稳固的合作关系。

 案例 6-2

保险助力脱贫攻坚："造血"功能显著增强

"授人以鱼不如授人以渔"。产业扶贫是拔掉"穷根"、实现稳定脱贫的主要方式。2019 年年初，银保监会在年度扶贫工作部署中，重点提到要建立稳定脱贫的长效机制，也就是说，要不断提高贫困人口脱贫致富的内生动力，将产业扶贫与保险产品服务相结合。比如，在"三区三州"等深度贫困地区，鼓励发展特色农产品保险，力争扶贫专属农业保险产品持续增加、覆盖面持续扩大。中国人保在多地的扶贫工作正是依托产业项目开展，以扶贫资金的滚动投入为支撑，将精准扶贫落实到提高再生产能力上。该公司按照"一县一策、一业一品"原则，精准开发一系列特色农业保险产品。如在黑龙江桦川县开办了农房保险、种植险、正品保证、玉米价格指数、大豆期货价格等多种保险扶贫项目；在江西吉安县创新具有地方特色的横江葡萄、井冈山蜜柚、大棚果蔬等保险，因地制宜增强当地农户的致富能力。有了特色农产品，如何打通推向市场的"最后一公里"？近年来，许多保险公司都在聚力打造扶贫的全产业链模式。2019 年中国平安"三村百宝"产销一体化平台正式启动，并在内蒙古乌兰察布市举办首次扶贫产品洽购会，扶贫产品采购意向包括重庆奉节"乡坛子"、凉山州橄榄油、内蒙古阴山优麦、宁夏中宁枸杞、甘肃临洮百合等 10 多种深度贫困地区的农产品。链接贫困地区政府、农民合作社、扶贫企业及致富带头人等群体，变"输血"为"造血"，形成"扶智培训、产业造血、一村一品、产销平台"的特色扶贫闭环，是保险业从产业扶贫角度为脱贫攻坚探索出的最优路径。将农业保险和产业发展相结合，有利于推动产业扶贫项目进一步市场化、规模化，促进深度贫困地区产业扶贫项目的可持续发展，是构建地区产业开发体系的重要手段和途径。（来源：和讯网）

五、相对贫困治理

2020 年现行标准下乡村贫困人口全部脱贫目标的实现并不意味着我国脱贫事业完成。脱贫攻坚胜利后，我国进入"后扶贫时代"，下一步的工作重点是保证扶贫政策与措施的稳定性，提升贫困治理效能，避免治理"短期效应"出现。今后，我国乡村贫困将进入到以转型性的次生贫困和相对贫困为特点的新阶段，相对贫困将成为治理的重点。"绝对贫困的下降只是测度标准固化下的一种表象，相对贫困现象则长期存在"①。

（一）相对贫困的内涵

绝对贫困一般是指特定社会生产方式与生活方式下，个人或家庭依靠劳动所得和其他收入不能维持基本生存需要的状况（国家统计局，1990）。绝对贫困的成立需要满足三个要素，即贫困线位于仅能满足基本生存需要的水平；不受外部生活水准变化的影响；具有可观察性和可测量性。也就是说绝对贫困的主体应当是自然人而非社会人，其表现不受外部社会经济发展的影响，可以被外界识别和量化。学术界对贫困问题的研究是从绝对贫困开始的，认为绝对贫困是任何发展中国家应该优先考虑的问题（Townsend，1979）。随着扶贫实践的深入，人们越来越认识到贫困问题的复杂性，仅依靠物资上的扶持还无法真正消灭贫困问题。相对贫困概念最早是由英国经济学家汤森在《英国的贫困》一书中首次提出，他指出贫困不能仅限于收入和消费不足，同时也是教育、医疗、参政等能力的缺失。他认为相对贫困是一种客观现象，具有连续性、主观性和发展性特征。相对贫困的本质是一种包含脆弱性、无发言权、社会排斥等在内的社会剥夺②。和绝对贫困的单一视角不同，相对贫困是一种多维视角，涵盖了收入、能力、权益、权力、自我价值、自我认同等多方面，因此其测度也是多维视角和多重要素的组合。相较绝对贫困，相对贫困具有四个特点。首先，相对贫困具有相对性。和绝对

---

① 许源源. "绝对贫困"消除后，"相对贫困"该如何治理？[J]. 国家治理周刊，2020（4）：51.

② 郭熙宝. 论贫困概念的内涵 [J]. 山东社会科学，2005（12）：54.

贫困不同，相对贫困往往隐含着多元指标的计量和测度，影响因素既有绝对的、可量化的收入、资本，也有隐性的权利、幸福感、能力和自我认知等内容，因此对其进行测度难度很大。其次，相对贫困具有动态性。随着社会经济发展阶段不同，发展水平各异，相对贫困的标准也在不断发生变化。不同国家、不同背景环境下，相对贫困也存在很大差异，因此很多人认为相对贫困是一种主观的判断，没有必然的标准。再次，相对贫困具有差距性。相对贫困不是用来表现个体基本生产生活的满足程度，而是描述其在收入分配和社会参与方面是否得到了平等对待，是否获得了社会公平，表现为经济差距、社会差距、能力差距、文化差距的集合。最后，相对贫困具有主观性。和绝对贫困可以量化的特点不同，相对贫困完全依赖于一定的主观判断，受到评判主体价值取向、指标体系、参照标准的影响，因此相对贫困无法精确识别，也无法测量。在任何转型国家，随着社会与经济不断发展，相对贫困也越来越显性化，逐渐成为制约群体福利水平提升的重要障碍。可以说，相对贫困是任何社会经济发展的必然产物，因为造成相对贫困的很多因素都来自资源配置所存在的不合理性。

（二）相对贫困的类型

绝对贫困和相对贫困是相伴相生的关系，绝对贫困会在满足一定条件的基础上转化为相对贫困；如果不实施干预行为，相对贫困也会转化为绝对贫困。由于绝对贫困与相对贫困之间没有必然的界限，因此学界对相对贫困的分类还没有形成统一的认识，多数学者将相对贫困分为知识贫困、精神贫困、隐形贫困和代际贫困四种。

（1）知识贫困。知识是主观精神世界、客观物质世界和抽象知识世界的综合，包括事实、信息和技能。知识贫困是指因为知识系统功能失灵所导致的贫困状态。知识贫困的表现主要包括三种。一是因为社会转型、分配调整和经济改革导致个体能力无法快速适应发展变化的外部世界，因自身能力欠缺而衍生出贫困现象，学术界将这种知识致贫现象称为知识贫困症；二是由于软性知识和硬性知识的缺乏所导致的贫困状态，比如学历水平偏低无法满足岗位需要，管理经验欠缺无法开展经营活动等；三是因为教育供给不足而导致的贫困状态，这种贫困是因为公共资源供给不均衡而导致的，比如农民培训的缺失，留守儿童缺乏教育等。和其他要素不同，知识是驱动生产要素产生经济价值的"催化剂"，尤其在知识经济时代，这种催化与溢出效应更加明显。如果个体或群体的知识储备不足，调配和使用发展资本的能力缺失，就很容易陷入知识贫困的状态。此外，知识贫困会导致健康贫困，引发工伤、心理疾病、不良生活习惯等，最终形成贫困的恶性循环。

（2）精神贫困。精神是理念、经验、思维等心理活动的集合，具有实践性、能动性和创新性特点。精神贫困是因为精神系统功能失灵而产生的贫困状态，是指"个体或群体虽然能够满足基本的生存需要，但现有的精神资源低于正常的精神需要，进而抑制精神生产活动的进行，是一种精神懈怠、精神失常和精神失灵的复杂现象。"[①] 从思想角度讲，精神贫困就是思维僵化和信念消退，比如无法接受新生事物、福利依赖、信仰缺乏；从生活角度讲，精神贫困就是生活能力低下和生活质量下降，比如生活消沉、吃喝嫖赌、家庭不和、自理能力低下等；从行动角度讲，精神贫困就是精神动力不足和行为懒散，比如懒惰、畏惧、害怕失败等。在分类上，从主体角度看，精神贫困可以分为个体精神贫困、家庭精神贫困、组织精神贫困和区域精神贫困；从内容角度，精神贫困分为环境贫困、目标贫困、意识贫困、能力贫困和动力贫困；从成因角度，精神贫困又可以分为先天性精神贫困和后天性精神贫困。由于精神贫困具有隐蔽性和不可测度性，因此不能用传统贫困标准去识别精神贫困。此外精神贫困具有群体效应和"传染性"，因此"后扶贫时代"的减贫工作中要特别关注。

（3）隐性贫困。隐性贫困又称潜在贫困，是相对贫困中最难以识别的贫困类型。目前学术界对隐性贫困内涵还没有达到共识，普遍认为隐性贫困就是一种未来的贫困状态，是指特定条件下特殊群体贫困发生的潜在可能性，虽然目前没有进入贫困状态，但是返贫概率很大，需要在减贫和防止返贫过程中特别关注。隐性贫困的主体主要包括贫困边缘人群、脆弱人群以及摆脱贫困后的低保人群、五保人群和集中供养人群。此外，在特殊的社会经济环境下，隐性贫困主体还包括待就业学生、创业者、底层农民工和濒临失业人员等。从消费主义视角来审视贫困，消费文化可以直接造成隐性贫困，比如

---

① 王太明，王丹. 后脱贫时代相对贫困的类型划分及治理机制［J］. 求实，2021（2）：58.

那些超前消费群体、啃老族、月光族等，这些人具有很强的贫困脆弱性，容易陷入贫困状态；从群体特质视角来审视贫困，贫困边缘群体和弱势群体虽然在脱贫攻坚后摆脱了贫困状态，但仍然具有很大的返贫风险，一旦受到外部冲击会很快陷入绝对贫困状态。隐性贫困和人的发展权密切相关，体现的是群体的安全感、获得感和幸福感水平，是更高层次价值追求的重要参照指标。隐性贫困无法测量和评估，更无法精确预测和识别，因此需要我们格外关注，在减贫和防止返贫过程中防患于未然。

（4）代际贫困。所谓代际贫困，主要是从贫困继承方式上认识贫困，认为家庭系统功能的失灵也会引发贫困。代际贫困是特定家庭组织结构在一定条件下呈现的贫困代际传递现象，即我们所说的贫困遗传。代际贫困是一种贫困陷阱或贫困循环，是造成富者更富、贫者更贫的根源，最终引发社会不公和社会矛盾，是一种社会稳定的隐患。如果说绝对贫困对应的是人的生存权问题，那么代际贫困则是人的发展权问题。代际贫困强调贫困积累和传递问题，这种贫困具有持久性和稳定性，难以通过减贫措施进行有效干预。在减贫过程中，这种贫困必须根除，否则会长期蔓延，成为绝对贫困的隐患，还会最终形成贫困文化。代际贫困的致贫因素很多，具有复杂性、传递性和历史性，解决了绝对贫困问题并不意味着同时解决了代际贫困问题；而只有解决了代际贫困问题，才能彻底根除绝对贫困的返贫隐患。

（三）相对贫困的影响因素

相对贫困的成因和影响因素比绝对贫困更复杂，包含经济、社会、文化等诸多要素。不同时期、不同阶段，相对贫困的影响因素存在差异，但是总体上都受到制度、经济和文化的影响。

（1）制度变迁。制度泛指以规则或运作模式来规范个体行为的一种社会结构，是规则、机制、标准的集合。因为制度是通过一定的规则和运作模式实现资源的整合与再分配，因此一旦制度无法适应现有的社会结构，就有可能造成资源分配低效和不公，进而衍生出相对贫困问题。中华人民共和国成立以来，我国的制度建设促进了社会经济的快速发展，大幅提升了人民群众的生活水平，显示出社会主义制度优越性。但是在制度变迁过程中，总会出现新制度未能及时产生、替代或改变旧制度，有效制度的生产过程过慢等问题，一旦制度设计和交接过程中出现资源优化配置失灵，就会引发相对贫困问题。长久以来我国的贫困问题主要集中在乡村，这种贫困现象与制度变迁紧密相关。建立经济体制之初，中央采取了一系列行政集权式的制度，目的是推进工业化进程，促进社会经济快速发展。在这种制度框架下，实施了城乡分离的户籍制度，形成了城乡二元结构和"以农补工"的工农关系，导致了城乡割裂，为今后相对贫困的深化与扩散奠定了基础；建立了"替老换幼"的就业歧视制度，无形中强化了贫困的代际传递和阶层固化，形成了城市和乡村两种不同的就业体系和生产格局；实施了特殊的公共产品供给制度，社会保障、医疗和教育等公共资源向城市倾斜，造成了公共资源供给的不均衡，无形中拉大了城乡人口的福利水平差距，增加了隐形贫困的治理难度。可以说这一时期的制度设计，加剧了相对贫困问题，让相对贫困逐渐显性化。改革开放以后，社会主义市场经济体制的建立与完善促进了国民经济的迅猛发展，使绝对贫困问题逐步得到缓解，大幅减少了绝对贫困规模。但是由于传统制度改革相对滞后，城乡二元结构仍然没有真正打破，市场机制加剧了公共资源向城市流动，无形中强化了既有的不平等性，导致社会基尼系数不断攀升。这一阶段，在绝对贫困逐渐消除的同时，相对贫困问题不断加剧，相对贫困人口不断增加，绝对贫困和相对贫困呈现此消彼长的状态。可以说制度对相对贫困加剧发挥了关键作用。

（2）发展资本。从宏观角度看，资本是由投入再生产过程中的有形资本、无形资本、金融资本和人力资本组成。这四种资本的禀赋和转移，直接影响着贫困的形成与规模。有形资本是以具体物质产品形态存在的资本形式，可以分为生产性有形资本和非生产性有形资本，前者是指生产活动创造的资本，后者是指自然提供未经生产而取得的资本。中华人民共和国成立之初实行的计划体制，其核心便是城乡户籍制度，并在此基础上构建了十几种相关制度安排，造成基础设施、保障物资、大宗商品、粮食产品、生产要素等有形资本大量向城市流动，使城市人口拥有更多的有形资本并附带了各种特权和福利。改革开放以来，我国实行了一系列促进城乡统筹发展的改革措施，逐步放开农产品流通和价格，培育乡村商品市场，实施城镇化战略，这些措施在繁荣乡村经济的同时，进一步强化了城乡之间有形资本的差距，减缓了农民物质积累的速度。无形资本是指没有实物形态的可辨认的非货币性资产，包含专利权、版权、配方、商誉、专营权等资产。这些资本形态基本都是乡村所欠缺的，无论是品牌化建设、标准化建设，还是专利申报、市场营销等，农业领域都不占优势，发展程度远落后于城市二、三产业。直至今天，农业的品牌化建设、农产品市场营销、农业科技专利申报等仍处于起步探索阶段。人力资本是体现在劳动者身上的资本，如劳动者的知识技能、文化水平和健康状况等。改革开放之后，高考制度的恢复保证了人才资源供给，农民工向城市流动促进了城市经济发展，这些现象在推动城市繁荣的同时也阻碍了乡村发展，造成乡村人力资本的大规模流失，导致人才资源供给不足。金融资本是指一切代表未来收益或资产合法要求权的资本集合，包含基础性金融资本和衍生性金融资本。改革开放以后，我国金融资本呈现出几个特点。一方面，金融资本从中西部地区不断向东部发达地区转移；另一方面，房地产市场的发展加剧了金融资本从乡村向城市的转移。受到城市发展和市场机制的作用，乡村吸纳金融资本的能力越来越弱，无形中催生出更大规模的相对贫困。

（3）文化环境。贫困本身既是社会现象也是文化现象，是社会结构与社会文化双重作用的结果。家庭、群体、区域的贫困，表面上是属于物质层面的问题，本质上却与素质修养、价值观念、生活方式、风俗习惯等文化因素密切相关。著名的反贫困理论专家缪尔达尔就曾指出："贫困与民众宿命论观念、对改变观念与制度、维护现代技术、改善卫生条件等的麻木和冷漠相关。"[①] 中国传统文化中，趋于主导地位的是以节利欲望来应对贫困的"善"文化，形成了几千年的"安贫乐道"式的贫困文化。由于贫困群体的阶层固化，在乡村形成了对应不同阶层的文化属性，底层贫困群体逐渐形成了福利依赖，最终塑造了乡村特有的贫困文化。受到贫困文化的影响，我国农民群体普遍缺乏改变贫困现状的文化基础和智力支持，缺乏脱贫致富的坚定信念和精神动力。从产业角度来看，对应乡村文化资源的文化产业基本处于起步阶段，基层政府重视文化产业的意识形态属性，忽视其经济属性。既有的贫困文化和滞后的文化产业造成了城乡居民整体素质和文化修养的差距，而落

---

① 冈纳·缪尔达尔. 世界贫困的挑战——世界反贫困大纲［M］. 北京：北京经济学院出版社，1991.

后的文化水平正是相对贫困产生的重要内容。

（四）相对贫困治理长效机制

习近平总书记在决战决胜脱贫攻坚座谈会上指出："脱贫摘帽不是终点，而是新生活、新奋斗的起点。"脱贫攻坚取得胜利后，我国历史性地解决了绝对贫困问题，但这并不意味着扶贫工作的结束，也并不意味着彻底消灭贫困。今后，相对贫困还将长期存在，治理相对贫困将成为下一阶段减贫工作的重点。"后扶贫时代"的减贫和防止返贫工作，要按照现行标准实现农村贫困人口全部脱贫，建立解决相对贫困的长效机制，做好返贫人口和新生贫困人口的监测和帮扶工作。总的来说，"后扶贫时代"的相对贫困治理方式主要由两部分组成，一方面是健全保障兜底机制，另一方面是建立产业帮扶和持续增收机制。

（1）树立治理理念。党的十九届四中全会提出"坚决打赢脱贫攻坚战，建立解决相对贫困的长效机制"，这是党中央根据现实发展情况对当前和下一阶段扶贫工作的战略方向提出的明确要求和安排，需要我们认清相对贫困治理的主要特点，在新形势下做好巩固脱贫、防止返贫的工作。当前，我们对相对贫困的认识还比较粗浅，扶贫工作者对相对贫困的内涵、特点和类型认识不清，把握不准，还没有形成治理相对贫困的统一观念。下一步，我们要总结绝对贫困治理的经验教训，坚持实践中探索出来的好经验、好做法，并将其应用到相对贫困治理活动中，在防止返贫工作中促进绝对贫困治理与相对贫困治理的有效衔接；要对我国乡村相对贫困问题进行深入研究，了解我国相对贫困的整体状况，分析导致相对贫困的深层次原因，不断深化对乡村相对贫困外在表现的认识和理解，进而总结出相对贫困治理的原则和路径；要认识到新阶段相对贫困的新表现、新特点、新趋势，整合既有减贫资源和主体，根据现有减贫和防止返贫工作框架，构建新时期相对贫困的治理体系；要进一步转换贫困治理理念，防止照搬原有减贫思路和方式，将减贫的策略由以治为主转向防治结合，由精准化转向常态化。

（2）制定治理标准。由于相对贫困的复杂性、隐蔽性和动态性，更需要我们制定科学的治理标准，精确识别潜在相对贫困人群和个体，保证减贫策略有的放矢。为了科学识别相对贫困对象，我们需要优先制定相对贫困的基础标准，明确评估的指标和新的标准线，确定基本帮扶策略和任务，形成初步的相对贫困治理框架；要坚持统分结合的原则，将城市相对贫困标准和乡村相对贫困标准进行统筹，同时也要考虑到城乡之间相对贫困的致贫原因、表现形式、变化趋势等方面的差异性，在统一标准之下进行细化，结合城乡差异构建科学完整的指标体系；要制定符合实际的相对贫困治理方法标准，明确方式方法的目标，在确保符合相对贫困治理规律、符合相对贫困治理发展方向、符合相对贫困人群根本利益的基础上探索新型治理方法和模式；要进一步细化相对贫困治理目标，既要与绝对贫困治理目标相区别，又要与"后扶贫时代"的防止返贫工作目标相契合。

（3）创新治理路径。新阶段，我国的减贫与防止返贫治理路径需要注重兜底保障和扶持发展并重，一方面建立完善的社会保障体系，另一方面则是要通过构建公平有序的就业环境、提供优质的教育资源、营造创新发展的文化氛围、强化弱势群体的参与意愿等方式探索消除相对贫困的有效路径。在健全乡村社会保障机制方面，要以基本生活救助、专项社会救助、急难社会救助为主要形式，以社会力量参与为补充，建立健全分层分类的救助制度体系；对边缘户和脱贫户加强监测，建立相对贫困监测机制；推进乡村低保制度与相对贫困治理政策衔接；在强化政府投入主体作用的同时，鼓励引导更多社会公益机构参与乡村相对贫困治理工作。构建保障体系的目标是消除绝对贫困中的隐形贫困，但是仍不能彻底消除相对贫困，构建社区内生发展机制、提升农民自我发展能力才是消除相对贫困的根本之策。因此，政府还需要支持非公企业、返乡创业者参与乡村产业发展；大力发展乡村中介组织，完善乡村市场经济组织框架；促进基层管理组织发展，畅通农民利益表达渠道，健全农民利益维护组织平台建设，为边缘弱势农民提供维权服务；探索重点人群的社会化融入工作。为了进一步消除知识贫困、代际贫困和精神贫困，政府还需要加强构建乡村教育培训体系，完善乡村小规模学校建设，引导优质教育资源更加均匀分配；积极开展技能培训和技术推广工作，深入推进送教下乡，建立"专家大院"，增派科技特派员，以提升农民生产经营能力。这些措施可以有效促进社会公平公正，让相对贫困农户获得更多发展的权利。

（4）健全治理制度。完善的制度可以降低相对贫困治理成本，提升治理工作的效率，因此要健全相对贫困治理制度，规范相对贫困的治理原则。政府要对既有扶贫机构的资源进行统合，明确各自在相对贫困治理工作中的职责、任务；要结合"十四五"规划和2035远景目标制定相对贫困治理政策体系，保持"后扶贫时代"相对贫困治理的政策、资金、人力、物力有序供给；建立完善"后扶贫时代"减贫和防止返贫资金筹措和投入制度体系，维持资金支持的总体稳定；健全相对贫困监督和绩效考评制度，形成多渠道监管机制，明确考核指标、考核办法和考评要求；总结好治理绝对贫困的经验教训，做好"后扶贫时代"相对贫困治理的舆论宣传工作；继续发挥党在扶贫工作中纵览全局和协调各方的作用，为"后扶贫时代"治理相对贫困提供组织保障；根据相对贫困的特点，建立精准治理、长效治理的工作体系，明确治理目标、治理要求、治理方法；引导全社会广泛参与，健全社会动员机制，鼓励社会力量参与相对贫困治理工作，激发全社会参与热情，创新多元主体参与模式，营造共同消除相对贫困的良好氛围；抓紧推进相对贫困治理立法工作，通过制定《中华人民共和国反贫困法》，确保"后扶贫时代"相对贫困治理工作有法可依。

六、小结

当前，我国已经步入"后扶贫时代"，我国乡村进入到以转型性的次生贫困和相对贫困为特点的新阶段。深度贫困地区虽然已经实现脱贫，但由于农民发展能力不足、健康保障水平偏低、防灾救助体系尚未完善，一些地区返贫情况时有发生，相对贫困广泛存在。当前，脱贫攻坚后的防止返贫机制还未建立，扶贫与扶志、扶智有待融合，部分地区脱贫成果不牢固，小农户因病、因灾、因学返贫突显。和其他脱贫方式不同，创业活动是一种市场行为，容易受到市场波动的影响，一旦创业失败可能会造成巨大损失，造成创业农民持久性和深度性的返贫。因此在"后扶贫时代"，需要构建面向乡村创业者的防止返贫长效机制，为农民创业提供持久性的全面保障。依托创业培植的防止返贫机制应该包含以下几点内容。首先，要构建创业活动监测预警机制。对已经开展创业活动的农民实施全方位、全过程、全周期监测及跟踪回访，全面及时了解创业活动的开展情况，加强对创业增收不稳定农户的动态监测，及时发现创业活动中存在的问题，通过各种方式为创业农民提供政策支持和基础保障，专门建立农民创业预警信息反馈体系，加强数字化管理平台建设。其次，要健全创业扶持保障政策。保持现有创业扶持政策措施不能丢，新的扶持政策要及时跟进，重点要在农产品初加工设施补助政策、关键技术推广、休闲农业示范创建等方面向创业农民倾斜，建立一批"农民创新创业环境和成本监测点"，树立一批可借鉴、可复制、可推广的持续创业成功典型。再次，要形成稳定的利益联结机制。推动农民创业过程中的"产学研"协同创新，提供农民创新创业体制和机制保障，将产业扶持与防止返贫挂钩，通过政策引导鼓励龙头企业、农民合作社、家庭农场等通过多元化形式帮扶农民创业，形成新型经营主体与创业农民紧密利益联结，探索构建市场、社会多元参与的防止返贫工作联动机制，有效补充创业活动中资金短缺、力量不足、资源有限等短板。最后，要形成防止返贫的激励约束机制。要重点强调创业培植项目的防止返贫工作内容，严格考核、实时监督，保证各级干部落实各项创业扶持优惠政策措施，进一步提高创业培植精准度，注重激发创业农民内生动力，继续做好对创业农民的宣传、教育、培训、组织工作。

防止返贫工作不能仅仅依靠政府外部干预，而是要动员市场与社会力量参与并形成稳定长效机制。创业活动最大的致贫原因便是各类风险，如果不能对各类风险进行有效防范，就不能真正切断致贫之根。保险是个体发展的保障性工具，是市场经济条件下风险管理的基本手段。从经济角度看，保险是分摊意外事故损失的一种财务安排；从法律角度看，保险是一方同意补偿另一方损失的合同安排；从社会角度看，保险是社会生产和社会生活"稳定器"；从风险管理角度看，保险是风险管理的一种长期有效方法。在脱贫攻坚中，保险具有精准扶贫精准脱贫作用，为困难农户"拔穷根""摘穷帽"提供保障；在"后扶贫时代"，保险可以辅助解决因灾致贫返贫问题，为农民生产经营"保成本、保价格、保收入"，助力乡村提升"造血"能力。为了发挥保险对农民创业的保障作用，政府应该把保险纳入防止返贫工作体系中，明确防止返贫保险产品的范畴和种类，积极采取委托经办、直接购买等方式提升保险工具的应用效力；相关部门要确立保险防止返贫的基本原则，出台激励措施，实施差异化管理，强化多元主体合作，明确保险机构的系统建设和承保流程，建立保险独立核算机制；推进防止返贫综合险产品的开发，广泛推广"返贫责任险"，将农业保险、农村小额意外责任险等整合在一起形成具有扶贫功能的新险种，为农民创业提供风险保障，为创业项目提供更多信贷、保险产品，为产业开发提供更多融资渠道。保险产品应该紧密对接乡村振兴项目和防止返贫举措，针对创业农民提供一揽子风险解决方案，开发个性化特色保险产品，鼓励有条件的地方探索开展价格指数保险、收入保险、信贷保证保险、农产品质量安全保证保险、畜禽水产活体保险等创新试点。总之，我们要为农民创业中成本损失、价格波动提供风险保障，为创业活动兜住风险底线，积极探索推广"金融防贫、保险先行"的好经验好做法，加大对农业保险产品的开发和推广力度。

REFERENCES 主要参考文献

白宇，2016. 我国农村人力资源开发的现状、问题及对策［J］. 乡村科技（6）.

柏文静，2016. 农民创业绩效研究综述［J］. 黑龙江科技信息（9）.

卜振平，2018. 农民创业风险管理及保障体系研究综述［J］. 山东农业工程学院学报
（2）.

操家齐，2020. 返乡创业故事［M］. 北京：中国社会出版社.

陈云川，2014. 新生代农民工组织嵌入、职业嵌入与工作绩效研究［D］. 南昌：江西财
经大学.

程凌燕，2014. 农村人力资源开发进程中政府职能研究［J］. 农业经济（11）.

崔传义，2017. 中国农民工返乡创业创新调研［M］. 太原：山西经济出版社.

董静，赵策，2019. 家庭支持对农民创业动机的影响研究［J］. 中国人口科学（2）.

樊登，2019. 低风险创业［M］. 北京：人民邮电出版社.

国家发展改革委就业收入分配和消费司，2020. 推动返乡入乡创业高质量发展［M］. 北
京：中国市场出版社.

韩小伟，2020. 改革开放以来中央单位定点扶贫研究［D］. 长春：吉林大学.

何薇，朱朝枝，2017. 农民创业园主导产业选择与实证研究［J］. 福建论坛（7）.

贺景霖，2019. 务工经历、社会资本与农民工返乡创业研究［D］. 武汉：中南财经政法
大学.

胡爱祥，巫蓉，2019. 基于社会嵌入视角下的农民创业机制研究［J］. 中国管理信息化
（4）.

胡俊波，2016. 劳务输出大省扶持农民工返乡创业研究［M］. 北京：科学出版社.

胡宗潭，2014. 生计资本视野下的生态脆弱区可持续发展研究［D］. 福州：福建师范
大学.

蒋和胜，田永，等，2020. "绝对贫困终结"后防止返贫的长效机制［J］. 社会科学战线
（9）.

金波，2020. 农村电商模式与案例精解［M］. 北京：化学工业出版社.

拉斯·特维德，马斯·福尔霍尔特，2020. 创业：从初创到成功［M］. 北京：中信出版

集团.

劳倩颖，2020. 社会组织参与技能扶贫——历史考察与实践分析［D］. 杭州：浙江工业大学.

李怀玉，2014. 新生代农民工贫困代际传承问题研究［M］. 北京：社会科学文献出版社.

李玫，2014. 民族地区女性农民工返乡创业问题研究［M］. 北京：中国社会科学出版社.

李新平，2019. 中国式农村剩余劳动力［M］. 成都：四川大学出版社.

林善浪，张国，2003. 中国农业发展问题报告［M］. 北京：中国发展出版社.

刘畅，2020. 乡村振兴背景下农民工返乡创业研究［M］. 北京：中国农业出版社.

刘传初，2010. 社会主义新农村人才建设战略研究［D］. 成都：西南财经大学.

刘露瑶，2015. 网络互动型参与式治理研究［D］. 南京：南京大学.

庞庆明，2018. 产业扶贫主要矛盾及其质量保障体系构建［J］. 当代经济研究（12）.

史蒂夫·布兰克，鲍勃·多夫，2013. 创业者手册［M］. 北京：机械工业出版社.

孙文浩，张益丰，2020. 女性农民创业与精准扶贫［J］. 江苏大学学报（4）.

唐啸，2017. 参与式设计视角下的社会创新研究［D］. 长沙：湖南大学.

王东，2019. 农村发达地区人才集聚问题研究［D］. 青岛：中国海洋大学.

王芳琴，2018. 人力资本结构驱动返乡农民工创业的有效性研究［J］. 经贸实践（12）.

韦吉飞，2010. 新形势下农民创业问题研究［D］. 杨凌：西北农林科技大学.

吴结，2016. 新生代农民工继续教育政策内容体系分析［J］. 中国成人教育（11）.

谢安平，2018. 新常态下精准扶贫的现实困境及实现路径［J］. 领导科学论坛（12）.

徐腊梅，2019. 基于乡村振兴的产业兴旺实现路径实证研究［D］. 沈阳：辽宁大学.

杨秀丽，2014. 新生代农民工职业化研究［D］. 杨凌：西北农林科技大学.

杨永伟，陆汉文，2020. 贫困人口内生动力缺乏的类型学考察［J］. 中国农业大学学报（1）.

俞宁，2013. 农民农业创业机理与实证研究［D］. 杭州：浙江大学.

张国庆，王磊，2019. 农民创业能力评价与比较［J］. 浙江农林大学学报（5）.

张海涛，2009. 基于农民行为的农村实用人才开发研究［D］. 北京：北京林业大学.

张诗瑶，2020. "后脱贫时代"防止返贫长效机制研究［J］. 农村经济与科技（4）.

张树习，2018. 公共政策制定的法律规制研究［D］. 北京：中共中央党校.

张思敏，薛永基，等，2018. 创业态度、创业环境影响农民创业行为的机理研究——基于结构方程模型的农民创业调查分析［J］. 调研世界（7）.

张曦，2013. 连片特困地区参与式扶贫绩效评价［D］. 湘潭：湘潭大学.

张新民，2017. 新生代农民创业教育与隐形人力资本开发［J］. 农业经济（5）.

赵冰，2017. 农业领域当代中国农民创业家研究［D］. 北京：中国农业大学.

赵佳佳，2020. 农民创业中新人作用机理的理论与实证研究［D］. 杨凌：西北农林科技大学.

郑秀芝，邱乐志，2019. 农民创业绩效影响因素分析和实证检验［J］. 统计与决策（7）.

周晗，2018. 河北省产业扶贫减贫效应研究［D］. 保定：河北农业大学.

周倩，许传新，2018. 农民工返乡创业与乡村振兴关系解析［J］. 中南林业科技大学学报（12）.

朱希刚，2004. 技术创新与农业结构调整［M］. 北京：中国农业科学技术出版社.

庄天慧，2018. 多维贫困与贫困治理［M］. 湖南：湖南人民出版社.

左停，2018. 社会保障与减贫发展［M］. 北京：湖南人民出版社.

Emery F E，Trist E L，2012. Towards a socila ecology：contextual appreciations of the future in the present［M］. Springer：Science & Business Media.

Eric Yaw Naminse，2016. 农民创业对农村贫困缓解的影响：来自中国的实证研究［D］. 镇江：江苏大学.

Johnson M，2010. Seizing the white space：business model innovation for growth and enewal［M］. Boston：Harvard Business School Press.

Galbraith J K，1985. The New Industrial State［M］. Boston：Academic Press.

Lewis D A，2001. Does technology incubation work? A critical review［M］. Washington，DC：Economic Development Administration，US Department of Commerce.

　　"三农"问题关系国计民生。党的十九大以来，中央始终把乡村振兴放在重要位置，指出农民创新创业是实施乡村振兴战略和破解三农问题的重要途径。乡村振兴，关键在人。要推动乡村人才振兴，就需要我们把乡村人力资本开发放在首位，通过各种方式激励各类人才在乡村大施所能、大展才华、大显身手，"让愿意留在乡村、建设家乡的人留得安心，让愿意上山下乡、回报乡村的人更有信心。"长期以来，乡村人才流失严重，成为制约乡村社会发展的瓶颈。要破解乡村振兴人才供给问题，就必须加强人才培养、引进工作，充分发挥农民主体作用，调动农民群众的积极性、主动性、创造性，激活乡村振兴内生动力。通过引导和鼓励农民创业创新，发挥减贫致富效应，促进区域经济结构调整，激活乡村资源要素，进一步助力乡村振兴。

　　脱贫攻坚战已取得胜利，我们将进入脱贫攻坚与乡村振兴的衔接过渡期。2021年的中央1号文件也指出，脱贫攻坚目标任务完成后，对摆脱贫困的县，从脱贫之日起设立5年过渡期，做到扶上马送一程，对待贫困绝不手软。在"后扶贫时代"，我们必须时刻关注城乡不同群体的收入增速和收入水平，在机制和制度设计上，尽一切可能缩小收入差距，实现同步增收。因此，过渡期最关键要把握好两个机制的设计，一个是防止返贫的长效机制，一个是长效稳定的提升机制。依托乡村产业振兴开展农民创业培植成为实现脱贫不返贫、保障农民收入的可持续提升的有效途径。实践证明，创业培植可以发挥强大的减贫脱贫效能，促进农民发展能力和发展资本"双提升"，实现农民的可持续脱贫和收入水平显著增加。

　　本书总结了我国创业扶贫的先进经验，介绍了创业培植的方法和流程，分析了减贫和防止返贫机制的构建，为今后引导农民创新创业、巩固脱贫攻坚成果提供了对策建议。目前，我国正处于脱贫攻坚后的过渡期，防止返贫监测和帮扶机制仍在构建完善中，很多新问题仍会层出不穷。比如创业培植如何与产业振兴有效衔接？如何更好将创业培植引入帮扶机制？今后在创业培植方式方法上应采取哪些创新？面对诸多问题，本书还不能给予完满的解答，需要经验做法的积累，也需要实验示范的开展。毕竟减贫之路不能照本宣科，需要我们结合实际情况一步一个脚印深入研究、砥砺前行。当前，农民创业催生了农业农村的新产业新业态新模式，"一人创业、带动致富"的农民创业景象正在形成，农民创业已成为区域经济社会发展的新力量。相信在不久将来，通过创业，乡村产业发展对农民增收作用将会大幅提升，农民生活水平和质量将会显著提高，农民福祉将得到最大限度保障。期待"十四五"期间，我们的美丽乡村更加繁荣昌盛！